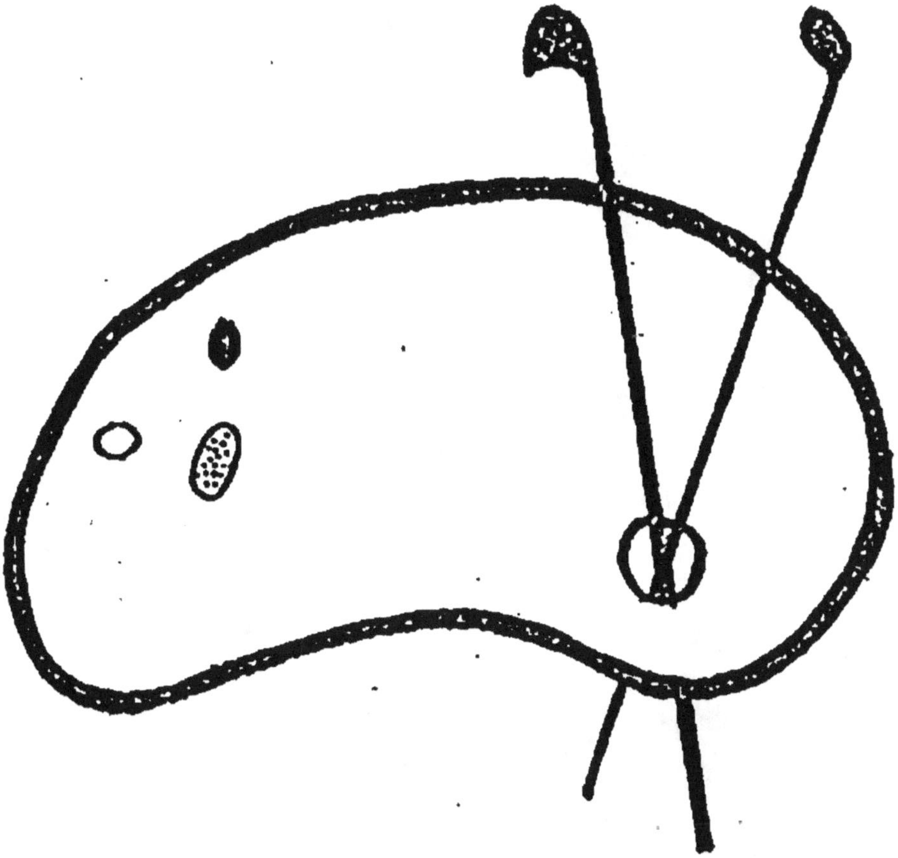

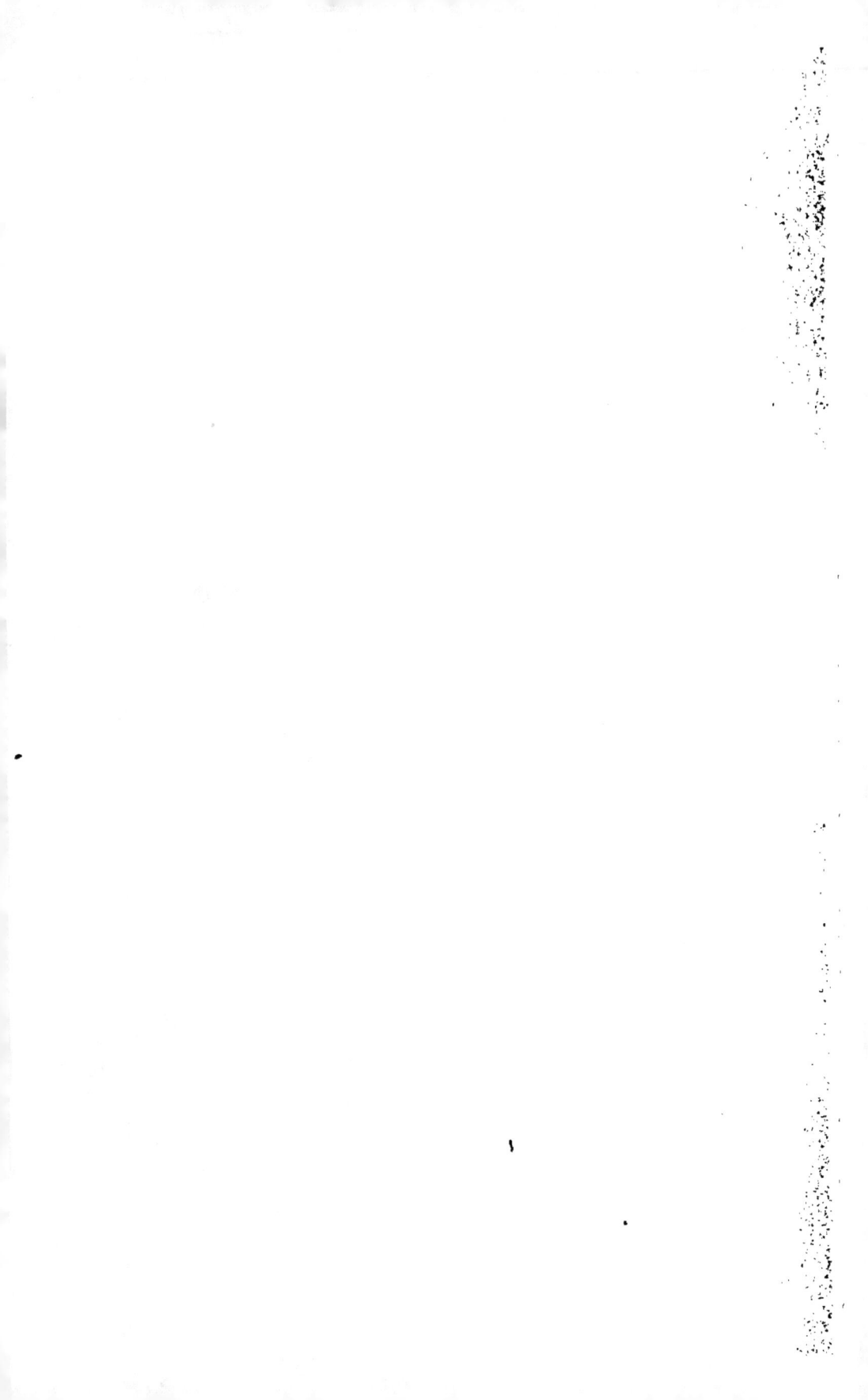

COURS COMPLET
D'ENSEIGNEMENT SECONDAIRE SPÉCIAL

CHIMIE

ORGANIQUE

DES MÊMES AUTEURS

NOTIONS PRÉLIMINAIRES DE CHIMIE, *première année.* 1 vol. in-18 jésus, avec figures intercalées dans le texte, cartonné. 1 50

NOTIONS DE CHIMIE, les métalloïdes et les métaux alcalins, *deuxième année.* 1 vol. in-18 jésus, avec figures intercalées dans le texte, cartonné. 3 50

NOTIONS DE CHIMIE, chimie appliquée aux industries locales, *quatrième année.* 1 vol. in-18 jésus, avec figures intercalées dans le texte, cartonné » »

LEÇONS ÉLÉMENTAIRES DE CHIMIE, par M. MALAGUTI, ex-professeur de chimie à la Faculté des sciences de Rennes, recteur de l'Académie de Rennes, 4e édit., refondue. 4 forts vol. in-18 jésus, ornés de fig. dans le texte, br. 16 *fr.*

CHIMIE APPLIQUÉE A L'AGRICULTURE, précis de leçons professées depuis 1852 jusqu'en 1862, sur différents sujets d'agriculture, par LE MÊME. 3 beaux vol. in-18 jésus, brochés. . . . . 10 fr

Ouvrage honoré de la souscription de S. Exc. le ministre de l'Instruction publique pour les bibliothèques scolaires.

LEÇONS DE CHIMIE à l'usage des industriels, des écoles normales primaires, des établissements d'instruction primaire supérieure, des écoles professionnelles, des candidats au brevet de capacité, etc., par M. P. POIRÉ, ancien élève de l'École normale, agrégé de l'Université, professeur de chimie et de physique au lycée impérial et aux cours communaux d'Amiens. 1 fort vol. in-18 jésus, broché. 4 50

DICTIONNAIRE DE CHIMIE INDUSTRIELLE, précédé d'un résumé : 1° de l'histoire de la chimie; 2° de chimie générale; 3° des principes de physique appliqués à la chimie industrielle, et suivi d'une table analytique des matières très-détaillée, par MM BARRESWIL et GIRARD, avec la collaboration de M. DE LUCA et de professeurs, de chimistes et d'industriels. 5 beaux vol. in-8, avec un grand nombre de figures intercalées dans le texte, brochés. . . . . 25 fr.

CORBEIL. — Typ. et stér. de CRÉTÉ FILS.

COURS COMPLET
D'ENSEIGNEMENT SECONDAIRE SPÉCIAL

CHIMIE
ORGANIQUE

RÉDIGÉE

Conformément aux programmes officiels de 1866

PAR MM.

F. MALAGUTI
ANCIEN RECTEUR DE L'ACADÉMIE
DE RENNES

H. FABRE
PROFESSEUR DE CHIMIE
AU LYCÉE D'AVIGNON

TROISIÈME ANNÉE

QUATRIÈME ÉDITION

PARIS
LIBRAIRIE CHARLES DELAGRAVE
58, RUE DES ÉCOLES, 58

1878

CHIMIE ORGANIQUE

CHAPITRE PREMIER

GÉNÉRALITÉS.

1. Communauté d'éléments chimiques entre les corps vivants et les corps bruts. — Ce n'est pas la substance qui distingue les corps à la création desquels la vie a présidé de ceux qu'engendrent les simples forces chimiques. Dans l'animal et dans la plante ne se trouve aucun élément qui n'appartienne au domaine du minéral; la matière vivante et la matière brute ont les mêmes métaux et les mêmes métalloïdes. Pour ses ouvrages, la vie emprunte ses matériaux au règne minéral et les lui rend tôt ou tard, car tout en provient chimiquement et tout y revient. Ce qui est aujourd'hui substance minérale, acide carbonique, vapeur d'eau, gaz ammoniac, peut devenir un jour, par le travail de la végétation, substance vivante, feuille, fleur, fruit, semence; comme aussi ce qui est constitué en un animal, en une plante, sera certainement, dans un avenir peu éloigné, acide carbonique, vapeur d'eau, gaz ammoniac, que la vie pourra reprendre pour de nouveaux ouvrages, toujours détruits et toujours renouvelés. Les éléments chimiques constituent le fonds commun des choses, où tout puise, où tout rentre, sans qu'il y ait jamais ni perte ni gain d'un atome matériel; ils sont la substance première sur laquelle travaillent indistinctement, suivant les lois qui leur sont propres, et les forces chimiques et la vie.

2. Substances organisées. — C'est la forme, et non la nature matérielle, qui caractérise les corps du domaine de la vie : forme spéciale pour l'ensemble de l'être, si constante dans la même espèce, si variable d'une espèce à l'autre et toujours d'une géométrie transcendante où l'angle brutal et la ligne raide de la matière minérale cristallisée sont inconnus ; enfin forme spéciale jusque dans les moindres particules en lesquelles le corps se résout sous le microscope. Lorsqu'on examine avec un instrument grossissant une parcelle quelconque d'une plante, on la voit composée d'une foule de cavités, dont les minces parois tantôt affectent la forme plus ou moins globulaire, tantôt s'allongent en fuseaux ou bien en canaux déliés, cylindriques. Ces cavités sont des *cellules*, des *fibres*, des *vaisseaux*. Leur contenu est fréquemment de nature liquide, parfois de nature solide ou gazeuse. Une structure intime analogue se retrouve en toute partie prise dans l'animal, chair musculaire, substance nerveuse, matière des os. L'être vivant, quel qu'il soit, est donc un ensemble d'appareils primordiaux dont le type est la cellule close, appareils éminemment aptes à l'imbibition par les liquides, condition fondamentale de l'exercice de la vie, et nommés en physiologie *organes élémentaires*.

Toute substance qui présente cette structure est dite *organisée ;* elle appartient exclusivement à l'animal ou à la plante, car jamais le minéral dans son arrangement intime ne montre rien de pareil. Et en effet, reconnaissable tout d'abord à ses formes géométriques élémentaires, ses facettes planes, ses arêtes rectilignes, ses angles vifs, la matière brute cristallisée est en outre d'une parfaite uniformité dans sa masse compacte et totalement étrangère à ces mouvements internes, à ces flux incessants de liquides qui se manifestent partout où la vie est en action. Une feuille, la matière farineuse d'un grain de blé, un fragment d'os, un morceau de chair musculaire, etc., sont des *substances organisées*. Le sang, le lait, la sève, et en général les liquides élaborés dans les corps vivants, sont encore des substances organisées ; on leur reconnaît au microscope la configuration globulaire.

3. **Substances organiques.** — Mais on peut retirer des feuilles des végétaux, de la farine des céréales, des os, de la chair musculaire, du sang, du lait, enfin de toutes les substances organisées, divers principes qui, une fois isolés, n'ont plus rien de la structure que la vie avait donnée à leur ensemble. Ces corps ont fréquemment la configuration cristalline, comme ceux du règne minéral dont il serait parfois difficile de les distinguer ; ils suivent dans leur composition, leurs réactions, leurs métamorphoses, les lois de la chimie minérale. De la pulpe du citron, substance organisée, on retire un corps solide cristallisable, c'est l'acide citrique, substance organique ; de la pulpe de la betterave, corps organisé, provient le sucre cristallisé, corps organique. Pareillement le sang donne l'albumine et la fibrine, les os donnent la gélatine, la farine donne l'amidon, le lait donne les corps gras constituant le beurre. Albumine, fibrine, amidon, corps gras, gélatine, sont des substances organiques. On peut donc, en généralisant, dire que *les substances organiques sont les matériaux des corps organisés.*

La science étend même plus loin ses vues : comme elle sait au moyen d'un travail ultérieur substituer un élément à un autre, simplifier ou compliquer l'édifice chimique primitif fourni par la plante ou par l'animal et obtenir ainsi de nombreux dérivés, elle donne encore à ces derniers le nom de substances organiques, bien que quelques-uns soient parfois incompatibles avec l'exercice de la vie. C'est ainsi que certains composés éminemment vénéneux où l'arsenic entre pour de fortes proportions, s'appellent substances organiques, bien que jamais ils ne puissent se rencontrer dans l'organisation ; mais ils dérivent par métamorphose de substances extraites de la plante ou de l'animal. Enfin on qualifie d'organiques certaines substances formées artificiellement de toutes pièces avec des éléments qui ne proviennent pas de la nature vivante. On les nomme ainsi, soit parce qu'il s'en trouve d'identiques dans l'organisme, soit parce que, par leur constitution, par la mobilité de leurs éléments, par leurs faciles métamorphoses, elles sont tout à fait semblables aux produits de la matière organisée. Il faut donc entendre par substances organiques, non-seulement celles que l'industrie humaine retire directement de la nature vivante, mais encore celles que la science fait dériver des premières et celles que le travail de laboratoire peut obtenir de toutes pièces et qui sont identiques, ou du moins analogues aux substances fournies par les êtres vivants.

4. **But de la chimie organique.** — La chimie organique a pour objet de ses études les propriétés et les transformations des substances organiques, elle cherche à découvrir les lois suivant lesquelles se forment et se métamorphosent les composés élaborés par la nature vivante, dans le but de parvenir à les imiter, à les reproduire même exactement en dehors du concours de la vie, au lieu de les extraire de la plante et de l'animal où ils se trouvent tout formés. Ce but, vers lequel tendent tous les efforts de la science, de longtemps sans doute ne sera pas atteint dans de larges mesures, mais il n'est pas moins fondé. Et en effet, il n'y a pas deux chimies : la chimie de la vie et celle du laboratoire. Les mêmes forces président à la fois au groupement des corps simples qui dans l'être vivant constituent telle ou telle autre substance organique, et au groupement plus élémentaire des corps simples constituant un composé minéral. Quand l'avenir aura mis à notre disposition le jeu suffisamment connu de ces forces, bien des composés que nous empruntons aujourd'hui à la nature vivante, seront certainement obtenus par des moyens artificiels. Il serait téméraire d'affirmer des bornes à la science dans cette voie créatrice, mais ce serait aussi bien étrangement s'abuser que de ne pas reconnaître des limites évidentes. Comme substance organique, dépourvue de la structure nécessaire à l'exercice de la vie, la matière est du domaine de la chimie ; mais elle lui échappe radi-

calement comme substance organisée. Jamais la configuration en cellules, en fibres ou vaisseaux, ne sortira du creuset et de la cornue ; la vie seule est apte à construire pareil édifice ; elle a pour elle la forme et l'art a la substance. C'est pour avoir confondu ces deux ordres d'idées que Jean-Jacques Rousseau, au sortir des cours où la science commençait à balbutier ses premiers mots, disait aux chimistes de son temps : « Je ne croirai à vos analyses que lorsque vous ferez de la farine de toutes pièces. » Ce défi n'a pas empêché la chimie de faire dans la synthèse organique des progrès qui étonneraient bien aujourd'hui le philosophe dédaigneux. Jamais, sans doute, la science n'organisera la matière, en ce sens qu'elle sera toujours inhabile à la modeler comme le fait la vie ; jamais elle ne viendra à bout de constituer un grain de fécule tel qu'il se trouve dans la pomme de terre, une fibre textile telle qu'elle se trouve dans la bourre du cotonnier, un sachet cellulaire plein de jus acide tel qu'il se trouve dans la pulpe du citron ; mais peut-on affirmer que la substance sans configuration organisée lui est aussi interdite ? Les résultats déjà obtenus imposent du moins une grande réserve, si l'on est pour la négative.

5. **Synthèse organique.** — Longtemps la chimie s'est bornée à prendre les composés organiques tels qu'ils nous sont fournis par les êtres vivants, à les transformer par une suite de destructions ménagées en des composés plus simples, et à les ramener enfin à leurs éléments minéraux. Elle analysait, elle détruisait, mais ne créait pas. Le problème inverse était déclaré impossible hors de l'influence de la vie, mais aujourd'hui il est accepté dans toute sa généralité. Nous nous bornerons à citer un exemple des progrès de la chimie dans cette voie.

La vigne élabore du sucre dans sa grappe ; la vie est l'opérateur, l'organe le laboratoire. L'alcool dérive du sucre par la fermentation, où la vie est encore en action, ainsi qu'on le verra plus loin. Faut-il affirmer l'impossibilité d'obtenir ce même alcool par la voie de la science, en partant des principes minéraux? Non, car entre les mains de M. Berthelot, les éléments de l'eau et du gaz carbonique deviennent de l'alcool pareil à celui dont la grappe est le point de départ. La formation de toutes pièces, la synthèse de l'alcool ordinaire, n'est qu'un exemple pris entre mille composés organiques divers obtenus déjà en partant des éléments. A cet alcool se rattachent en effet d'autres composés analogues, également qualifiés d'alcools, et réalisés ou réalisables artificiellement. Or des alcools dérivent les éthers, comprenant parmi eux un grand nombre de substances naturelles. Tels sont les principes odorants de la plupart des fruits, les essences irritantes de l'ail et de la moutarde, les matières cireuses, en particulier la cire des abeilles. Ces mêmes alcools associés à l'ammoniaque donnent naissance à des alcaloïdes artificiels qui rappellent dans une certaine mesure la morphine, la quinine, alcaloïdes extraits du suc du pavot et de l'écorce du quinquina. Une oxydation ménagée des alcools donne naissance à un nouveau groupe comprenant la plupart des essences oxygénées naturelles, les essences de menthe et d'amandes amères, de girofle et d'anis. Une oxydation plus profonde amène les acides organiques, l'acide du vinaigre, celui du beurre, celui du lait aigri. On voit donc qu'un champ immense est ouvert aux recherches de la chimie organique et que nul ne saurait dire où s'arrêtera la science dans sa voie créatrice. Dans ce conflit de l'esprit et de la matière, le résultat peut-il être douteux? Supérieur par son intelligence aux forces naturelles qui l'écrasent aujourd'hui, l'homme saura les maîtriser un jour, et manipuler la matière comme le potier manipule l'argile.

6. **Éléments des substances organiques.** — Le carbone se trouve dans tous les composés de la nature vivante, il est par excellence l'élément organique. Aussi toute substance organique soumise à l'action de la chaleur se carbonise, c'est-à-dire dégage ses autres éléments à l'état de composés volatils, et laisse du charbon pour résidu. Quel-

quefois la matière essayée est elle-même volatile, et de la sorte échappe à la décomposition par le feu ; mais si l'on fait passer ses vapeurs à travers un tube incandescent rempli de fragments de pierre ponce, la décomposition s'opère et l'on obtient un dépôt charbonneux. Enfin les matières organiques, quand elles sont directement combustibles, ou bien quand on les soumet à une combustion artificielle, laissent toujours dégager de l'acide carbonique.

Au carbone s'associe l'hydrogène pour former des composés binaires, solides, liquides ou gazeux, d'un rôle fondamental dans la chimie organique. Le grisou des houillères, le gaz des marais se dégageant des matières végétales en décomposition dans l'eau, les essences de térébenthine et de citron, le caoutchouc, sont uniquement formés de carbone et d'hydrogène.

Si l'oxygène prend part à l'association hydrogénée et carbonée, il en résulte la grande majorité des composés organiques, tels que le sucre, l'amidon, la substance ligneuse, les acides végétaux, les matières grasses.

Enfin l'azote complète la série des éléments qui jouent le plus grand rôle dans les produits chimiques de la vie. On le trouve dans la fibrine, principe de la chair musculaire, dans la caséine, principe du lait, dans l'albumine ou blanc d'œuf, dans l'indigo, dans les alcaloïdes végétaux.

Le carbone, l'hydrogène, l'oxygène et l'azote, portent à juste titre la dénomination d'*éléments organiques ;* car on les trouve dans toute substance d'origine animale ou d'origine végétale, associés deux à deux, trois à trois, ou tous les quatre ensemble. Les autres éléments de la chimie minérale peuvent intervenir aussi dans les composés organiques, mais d'une manière bien moins générale et pour ainsi dire accessoire. Ainsi le soufre, le phosphore, le potassium, le sodium, le fer, le calcium et autres, font partie en faibles proportions de certains composés. Pour une vue d'ensemble, il suffit donc de considérer les corps organiques comme des combinaisons où entre la série complète ou partielle des quatre éléments, carbone, hydrogène, oxygène et azote.

7. **Variété des composés organiques.** — Quatre corps simples constituent, à peu de chose près, la matière première d'où résulte l'ensemble des composés organiques. Une telle simplicité de matériaux pourrait faire croire à un nombre très-borné de produits, et cependant la chimie organique est d'une richesse inépuisable et présente sur une plus vaste échelle tous les types de combinaisons de la chimie minérale. Cette profusion de produits, toujours plus nombreux à mesure que la science progresse et peut-être sans limites assignables, est la conséquence des proportions complexes suivant lesquelles les quatre corps simples interviennent dans les composés. Le caractère dominant des combinaisons minérales est la simplicité des proportions. Pour un équivalent d'un corps, il entre dans l'association chimique un équivalent d'un autre corps, quelquefois deux ou trois, rarement quatre ou cinq. En chimie organique, le nombre des équivalents en général est beaucoup plus élevé. Il entre, par exemple, 34 équivalents de carbone dans l'acide margarique, l'un des dérivés de l'huile d'olive, 112 équivalents d'hydrogène dans la stéarine, l'un des principes du suif, 11 équivalents d'oxygène dans le sucre cristallisable. Si l'on considère qu'il suffit d'augmenter ou de diminuer, même dans d'étroites limites, la proportion d'un élément, de substituer en totalité ou en partie un corps simple à un autre, de faire intervenir ou deux, ou trois, ou quatre éléments dans la combinaison, chacun suivant une proportion très-variable, pour obtenir chaque fois un composé doué de propriétés physiques et chimiques spéciales, l'esprit n'entrevoit plus de bornes aux associations diverses qui peuvent résulter du carbone, de l'hydrogène, de l'oxygène et de l'azote.

A cause de sa simplicité, le composé minéral est un édifice stable qui se prête difficilement à des transformations et n'en subit que de peu nombreuses. Par sa structure complexe, le composé organique est au contraire plus ou moins altérable et doué d'une mobilité d'éléments qui se prête à de nombreuses transformations, à des métamorphoses fécondes en dérivés.

8. **Analyse immédiate.** — Tout corps organisé est un mélange ; il entre dans sa structure diverses substances organiques, divers composés chimiquement déterminés, enfin diverses *espèces chimiques* que l'on désigne par l'expression générale de *principes immédiats*. C'est ainsi que d'une orange on peut extraire l'essence aromatique et inflammable dont l'écorce est imprégnée, la matière colorante de cette écorce, l'acide et le sucre dissous dans le jus, la matière constituant les cellules où ce jus est renfermé. Chacune de ces substances, à l'état pur, est un principe immédiat, une espèce chimique du corps organisé, l'orange. Opérer la séparation des principes immédiats d'un corps, c'est faire l'*analyse immédiate* de ce corps.

Il serait difficile d'entrer dans des détails circonstanciés sur les procédés de l'analyse immédiate, bien qu'ils ne soient pas nombreux, parce qu'il faut les modifier pour chaque cas particulier. C'est le plus souvent par l'emploi des dissolvants convenablement choisis, que l'on parvient à séparer les différentes espèces chimiques les unes des autres ; on fait intervenir quelquefois la chaleur, d'autres fois des moyens mécaniques, tels que le triage, la décantation, la pression, etc. Pour fixer les idées, prenons un exemple, et proposons-nous de séparer les principes immédiats d'une pomme de terre, sans apporter toutefois à cette opération une précision superflue ici.

Le tubercule est mis en pâte avec une râpe, qui déchire les cellules et met en liberté leur contenu. La bouillie déposée sur un linge fin est lavée avec de l'eau, qui dissout certaines substances et en entraîne mécaniquement d'autres à travers les mailles du tissu. Par le repos, l'eau de lavage laisse déposer une matière blanche pulvérulente. C'est la fécule, l'un des principes immédiats. Ce qui reste sur le filtre est formé des parois des cellules déchirées. C'est un autre principe immédiat, la cellulose. L'eau de lavage, séparée de la fécule, est portée à l'ébullition. Quelques filaments solides y apparaissent. C'est un troisième principe immédiat, l'albumine, que la chaleur a coagulée. Enfin le liquide débarrassé de l'albumine laisserait par évaporation un résidu où se constaterait la présence d'une espèce de sucre, quatrième principe immédiat. En se bornant là, on voit qu'on peut extraire quatre espèces chimiques d'un tubercule de pomme de terre au moyen des actions mécaniques, de la chaleur et d'un dissolvant, l'eau.

9. **Dissolvants employés dans l'analyse immédiate.**— Ces dissolvants varient avec la nature des substances que l'on se propose de séparer, mais tous doivent remplir une condition essentielle : c'est de ne pas altérer les matières avec lesquelles ils vont se trouver en contact. Il ne faut pas perdre de vue que les substances organiques sont d'une grande instabilité et se transforment aisément sous l'influence des agents chimiques. Les dissolvants neutres les plus employés sont : l'eau, l'alcool, l'éther, le sulfure de carbone, la benzine. L'éther dissout particulièrement les résines, les matières grasses et les matières cireuses ; l'alcool dissout les mêmes corps, mais avec moins de facilité, par contre il en dissout d'autres sur lesquels l'éther n'a pas d'action ; l'eau dissout les matières sucrées et gommeuses. Le sulfure de carbone, la benzine, l'essence de térébenthine, dans quelques cas remplacent avantageusement l'éther. Les dissolutions diluées de potasse ou d'ammoniaque servent à l'extraction des acides végétaux, les dissolutions diluées d'acide sulfurique ou d'acide chlorhydrique sont utilisées pour isoler les alcaloïdes végétaux.

La faculté dissolvante de ces divers liquides se modifie suivant la température, et, pour quelques-uns, suivant le degré de concentration. On en profite pour isoler certaines substances. Supposons trois composés organiques mélangés, l'un insoluble dans l'alcool, l'autre soluble seulement à chaud, et le troisième à froid. On soumet le mélange à l'action de l'alcool bouillant. Deux composés seulement se dissolvent, dont l'un se précipite par le refroidissement, et les trois corps sont séparés. Mais il ne faudrait pas croire qu'un premier traitement donne lieu à des séparations exactes. Pour le cas qui nous sert d'exemple, il est certain que la matière insoluble a retenu de petites quantités des deux autres ; celle qui s'est déposée lors du refroidissement, a entraîné un peu de la matière dissoute, de même que cette dernière a retenu en dissolution une certaine portion de la substance déposée. La première ne sera donc véritablement pure qu'à la suite de plusieurs traitements alcooliques ; la seconde ne le deviendra qu'après avoir subi quelques cristallisations ; la troisième, que lorsqu'elle aura été séparée de l'alcool soit par évaporation, soit par distillation, puis reprise de nouveau à froid par le même dissolvant.

10. **Digesteur.** — Il arrive quelquefois que les dissolvants agissent très-peu sur les substances à dissoudre, et une ébullition prolongée expose à une grande déperdition de liquide, parfois très-volatil. Pour éviter cette perte, on fait usage de l'appareil suivant ou *digesteur* (fig. 1), employé surtout lorsque l'éther est le dissolvant. La matière à traiter, grossièrement pulvérisée, est mise dans l'allonge C, dont le col est bouché par un tampon d'amiante *u*. L'allonge est remplie d'éther, qui filtre à travers la substance en entraînant la matière qu'il dissout. La dissolution arrive dans un matras A, qui plonge dans un bain-marie BB, muni d'un thermomètre *t*. L'éther se volatilise en abandonnant dans le matras la substance dissoute, et par le tube D, gagne le ballon E, où il se condense pour repasser à travers la substance. Le ballon est surmonté d'un tube de sûreté G, par lequel s'introduit l'éther, une fois l'appareil monté. Avec cette disposition, il est visible qu'une certaine quantité d'éther peut, sans diminution de volume, épuiser son action dissolvante sur la substance la plus rebelle.

Si au lieu d'éther, qui bout à 35° environ, on était

obligé de se servir d'un autre liquide bouillant à une température plus élevée, on remplacerait l'eau du bain-marie par de l'huile, en ayant soin d'entretenir la température du bain à une vingtaine de degrés au-dessus du point

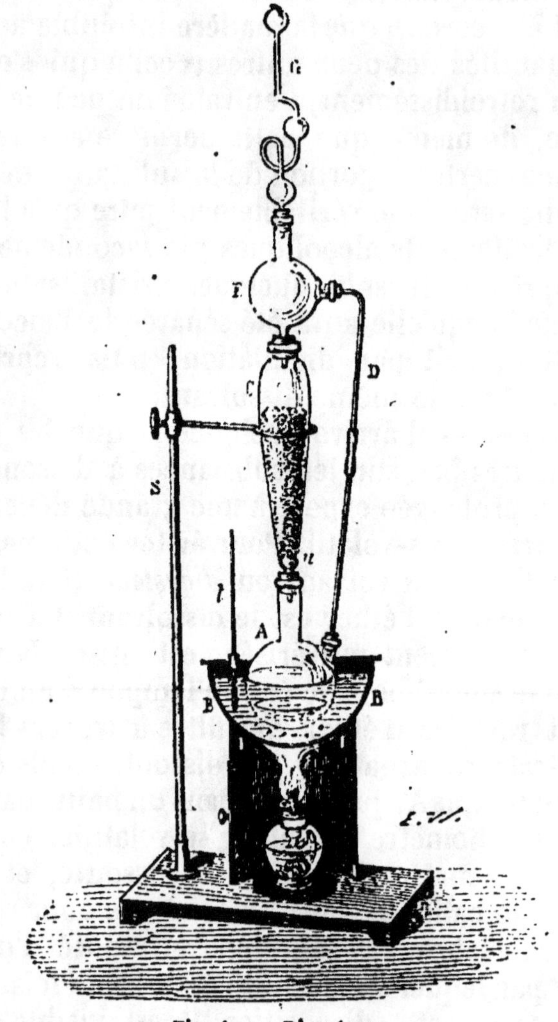

Fig. 1. — Digesteur.

d'ébullition du dissolvant, pour que sa vapeur se condensât dans le ballon et non dans le tube de communication.

Quand on croit nécessaire que le dissolvant se trouve constamment en contact avec la substance, on adapte un ballon M (fig. 2), dans lequel se fait l'ébullition, un réfrigé-

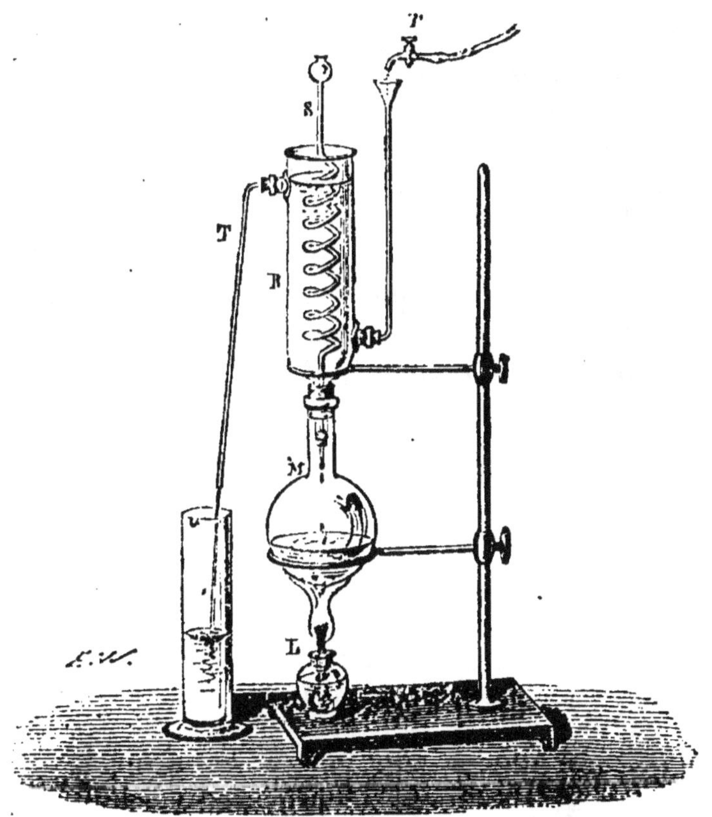

Fig. 2. — Appareil d'ébullition continue, à niveau constant.

rant R, que traverse un courant continuel d'eau froide arrivant dans le bas de l'appareil, tandis que l'eau chaude se déverse supérieurement par le tube T. Les vapeurs formées se condensent ainsi dans le serpentin S, et le liquide retombe dans le ballon où le niveau se maintient constant.

11. Séparation de substances inégalement volatiles. — Chaque liquide d'une nature chimique déterminée a un point d'ébullition constant. Un mélange de divers liquides commence à bouillir à la température du corps le plus volatil, puis la température s'élève à mesure que le mélange se réduit à des liquides d'une volatilité moindre. On peut donc par une *distillation fractionnée,* c'est-à-dire en recueillant à part ce qui distille entre des limites de température rapprochées, obtenir la séparation de liquides dont les points d'ébullition diffèrent suffisamment. Un thermomètre introduit dans la cornue sert à suivre l'élévation de la température. Cependant les premières séparations sont loin d'être nettes. Lors même que les divers liquides que l'on veut isoler auraient des points d'ébullition très-différents, chaque produit retiendrait toujours une certaine portion des autres liquides avec lesquels il était mêlé. Par conséquent, il faut soumettre chaque

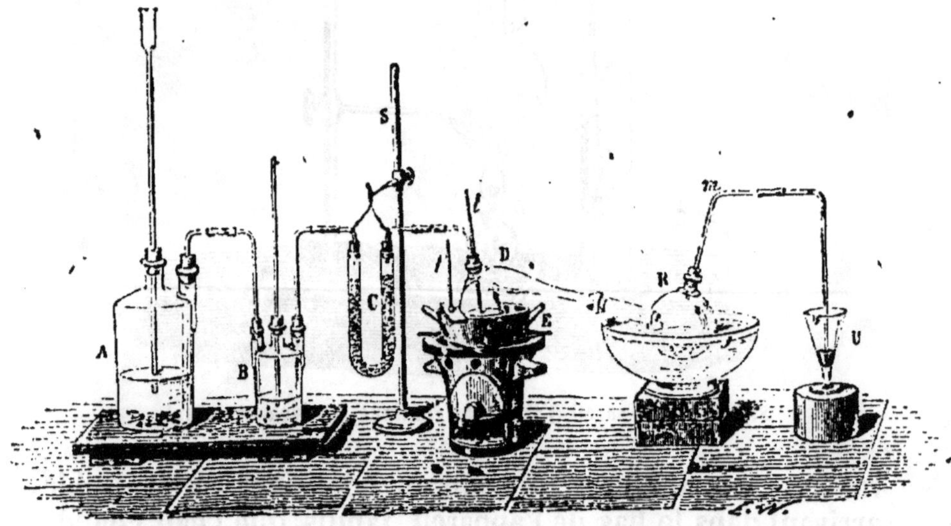

Fig. 3. — Appareil pour distiller dans une atmosphère artificielle (*).

produit particulier à de nouvelles distillations, mettre à part les premières et les dernières portions qui distillent,

(*) A, source du gaz (acide carbonique, par exemple); B, flacon laveur; C, tube dessiccateur; D, cornue contenant le liquide à distiller; *t* et *t'*, thermomètres; R, récipient où se réunit le liquide qui distille; *m*, tube de dégagement, dont l'extrémité plonge dans le verre U contenant de l'eau.

et ne s'arrêter que lorsque le liquide recueilli distille en entier à une température constante.

Si les liquides que l'on soumet à la distillation sont susceptibles de s'altérer sous l'influence oxydante de l'air, on remplit l'appareil distillatoire avec de l'azote ou du gaz carbonique, en faisant usage d'un appareil semblable à celui de la figure 3.

Quelques substances s'altèrent à la température de leur ébullition; telles sont, par exemple, certaines essences naturelles qui bouillent au-dessus de 100°. Dans ce cas, on les distille dans un courant de vapeur d'eau, qui entraîne les vapeurs des substances à isoler.

12. **Distillation à une basse pression.** — D'autres

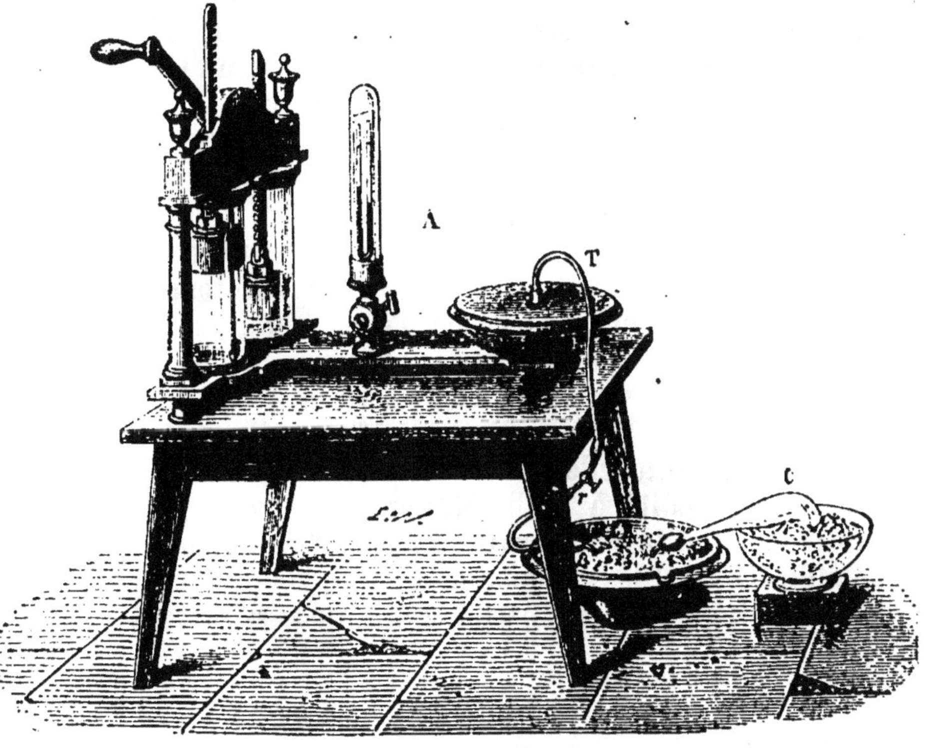

Fig. 4. — Appareil pour distillation à froid.

mélanges ne pourraient être distillés utilement à chaud, à cause de la petite différence entre les points d'ébullition des liquides dont ils sont formés. On parvient quelquefois alors à opérer la séparation en faisant bouillir le mélange sous une pression moindre que celle d'une atmosphère, ce qui change le rapport des forces élastiques des vapeurs. Pour opérer des distillations à froid et sous une faible pression, on entoure d'abord de glace la cornue C où se trouve le mélange liquide, puis on y fait le vide en mettant le récipient en communication avec une machine pneumatique à l'aide d'un tuyau de plomb T (fig. 4). Dès que la distillation commence, on ferme le robinet *r* du tuyau et on laisse la distillation s'opérer à la faveur de la différence de température qui existe entre la cornue et le récipient R. Plus basses seront les températures, et plus grandes seront leurs différences, plus pur sera le produit qui distillera. D'ordinaire, lorsque la cornue est refroidie avec de la glace, le récipient est plongé dans un mélange réfrigérant de chlorure de calcium et de glace.

13. **Caractères auxquels on reconnaît qu'une substance est pure.** — La substance recueillie constitue une espèce chimique, en d'autres termes est pure, lorsqu'on lui reconnaît les caractères suivants. Si elle peut se fondre, la température doit rester constante tout le temps que dure la fusion. Si elle est susceptible de bouillir, son point d'ébullition doit être constant, à toute pression. Si elle est apte à cristalliser, les cristaux doivent tous présenter la même forme. Enfin, soumise à divers dissolvants en quantité suffisante, elle doit en entier s'y dissoudre, ou bien résister en totalité à la dissolution. Au contraire, toute substance dont la température varie pendant la fusion ou l'ébullition, dont les cristaux ne sont pas homogènes, dont la solubilité n'est que partielle, est nécessairement un mélange.

RÉSUMÉ

1. Les mêmes éléments entrent dans les composés du règne minéral et du règne organique.

2. Les substances organisées ont pour caractère distinctif une structure intime qui leur est spéciale et que la vie seule peut produire.

3. Les substances organiques sont les matériaux des corps organisés, abstraction faite de toute structure d'origine vitale. D'une manière plus générale, on entend par substances organiques, non-seulement celles que nous retirons de la nature vivante, mais encore celles que la science fait dériver des premières, et celles que le travail de laboratoire peut obtenir de toutes pièces, et qui sont identiques, ou du moins analogues aux substances fournies par les êtres vivants.

4. La chimie organique recherche les lois suivant lesquelles se forment et se métamorphosent les composés élaborés par la nature vivante, dans le but de parvenir à les imiter, à les reproduire même exactement en dehors du concours de la vie.

5. On réalise déjà, par une formation de toutes pièces, de nombreux composés identiques à ceux de la nature vivante.

6. Les éléments des substances organiques sont le carbone, l'hydrogène, l'oxygène et l'azote.

7. Malgré ce petit nombre d'éléments, les composés organiques sont plus nombreux encore que ceux de la chimie minérale, à cause des proportions élevées, et par suite très-variables, suivant lesquelles chaque corps simple peut entrer dans la combinaison.

8. Les corps organisés sont toujours des mélanges plus ou moins complexes. Les espèces chimiques qu'ils renferment prennent le nom de *principes immédiats*. Séparer les principes immédiats d'un corps, c'est faire l'*analyse immédiate* de ce corps. On y parvient par des moyens variés, en particulier par l'action de dissolvants.

9. Les principaux dissolvants employés sont l'eau, l'alcool, l'éther, le sulfure de carbone, la benzine, l'essence de térébenthine; parfois les dissolutions faibles d'ammoniaque ou de potasse, d'acide sulfurique ou d'acide chlorhydrique.

10. Pour faire agir longtemps un dissolvant volatil sans déperdition de liquide, on utilise le *digesteur*.

11. On sépare des substances inégalement volatiles par le procédé des *distillations fractionnées*.

12. La distillation à froid et à basse pression peut permettre de séparer des substances dont les points d'ébullition diffèrent peu.

13. Une substance constitue une espèce chimique quand la température se maintient constante pendant toute la durée de sa fusion et de sa volatilisation, quand ses cristaux sont homogènes, quand elle se dissout ou refuse de se dissoudre en totalité dans les divers dissolvants.

CHAPITRE II

ANALYSE ÉLÉMENTAIRE

1. Analyse élémentaire. — Par l'analyse immédiate on isole les espèces chimiques qui peuvent être contenues dans un corps organisé ; par l'*analyse élémentaire* on détermine les éléments contenus dans une espèce chimique et la proportion de ces éléments. Nous avons déjà dit que les corps organiques se composent presque exclusivement de carbone, d'hydrogène, d'oxygène et d'azote ; nous nous occuperons donc d'une manière plus spéciale de la recherche et du dosage de ces quatre corps. Comme la marche de l'opération est un peu modifiée suivant que le corps renferme de l'azote ou n'en renferme pas, examinons d'abord comment se constate la présence de l'azote dans un composé organique.

2. Caractères des matières azotées. — On met la matière à essayer ainsi qu'un fragment de potasse caustique dans un tube de verre fermé inférieurement, et l'on chauffe jusqu'à fusion. S'il y a de l'azote, il se dégage de l'ammoniaque, que l'on reconnaît à son odeur, aux vapeurs blanches dont s'entoure une baguette de verre trempée dans l'acide chlorhydrique quand on la présente à l'orifice du tube, enfin à la coloration bleue que prend une bandelette de papier de tournesol rougi soumise à l'action des vapeurs qui s'échappent du tube.

Si l'on n'a à sa disposition qu'une quantité très-minime de matière, au fond d'un tube d'une couple de millimètres de diamètre, on dépose un petit morceau de potassium gros comme un grain de millet; on le tasse légèrement avec un fil de platine et par-dessus on met la parcelle à essayer. Si celle-ci est volatile, il faut l'introduire la première dans le tube, et le potassium après. Cela fait, on saisit le tube avec une pince, et on le chauffe peu à peu sur une lampe à alcool jusqu'à ce que l'excès de potassium soit volatilisé à travers la matière organique carbonisée, ce qu'on reconnaît à la vapeur verdâtre apparaissant au-dessus de la partie chauffée. Après avoir porté au rouge obscur la portion du tube où est contenu le mélange, on la détache par un trait de lime et on la met dans une petite capsule de porcelaine où doivent se trouver quelques gouttes d'eau distillée. La dissolution qui en résulte, additionnée d'une goutte d'acide chlorhydrique et d'une goutte de dissolution de sulfate ferroso-ferrique (mélange de sulfate de protoxyde et de sesquioxyde de fer), devient d'un beau bleu, si la substance essayée contient de l'azote. Cette réaction est due à ce que toute matière organique azotée chauffée avec du potassium engendre du cyanure de potassium, et que ce composé mis en contact avec une dissolution acide contenant du fer à deux degrés d'oxydation, donne naissance à du bleu de Prusse, cause de la coloration bleue caractéristique.

3. **Principe de l'analyse élémentaire des matières non azotées.** — Chauffons dans un tube de verre un mélange intime d'amidon et d'oxyde de cuivre bien sec, il sera facile de constater qu'il se dégage de la vapeur d'eau et du gaz carbonique. L'oxyde se réduit au contact de la matière organique et sous l'influence de la chaleur; il cède son oxygène, qui transforme en eau l'hydrogène de la substance organique et en gaz carbonique son charbon. Si l'on recueillait rigoureusement l'eau formée dans cette combustion, de son poids on pourrait déduire la quantité d'hydrogène que contenait l'amidon brûlé; pareillement du gaz carbonique recueilli, on déduirait la proportion de carbone de l'amidon. Réunis, le poids de l'hydrogène et celui du carbone ne représenteraient pas le poids de l'amidon soumis à l'action comburante de l'oxyde de cuivre; il y aurait un déficit qui représenterait évidemment le troisième corps simple de l'amidon, c'est-à-dire l'oxygène. Ainsi pour opérer l'analyse élé-

mentaire d'un corps organique non azoté, il faut brûler par l'intermédiaire de l'oxyde de cuivre un poids déterminé de ce corps. L'hydrogène se déduit du poids de l'eau formée, le carbone du poids du gaz carbonique, et l'oxygène se dose par différence.

4. Tubes pour recueillir l'eau et le gaz carbonique. — La forme du tube destiné à recueillir l'eau est celle de la figure 5. Il est rempli de petits fragments de chlorure de calcium fondu ; à chaque extrémité est placé un petit tampon d'ouate destiné à retenir les menus fragments de chlorure. Deux tubes d'un plus petit diamètre et recourbés à angle droit, terminent les deux branches de l'appareil. Le chlorure de calcium peut être remplacé par des fragments de pierre ponce imbibés d'acide sulfurique concentré.

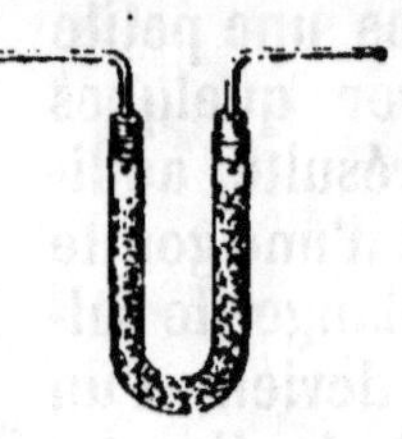

Fig. 5. — Tube à chlorure de calcium.

Le tube qui doit arrêter le gaz carbonique est connu sous le nom de *condensateur à boules de Liebig*. Sa forme est celle de la figure 6. Il contient une dissolution de potasse caustique. Le volume du liquide doit être tel, que le contenu des autres boules ne dépasse pas la capacité de la boule B. Le gaz carbonique arrive par cette boule B, presse sur le liquide qui s'y trouve et passe successivement dans les boules F, D, C, B' en produisant à chaque étranglement une agitation qui facilite l'absorption du gaz.

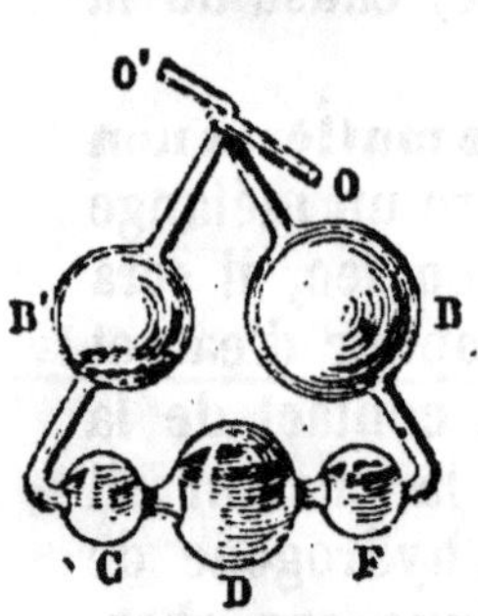

Fig. 6. — Tube de Liebig.

Le tube à eau et le tube à gaz carbonique sont pesés très-exactement avant l'expérience dans une balance de précision.

5. Tube et grille à combustion. — Le tube dans lequel se fait la combustion de la matière organique au moyen de l'oxyde de cuivre, est en verre vert de Bohême. Sa longueur est de $\frac{1}{2}$ mètre environ et son diamètre d'une quinzaine de millimètres. On le ferme et on l'effile à une extrémité avec la lampe à émailleur.

La grille (fig. 7) est en tôle et de la longueur du tube. Elle est percée dans le fond de petites ouvertures pour laisser arriver l'air nécessaire à la combustion du charbon. Des cloisons de tôle échancrées en forme de chevalets, sont disposées de distance en distance pour soutenir le tube.

Fig. 7. — Grille à combustion.

6. **Préparation du tube.** — Après y avoir introduit un peu d'oxyde de cuivre chaud, on bouche le tube à combustion, et on le retourne à plusieurs reprises pour enlever toute poussière et toute trace d'humidité adhérant aux parois intérieures. On rejette cet oxyde, puis on introduit un mélange formé de chlorate de potasse et de 5 parties de planures de cuivre grillées, de manière à former au fond du tube une colonne de 6 à 8 centimètres de longueur. A ce mélange on fait succéder de l'oxyde de cuivre, formant une seconde colonne de 4 à 5 centimètres. Alors on fait tomber dans un mortier de verre ou de porcelaine bien sec et chaud environ une trentaine de grammes d'oxyde de cuivre, sur lequel on verse la matière à analyser. Cette matière doit avoir été desséchée avec soin et pesée dans une balance de précision. Son poids est de 3 à 5 décigrammes. On en prend cependant quelquefois des poids plus considérables lorsqu'on veut atteindre une très-grande précision dans l'analyse. On mélange avec soin la matière et l'oxyde en se servant d'un pilon métallique très-lisse et très-propre, et l'on introduit aussitôt le tout dans le tube à combustion. On rince le mortier avec de nouvel oxyde, qui entre à son tour dans le tube, et l'on achève de remplir celui-ci, toujours avec de l'oxyde de cuivre jusqu'à 5 centimètres environ de son extrémité. Puis on bouche immédiatement le tube avec un bon bouchon de liége

traversé par un des tubes à angle droit de l'appareil à chlorure de calcium. A la suite de cet appareil on dispose avec un caoutchouc le tube à boules de Liebig, et à la suite de ce dernier un deuxième tube à deux branches rempli de fragments de potasse caustique.

7. Marche de l'opération. — La figure 8 reproduit l'appareil complet et prêt à fonctionner. A est le tube à chlorure de calcium destiné à recueillir la vapeur d'eau,

Fig. 8. — Appareil pour une analyse organique

B est le tube de Liebig avec sa dissolution de potasse caustique qui doit absorber le gaz carbonique, C est le tube à fragments de potasse caustique dont nous verrons tout à l'heure l'utilité.

On place un écran mobile (fig. 9) à la partie antérieure du tube là où commence le mélange de l'oxyde et de la matière organique. Cet écran est échancré de manière à enfourcher le tube. Cela fait, on met peu à peu et successivement des charbons rouges autour du tube, qu'on a eu soin d'envelopper d'une spirale de laiton recuit pour maintenir le verre s'il vient à être ramolli par la chaleur. On commence à mettre le charbon du côté du bouchon et l'on descend peu à peu vers l'écran. Dès que toute cette partie a atteint la température du rouge sombre, on recule graduellement l'écran et l'on continue à mettre du feu, mais avec précaution, car la matière organique commence déjà à se décomposer : or, il est nécessaire

Fig. 9. Écran de la grille à combustion.

que la décomposition s'opère assez lentement et avec régularité, de sorte qu'on n'ajoute du feu que lorsque le dégagement se ralentit beaucoup, ce qui est indiqué par les bulles qui passent à travers le liquide du condensateur à boules. Lorsque le dégagement gazeux cesse, bien que toute la portion du tube où se trouve la matière organique soit entourée de charbon, on enlève l'écran et l'on continue à ajouter du feu. On atteint bientôt la partie où se trouve le chlorate de potasse ; un nouveau dégagement gazeux se manifeste alors, dégagement qu'on entretient en ajoutant peu à peu de petits charbons jusqu'à ce que l'extrémité du tube en soit enveloppée. Au moment qu'il ne sort plus de gaz de l'appareil la combustion est terminée.

8. **Théorie de l'opération.** — Lorsque le feu a atteint le point *a* où cesse la colonne terminale d'oxyde de cuivre, la matière organique a commencé à se décomposer. Deux de ces éléments, le carbone et l'hydrogène, ont passé à l'état d'acide carbonique et d'eau en se combinant, soit au troisième élément, l'oxygène de la substance, soit à l'oxygène fourni par l'oxyde de cuivre. Le mélange gazeux qui sort du tube à combustion est donc formé actuellement par de la vapeur d'eau, de l'acide carbonique, et de l'air interposé dans le contenu pulvérulent du tube. La vapeur d'eau est condensée par le chlorure de calcium du tube A (fig. 8); le gaz carbonique est absorbé par la dissolution de potasse du condensateur B; l'air passe outre. Plus la combustion avance, plus la proportion de l'air diminue, tandis que celle des deux autres substances gazeuses augmente.

Quand toute la matière organique est brûlée, le tube est rempli d'un mélange gazeux qu'on ne peut faire sortir qu'au moyen d'un courant d'un autre gaz. Ce gaz est de l'oxygène, que fournit le chlorate de potasse à la fin de l'opération quand on a chauffé l'extrémité postérieure du tube. L'oxygène ainsi obtenu joue un double rôle : d'abord il chasse de l'intérieur de l'appareil les derniers produits de la combustion, qui vont se condenser dans les tubes A et B; ensuite, si quelque parcelle de la matière organique avait échappé à la combustion, elle brûlerait en se trouvant enveloppée de gaz oxygène à une haute température.

Maintenant il s'agit de se rendre compte de l'utilité du tube terminal C (fig. 8) rempli de fragments de potasse caustique. L'oxygène qui se dégage à la fin de l'opération n'est retenu par aucune des substances contenues dans A, B et C. Il sort donc de l'appareil, mais en traversant la dissolution potassique du condensateur B. Comme le gaz est sec et chaud, il doit se saturer d'humidité, de sorte qu'il entre sec par l'une des extrémités du condensateur à boules et sort humide par l'autre. Mais autant il emportera d'humidité, autant il fera diminuer le poids de la liqueur alcaline. Si donc, à la suite du condensateur à boules, il ne se trouvait pas une matière qui desséchât l'oxygène humide, il est clair qu'il en résulterait une perte au préjudice de l'acide carbonique. L'eau enlevée par l'oxygène au liquide du condensateur étant saisie au passage par les fragments de potasse du tube C, on tient compte de l'augmentation de poids de celui-ci pour connaître avec précision l'augmentation de poids qu'aurait dû présenter le condensateur à gaz carbonique.

Le tube C offre encore un autre avantage. Il peut arriver que, par instants, la combustion soit trop rapide; dans ce cas, quelque peu d'acide carbonique peut échapper à l'action absorbante de la potasse liquide; de là une perte et une cause d'erreur. Le tube C prévient l'une et l'autre, car il est difficile qu'il n'arrête pas ce qui échappe à la potasse liquide. Le tube C est donc, pour ainsi dire, un complément du condensateur. Et en effet, on les pèse ensemble, et c'est de l'augmentation de leur poids collectif que l'on déduit la quantité réelle d'acide carbonique qui s'est formée pendant la combustion.

L'accroissement en poids du tube A donne la quantité d'eau formée. On en déduit la quantité d'hydrogène que contenait la matière analysée, sachant que dans 9 parties en poids d'eau il entre 1 partie d'hydrogène, L'accroissement en poids des tubes B et C donne la quantité d'acide carbonique, et par conséquent le poids du carbone renfermé dans la matière analysée, à raison de 6 parties en poids de carbone pour 22 parties de gaz carbonique. On fait la somme de cet hydrogène et de ce carbone, le total est retranché du poids de la matière analysée; le reste est le poids de l'oxygène contenu dans cette matière. Enfin en comparant les trois poids ainsi obtenus aux équivalents respectifs du carbone 6, de l'hydrogène 1, de l'oxygène 8, on détermine suivant quels rapports les équivalents de ces corps simples sont associés dans la matière organique.

9. **Analyse élémentaire des matières azotées.** — Cette analyse nécessite deux opérations: dans l'une on détermine le carbone et l'hydrogène, et dans l'autre l'azote. Le dosage du carbone et de l'hydrogène se fait comme pour les matières non azotées, mais avec la modification suivante: Quand on brûle une matière azotée au moyen de l'oxyde de cuivre, outre la vapeur d'eau et le gaz carbonique, il se dégage des vapeurs nitreuses provenant de l'azote, vapeurs qui sont absorbées par la dissolution de potasse et entachent d'erreur la proportion du gaz carbonique. Mais si ces vapeurs nitreuses étaient dédoublées en leurs éléments, oxygène et azote, et que l'oxygène fût fixé par un métal, l'azote traverserait l'appareil sans s'y arrêter. On arrive à ce dédoublement par l'intermédiaire du cuivre incandescent. A cet effet on emploie un tube à combustion de 75 à 80 centimètres de longueur. Les deux tiers postérieurs sont chargés comme il vient d'être dit dans le paragraphe précédent, et le tiers antérieur est rempli de cuivre métallique obtenu en grillant à l'air de la tournure de cuivre de manière à oxyder sa surface, puis en réduisant l'oxyde dans un tube de verre chauffé et traversé par un courant d'hydrogène. Le cuivre ainsi préparé est très-poreux et agit plus efficacement pour décomposer les produits nitreux que s'il était dense et brillant. La partie antérieure du tube est

maintenue au rouge pendant toute la durée de la combustion. Les produits nitreux qui se dégagent se décomposent en traversant la colonne de cuivre incandescent, l'oxygène se fixe sur le métal et l'azote passe outre sans être arrêté ni par le chlorure de calcium ni par la potasse. Quant à la vapeur d'eau, elle est toujours condensée par le tube à chlorure de calcium, et le gaz carbonique est absorbé par la liqueur alcaline.

10. **Dosage de l'azote en volume.** — On choisit un tube de verre peu fusible, d'environ 1 mètre de longueur et de 15 millimètres de diamètre. On y introduit d'abord assez de bicarbonate de soude pour en remplir les $\frac{3}{10}$; à ce sel on fait succéder une colonne de 5 à 6 centimètres d'oxyde de cuivre, qui est suivie par le mélange d'oxyde et de matière azotée. Enfin on remplit ce tube jusqu'à 4 ou 5 centimètres de l'ouverture avec de la planure de cuivre oxydée,

Fig. 10. — Appareil pour le dosage de l'azote en volume.

puis réduite par l'hydrogène. On le ferme avec un bouchon en liége portant un tube à dégagement qui plonge dans un bain de mercure (fig. 10).

On chauffe d'abord graduellement la portion du tube où se trouve le bicarbonate de potasse. Ce sel se décompose et dégage du gaz carbonique qui balaye l'intérieur du tube et en chasse l'air atmosphérique qui peut y être contenu. Dans cette opération préparatoire, on a pour but d'éliminer toute trace d'azote étranger à la substance pour ne recueillir après que celui qui réellement en fait partie. On reconnaît que l'expulsion de l'air est complète, en recevant quelques bulles de gaz dans un petit tube rempli de dissolution de potasse. Si le gaz n'est plus que de l'acide carbonique, s'il ne contient plus d'air, il doit être absorbé complétement. On dispose alors sur la cuve C l'éprouvette E, dont les deux tiers renferment du mercure et l'autre tiers une dissolution concentrée de potasse. On met quelques charbons rouges au commencement du tube et l'on procède comme pour analyse ordinaire. De cette manière tout le cuivre est porté au rouge avant que la matière organique se décompose. Lorsque la décomposition de cette dernière commence, les gaz qui en proviennent passent à travers le cuivre incandescent; l'un d'eux, le bioxyde d'azote, se dédouble en oxygène, qui se fixe sur le métal, et en azote, qui passe dans l'éprouvette avec l'acide carbonique et la vapeur d'eau. Cette dernière se condense, l'acide carbonique est absorbé par le liquide alcalin, et l'azote seul reste à son état normal.

Lorsque la combustion de la matière organique est terminée, on chauffe ce qui reste du bicarbonate de soude: un nouveau dégagement de gaz carbonique se manifeste en entraînant le mélange gazeux dont le tube est rempli. Le dégagement terminé, on transporte l'éprouvette dans une terrine d'eau et l'on fait passer l'azote dans un tube gradué pour en connaître le volume et par suite le poids, en tenant compte de la température, de la pression atmosphérique et de l'humidité dont le gaz est imprégné.

11. Calcul pour déterminer la quantité centésimale de l'azote d'une substance organique, d'après les données de l'analyse. — Voici un exemple de la manière dont on parvient à la connaissance du poids de l'azote obtenu directement par l'analyse. $0^{gr},2305$ de matière azotée ont donné 12^{cc} d'azote humide, mesuré à 15° du thermomètre centésimal, et sous la pression barométrique de $0^m,7603$.

$$0,001256 \cdot V \cdot \frac{1}{1+0,00367 \times t} \cdot \frac{H-f}{0^m,760} = 0^{gr},0141.$$

($0^{gr},001256$) = poids d'un centimètre cube d'azote.
V = volume apparent de l'azote obtenu par l'analyse.
(0,00367) = coefficient de dilatation de l'azote, pour chaque degré centigrade.
t = température du gaz au moment où on l'a mesuré.
H = hauteur de la colonne barométrique à ce même moment.
f = force élastique de la vapeur d'eau à 15°.
($0^m,760$) = hauteur normale du baromètre.
($0^{gr},0141$) = poids réel de l'azote fourni par l'expérience.

Enfin, le poids de l'azote, divisé par le poids de la matière analysée, donne la quantité pondérale de ce gaz contenue dans 100 parties de la matière elle-même.

$$\frac{0^{gr},0141}{0^{gr},2305} = 6,16.$$

12. Dosage de l'azote à l'état d'ammoniaque. — La détermination de l'azote sous forme d'ammoniaque est plus simple et plus expéditive.

Disons d'abord d'une manière générale en quoi le procédé consiste. On chauffe au rouge sombre, dans un tube à combustion, la matière azotée mêlée à de la *chaux sodique* (1). L'azote se transforme en ammoniaque, qui est absorbée par de l'acide sulfurique titré; la portion de cet acide qui reste libre indique la quantité d'ammoniaque produite, et partant la proportion d'azote contenue dans la matière. Le balayage du tube à combustion se fait par l'hydrogène. Ce gaz est dégagé par de l'acide oxalique

(1) On prépare la *chaux sodique* ou *sodée*, en éteignant deux parties de chaux vive avec de l'eau tenant en dissolution une partie de soude caustique ; ce mélange est ensuite calciné dans un creuset de terre, puis conservé dans des flacons hermétiquement fermés.

décomposé sous la double influence de la chaleur et des alcalis.

Voici comment on opère : au fond d'un tube de verre peu fusible, d'un demi-mètre de longueur tout au plus, on met environ un gramme d'acide oxalique; on introduit ensuite assez de chaux sodique pour former une colonne de 3 à 4 centimètres, puis le mélange formé de la matière azotée et de cette même chaux ; le reste du tube est rempli avec de la chaux sodique seule, jusqu'à 3 à 4 centimètres de l'extrémité. Pour éviter la projection d'un peu d'alcali dans l'appareil qui doit fermer le tube, on termine le remplissage avec de l'amiante.

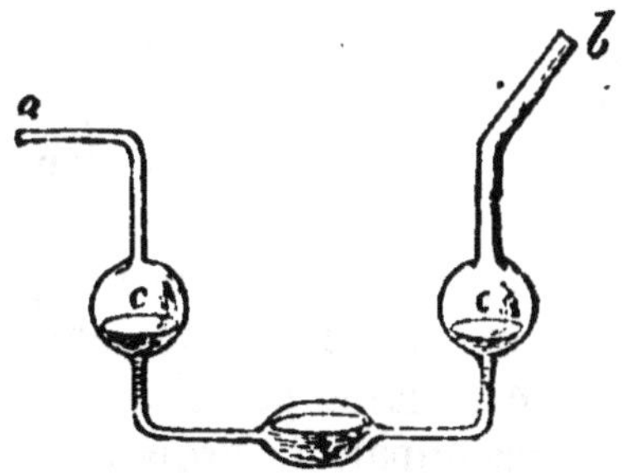

Fig. 11. — Tube condensateur pour le dosage de l'azote à l'état d'ammoniaque (*).

L'appareil par où doivent passer les gaz, à leur sortie du tube, consiste en un *condensateur* à trois boules représenté par la figure 11.

Dans cet appareil il doit y avoir assez d'acide sulfurique pour saturer $0^{gr},2125$ d'ammoniaque, quantité qui corres-

Fig. 12. — Appareil pour le dosage sous forme d'ammoniaque.

pond à $0^{gr},175$ d'azote. En d'autres termes, la quantité d'acide sulfurique réel (SO^3,HO) que doit contenir le condensateur, sera égale à $0^{gr},6125$. La combustion est con-

(*) *a*, extrémité qui, engagée dans un bouchon de liége, fermera le tube à combustion. — *b*, extrémité plus large par laquelle on introduit le liquide. — *c*, *c*, boules assez spacieuses pour que chacune puisse contenir tout le liquide du condensateur.

duite de la même manière que dans une analyse ordinaire (fig. 12).

Il nous reste à apprendre comment on prépare l'acide sulfurique titré, et comment on détermine la portion de cet acide resté libre, après la combustion.

On ajoute à 61gr,250 d'acide sulfurique très-concentré assez d'eau pour former un volume d'un litre. 10cc de cette liqueur contiennent donc 0gr,6125 d'acide réel. On n'a qu'à prendre avec une pipette graduée cette quantité de liquide, et à l'introduire dans le condensateur par l'extrémité *b*: on ajoute ensuite un peu d'eau distillée, soit pour laver la pipette, soit pour augmenter la masse du liquide, afin que les gaz qui doivent le traverser aient à surmonter une certaine pression.

On reconnait la proportion d'acide sulfurique qui reste libre, au moyen du *saccharate de chaux*[1], en opérant à peu près comme pour un essai alcalimétrique.

A cet effet, on commence par déterminer, à l'aide d'une *burette*, le volume de saccharate de chaux nécessaire pour saturer 10cc d'acide sulfurique titré = 0gr,6125 (SO^3,HO). On reconnait la saturation au changement de couleur qu'éprouve l'acide préalablement rougi par la teinture de tournesol. Dès que cette détermination est effectuée, on n'a qu'à saturer par le même réactif, et avec les mêmes précautions, l'acide qui se trouve libre dans le condensateur après l'analyse. Dans ce dernier cas, le volume du saccharate de chaux employé doit être moindre que le volume nécessaire pour saturer tout l'acide dans l'essai préalable.

La différence qui existe entre les deux déterminations sert à faire connaître la quantité d'ammoniaque, et par conséquent la quantité d'azote contenue dans la matière analysée.

(1) On prépare le *saccharate de chaux*, en mettant de la chaux éteinte en contact avec une dissolution de sucre de canne : après quelques heures, on jette le mélange sur un filtre. La liqueur qui passe limpide et incolore est une dissolution de saccharate de chaux, que l'on conservera à l'abri du contact de l'air.

Supposons que les 10^cc d'acide sulfurique titré aient exigé, pour se neutraliser, 40 divisions de saccharate de chaux, et que la même quantité d'acide, après avoir servi à l'analyse, n'en exige plus que 10, ou le quart. Les $\frac{3}{4}$ de ce dernier ont donc été saturés par l'ammoniaque provenant de la matière azotée. Mais 10^cc de liqueur acide sont saturés par une quantité d'ammoniaque qui correspond à 0^gr,175 d'azote ; par conséquent la saturation des $\frac{3}{4}$ de cette même quantité d'acide correspond à un poids d'azote égal aux $\frac{3}{4}$ de 0^gr,175.

Soit l'exemple suivant :

Matière azotée soumise à la combustion..... =	0^gr,541	
Saccharate de chaux employé pour achever de saturer l'acide sulfurique du condensateur.................................. =		15 divisions.
Saccharate de chaux nécessaire pour saturer 10^cc de liqueur acide titrée.............. =		39 —

La différence entre les deux volumes de saccharate est de 24 divisions. Ces 24 divisions correspondent aux $\frac{24}{39}$ de l'azote qui, sous forme d'ammoniaque, sature 10^cc de liqueur acide, c'est-à-dire aux $\frac{24}{39}$ de 0^gr,175. La quantité d'azote contenue dans la matière analysée est donc :

$$x = \frac{24 \times 0^{gr},175}{39} = 0^{gr},1076.$$

Pour avoir la proportion d'azote pour 100 de matière, il ne reste plus qu'à multiplier par 100 le poids 0^gr,1076 et à diviser le produit par le poids de la matière analysée. Le résultat est 19 pour 100.

13. Dosage du phosphore. — La matière organique mélangée avec une vingtaine de fois son poids de carbonate de soude et de nitre, est projetée par petites portions dans un creuset de platine chauffé. Le phosphore passe ainsi à l'état de phosphate de soude. La matière calcinée est dissoute dans l'eau, filtrée et enfin saturée avec de l'acide chlorhydrique. On ajoute à la dissolution acide du sulfate de magnésie et de l'ammoniaque en excès. Il se forme, par un repos d'une douzaine d'heures au moins, un précipité de phosphate ammoniaco-magnésien, qu'on lave avec de l'eau ammoniacale et que l'on calcine pour le faire passer à l'état de pyrophosphate de magnésie. Dans 111 parties de ce pyrophosphate, il entre 31 parties de phosphore.

RÉSUMÉ.

1. *L'analyse élémentaire* détermine les éléments contenus dans une substance organique et la proportion de ces éléments.

2. Les matières azotées se reconnaissent à l'ammoniaque qu'elles dégagent lorsqu'on les calcine dans un tube avec un fragment de potasse caustique.

3. Le procédé de l'analyse élémentaire consiste à brûler la matière organique non azotée au moyen de l'oxyde de cuivre, de manière à convertir son hydrogène en eau et son carbone en gaz carbonique. L'eau et le gaz carbonique sont recueillis à part et donnent la proportion d'hydrogène d'une part, et de carbone de l'autre. L'oxygène est représenté par la différence entre le poids de la matière analysée et la somme des poids de l'hydrogène et du carbone.

4. La vapeur d'eau est condensée dans un tube rempli de fragments de chlorure de calcium fondu, le gaz carbonique est absorbé par une dissolution de potasse contenue dans un appareil à boules de Liebig.

5. La matière est brûlée dans un tube de verre, que l'on chauffe sur une *grille à combustion.*

6. Le *tube à combustion* contient au fond un mélange de chlorate de potasse et de planure de cuivre grillés, puis une colonne d'oxyde de cuivre, puis le mélange de la matière organique et d'oxyde de cuivre, enfin une dernière colonne d'oxyde de cuivre.

7. Le tube à combustion est chauffé graduellement d'avant en arrière et avec beaucoup de régularité, pour que les produits gazeux ne se dégagent pas violemment, ce qui en empêcherait la complète condensation.

8. Le chlorate de potasse mis au fond du tube sert à produire un courant d'oxygène quand la combustion est terminée, pour balayer le tube et entraîner les gaz dont il est rempli.

9. L'analyse élémentaire des substances azotées se fait en deux opérations. Dans la première, on détermine le carbone et l'hydrogène en brûlant la substance au moyen de l'oxyde de cuivre, comme on le fait pour les matières non azotées; seulement le tube contient en avant une colonne de cuivre métallique incandescent, qui décompose les vapeurs nitreuses, fixe l'oxygène et laisse passer outre l'azote, qui n'est absorbé ni par le tube à eau ni par le tube à gaz carbonique.

10. L'azote se dose à l'état de gaz, en brûlant la matière au moyen de l'oxyde de cuivre, et en décomposant les vapeurs nitreuses par une colonne de cuivre métallique incandescent.

11. Le volume d'azote recueilli doit être ramené à la température zéro et à la pression normale par un calcul. On doit tenir compte aussi de son état hygrométrique.

12. L'azote peut se doser encore à l'état d'ammoniaque. Dans ce cas, la matière est décomposée par la chaux sodée. L'ammoniaque formée est reçue dans une liqueur acide titrée, que l'on achève de saturer après avec du saccharate de chaux.

13. Pour doser le phosphore, on calcine la matière avec un mélange de carbonate de soude et d'azotate de potasse. Il se produit ainsi du phosphate de soude, dont le phosphore est dosé à l'état de pyrophosphate de magnésie.

CHAPITRE III

ACIDES ORGANIQUES.

ACIDE OXALIQUE. $C^4O^6, 2HO + 4aq.$

1. **État naturel.** — L'acide oxalique est fréquent dans les végétaux, surtout en combinaison avec la potasse ou la chaux. Les cellules d'un grand nombre de plantes renferment des faisceaux de fines aiguilles cristallines formées d'oxalate de chaux. Certains lichens crustacés contiennent presque la moitié de leur poids de ce sel. L'oseille doit à l'acide oxalique sa saveur aigre, il en est de même des poils des gousses du pois chiche. Aussi s'est-on d'abord adressé à l'oseille pour obtenir l'acide oxalique, dont l'industrie fait un emploi considérable. Le nom de *sel d'oseille*, que porte vulgairement l'oxalate acide de potasse, fait allusion à cette origine. Quant au terme d'*oxalique*, il dérive encore du nom d'une plante, *oxalis*, d'où l'on retirait également cet acide. Aujourd'hui l'acide oxalique s'obtient artificiel-

lement par des moyens plus expéditifs et moins coûteux que nous allons faire connaître.

2. **Préparation des laboratoires.** — Lorsqu'on oxyde énergiquement une matière organique, l'acide oxalique est en général au nombre des produits. Les substances qui se prêtent le mieux à cette transformation sont l'amidon et le sucre. Si l'on traite 1 partie d'amidon par 8 parties d'acide azotique étendu d'eau, on obtient, après une ébullition prolongée, une liqueur qui, étant concentrée par l'évaporation, donne de beaux cristaux d'acide oxalique.

3. **Fabrication industrielle.** — Dans de grands bacs en bois doublés de plomb, on chauffe au moyen d'un serpentin que traverse un courant de vapeur, de la mélasse additionnée d'acide azotique faible. Au bout d'une soixantaine d'heures, la réaction est terminée. Le liquide est alors conduit dans des cristallisoirs où l'acide oxalique se dépose. Les cristaux sont égouttés, redissous dans l'eau et soumis à une deuxième cristallisation. Pour obtenir 100 kilogrammes d'acide oxalique, il faut 112 kilogrammes de mélasse et l'acide azotique que fournissent 278 kilogrammes d'azotate de soude traités par 320 kilogrammes d'acide sulfurique.

En Angleterre, on prépare l'acide oxalique en calcinant, à une température de 250° environ, dans un four à réverbère, un mélange de sciure de bois, de soude et de chaux caustique. Sous l'influence de l'alcali et de la chaleur, le bois se convertit en acide oxalique, qui se combine avec la chaux et forme de l'oxalate de chaux. La matière calcinée est soumise à un lessivage qui isole l'oxalate de chaux et met en liberté l'alcali carbonaté. Celui-ci, de nouveau caustifié, peut servir à une autre opération. Enfin l'oxalate de chaux est traité par de l'acide sulfurique, qui se combine avec la chaux, et met l'acide oxalique en liberté.

4. **Propriétés de l'acide oxalique.** — L'acide oxalique est solide, incolore, sans odeur, d'une saveur aigre et piquante. Il cristallise en prismes quadrilatères obliques.

Il est soluble dans l'alcool, dans 8 parties d'eau froide et dans son propre poids d'eau bouillante.

Chauffé à 100°, l'acide oxalique perd ses 4 équivalents d'eau de cristallisation et devient $C^4H^6,2HO$. Vers 180°, il se sublime en partie, et en partie se décompose en donnant un acide organique d'une composition plus simple, l'acide formique $C^2H^2O^4$, de l'acide carbonique, de l'oxyde de carbone et de l'eau.

Chauffé avec de l'acide sulfurique concentré, qui lui enlève son eau basique, il se dédouble en volumes égaux d'acide carbonique et d'oxyde de carbone. Cette réaction est utilisée pour préparer l'oxyde de carbone.

$$C^4O^6,2HO = 2CO^2 + 2CO + 2HO.$$

Soumis à des actions oxydantes, il se transforme en acide carbonique. Si l'on verse une dissolution bouillante d'acide oxalique sur du bioxyde de manganèse, il se manifeste un fort dégagement d'acide carbonique, et en même temps il se forme de l'oxalate de protoxyde de manganèse.

5. **Usages de l'acide oxalique.** — L'acide oxalique est employé en teinture comme *rongeant*, c'est-à-dire comme moyen d'enlever le *mordant* sur les parties où l'on veut que la matière colorante ne se fixe pas et laisse au tissu sa blancheur. On en fait usage pour récurer les ustensiles en cuivre et pour enlever sur le linge les taches de rouille et d'encre. Ces applications reposent sur la faculté qu'a l'acide oxalique de former des sels solubles avec les oxydes de cuivre et de fer. Ce que l'on vend sous le nom d'*eau de cuivre* pour nettoyer les objets en laiton ou en cuivre rouge, est une simple dissolution d'acide oxalique ou d'oxalate acide de potasse. L'acide oxalique est vénéneux à la dose d'une quinzaine de grammes.

6. **Oxalates.** — L'acide oxalique est bibasique, c'est-à-dire qu'aux deux équivalents d'eau qui dans sa constitution fonctionnent comme base, on peut substituer en totalité ou en partie une autre base quelconque. De la

résultent deux genres de sels : les oxalates acides, dans lesquels un seul équivalent d'eau est remplacé par une autre base, et les oxalates neutres dans lesquels les deux équivalents d'eau ont subi cette substitution. D'après la formule de l'acide oxalique $C^4O^6,2HO$, si l'on représente par M un équivalent d'un métal quelconque, on a les formules suivantes pour les deux genres de sels :

$$C^4O^6, 2MO = \text{oxalates neutres.}$$
$$C^4O^6 (MO + HO) = \text{oxalates acides ou bioxalates.}$$

Tous les oxalates sont insolubles dans l'eau, excepté les oxalates alcalins. Tous ont pour caractère distinctif de dégager des volumes égaux de gaz carbonique et d'oxyde de carbone, comme le fait l'acide oxalique, quand on les traite à chaud par de l'acide sulfurique concentré, qui enlève au sel sa base et met en liberté C^4O^6, se dédoublant spontanément en $2CO^2$ et $2CO$.

7. **Bioxalate de potasse.** $C^4O^6 (KO + HO)$. — Il porte vulgairement le nom de *sel d'oseille*. Il est contenu dans le suc de différentes espèces d'oseille et d'oxalis. Ce suc clarifié avec de la terre glaise et abandonné à la cristallisation, laisse déposer le sel. C'est par ce procédé qu'on en prépare abondamment dans la forêt Noire. Le bioxalate de potasse cristallise en prismes rhomboïdaux obliques, diaphanes ; il a une saveur très-acide, il est soluble dans l'eau froide, beaucoup plus dans la chaude. Il sert aux mêmes usages que l'acide oxalique. Il est employé en teinture comme rongeant, enfin on l'emploie pour décaper les métaux et pour enlever les taches de rouille et d'encre.

8. **Oxalate neutre d'ammoniaque.** $C^4O^6,2AzH^4O$. — On le prépare en saturant une dissolution d'acide oxalique par un léger excès d'ammoniaque et en faisant évaporer la liqueur. Il cristallise en longs prismes incolores, inodores et d'une saveur piquante. Il n'est employé que dans les laboratoires. C'est un précieux réactif pour reconnaître la présence de la chaux. L'acide oxalique, en effet, enlève la chaux aux acides les plus énergiques et donne un

composé, l'oxalate de chaux, tellement insoluble qu'il faut 10 000 parties d'eau environ pour en dissoudre une. Versons, par exemple, une dissolution d'acide oxalique dans une dissolution de sulfate de chaux. Il se formera un précipité blanc d'oxalate de chaux, ayant pour caractère distinctif de se redissoudre sans effervescence dans l'acide azotique ou dans l'acide chlorhydrique. L'acide oxalique est donc un excellent réactif pour reconnaître la présence de la chaux dans les liquides, particulièrement dans les eaux naturelles. La double décomposition qui donne naissance au précipité, est plus nette encore, si l'acide oxalique est associé à l'ammoniaque ; aussi l'oxalate neutre d'ammoniaque est-il préférable à l'acide oxalique dans de telles recherches.

ACIDE CITRIQUE. $C^{12}H^5O^{11}, 3HO + 2aq$.

9. **État naturel.** — C'est à l'acide citrique que le jus des citrons doit sa saveur aigre. On le rencontre également à l'état libre dans les groseilles, les framboises, les cerises, les fraises, les oranges, les fruits de l'églantier, du sorbier. Parfois, mais plus rarement, il se trouve dans les plantes à l'état de sel de chaux ou de potasse.

10. **Préparation industrielle.** — On l'extrait ordinairement des citrons parce qu'ils en contiennent en abondance. A cet effet, on abandonne le jus de ces fruits à une fermentation spontanée. De cette manière, les substances qui rendaient le jus visqueux se séparent et viennent former à la surface une pellicule verte qu'on enlève. Le liquide est alors filtré, saturé avec de la chaux et porté à l'ébullition. Le citrate de chaux insoluble se précipite. On le jette sur une toile, on le lave à l'eau chaude, ensuite on le décompose par de l'acide sulfurique en léger excès. Le sulfate de chaux est séparé par une nouvelle filtration, et la liqueur acide est évaporée avec précaution jusqu'à ce qu'elle commence à se couvrir d'une croûte cristalline. On abandonne alors le liquide à lui-même et les cristaux qui

se déposent sont purifiés par une deuxième cristallisation dans l'eau.

11. **Propriétés.** — L'acide citrique est solide, incolore, d'une saveur aigre très-prononcée. Il cristallise en prismes obliques à quatre faces terminés par des sommets dièdres. Il est soluble dans l'eau froide, et plus abondamment dans l'eau bouillante. La dissolution aqueuse s'altère avec le temps et se couvre de moisissures, elle contient alors de l'acide acétique. Mis en contact avec l'eau de chaux, il ne la trouble qu'à l'ébullition. Soumis à la distillation dans une cornue, il se décompose en dégageant de l'acide carbonique, de l'oxyde de carbone et en produisant divers acides que l'on peut obtenir isolés si la distillation est conduite avec soin. Si l'on arrête le feu quand cessent d'apparaître des vapeurs blanches, le résidu est presque exclusivement formé d'un acide pareil à celui qu'on retire d'une plante vénéneuse nommée *aconit napel*. C'est l'acide aconitique, que nous mentionnons uniquement pour montrer comment deux substances organiques, qui dans leurs origines naturelles n'ont rien de commun, peuvent dériver l'une de l'autre par un traitement de laboratoire.

Un mélange d'acide sulfurique et de bioxyde de manganèse convertit l'acide citrique en acide formique et en acide carbonique. L'acide azotique concentré le transforme en acide oxalique, acide acétique et acide carbonique.

Trois caractères négatifs le distinguent de l'acide tartrique, avec lequel il a beaucoup de rapports. Jeté sur les charbons ardents, il ne répand pas l'odeur du pain grillé. Il ne trouble pas à froid l'eau de chaux et les dissolutions de sels de chaux. Versé en excès dans une dissolution de potasse, il ne donne pas de dépôt cristallin.

12. **Usages.** — L'acide citrique est d'un emploi fréquent en teinture et dans la fabrication des indiennes. On en fait usage pour isoler le rouge de carthame et pour aviver les teintes que donne cette matière colorante; il sert à préparer une dissolution d'étain qui produit avec la co-

chenille de beaux écarlates sur le maroquin et la soie. Les indienneurs l'utilisent comme rongeant. Les relieurs préparent avec cet acide une dissolution de fer qui donne à la peau un aspect marbré. On s'en sert enfin pour enlever les taches de rouille et les taches alcalines sur l'écarlate.

La pharmacie fait entrer l'acide citrique dans certains sirops et certaines limonades. La *limonade sèche* est une poudre fine composée de 125 grammes de sucre et de 4 grammes d'acide citrique avec quelques gouttes d'essence de citron, qui donnent au mélange un arôme convenable. Il suffit de dissoudre cette poudre dans l'eau pour obtenir une limonade ordinaire. La marine fait usage du jus de citron comme préservatif du scorbut. Pour le conserver à bord sans altération, on le mélange d'un dixième d'eau-de-vie, qui précipite les matières mucilagineuses. C'est le *lime-juice* des Anglais.

13. **Citrates.** — Comme l'indique sa formule, où trois équivalents d'eau sont mis en évidence comme faisant fonction de base, l'acide citrique est tribasique à la manière de l'acide phosphorique. Il y a ainsi trois espèces de citrates suivant le nombre d'équivalents d'hydrogène qui sont remplacés par un autre métal.

$C^{12}H^5O^{11}, 3HO$ = acide citrique.
$C^{12}H^5O^{11} (2HO + MO)$ = citrates monométalliques.
$C^{12}H^5O^{11} (HO + 2MO)$ = citrates bimétalliques.
$C^{12}H^5O^{11}, 3MO$ = citrates trimétalliques ou citrates neutres.

On trouve quelques citrates dans les végétaux ; le citrate de chaux dans les oignons et les pommes de terre, le citrate de potasse dans les topinambours. La médecine utilise le citrate de fer et le citrate de magnésie, qui n'ont pas, le premier, la saveur âpre et métallique des sels de fer, le second, la saveur amère des sels de magnésie solubles.

RÉSUMÉ.

1. L'acide oxalique se trouve dans diverses oseilles et certains *oxalis*. Il est, du reste, fréquent dans l'organisation végétale.

2. On l'obtient artificiellement en traitant de l'amidon par de l'acide azotique.

3. L'industrie le prépare soit en traitant la mélasse par l'acide azotique, soit en calcinant un mélange de sciure de bois, de soude et de chaux.

4. Sous l'influence de la chaleur et de l'acide sulfurique concentré, qui lui enlève son eau basique, l'acide oxalique se décompose en volumes égaux d'acide carbonique et d'oxyde de carbone.

5. L'acide oxalique est un *rongeant* pour les teinturiers. Il sert à nettoyer les objets en laiton et en cuivre rouge, à enlever sur le linge les taches d'encre et de rouille.

6. L'acide oxalique est bibasique.

7. Le bioxalate de potasse, vulgairement *sel d'oseille*, sert aux mêmes usages que l'acide oxalique.

8. L'oxalate neutre d'ammoniaque est un précieux réactif pour reconnaître dans un liquide la présence d'un sel de chaux.

9. L'acide citrique se trouve dans divers fruits, notamment dans les citrons.

10. L'industrie retire l'acide citrique du jus des citrons, en traitant ce jus par de la chaux, et en décomposant le citrate de chaux par l'acide sulfurique.

11. Distillé dans une cornue, l'acide citrique produit de l'acide aconitique, pareil à celui qu'on peut retirer de l'aconit napel.

12. L'acide citrique est utilisé en teinture, en pharmacie, en médecine. Il fait partie de la limonade sèche. C'est un excellent préservatif contre le scorbut.

13. L'acide citrique est tribasique. La médecine utilise le citrate de fer et le citrate de magnésie.

CHAPITRE IV

ACIDES ORGANIQUES.

ACIDE TARTRIQUE. $C^8H^4O^{10}, 2HO$.

1. **État naturel.** — L'acide tartrique se trouve dans un grand nombre de fruits et de végétaux. Le raisin en renferme abondamment sous deux états : à l'état de bitartrate

de potasse et à l'état de tartrate neutre de chaux. Pendant la vinification du jus de raisin, ces deux sels se déposent parce qu'ils sont insolubles dans l'eau alcoolisée et forment une croûte adhérente aux parois des tonneaux. Cette croûte porte le nom de *tartre*, et de là provient la dénomination appliquée à l'acide. Elle est rouge ou blanche suivant que le vin est lui-même rouge ou blanc. On en retire l'acide tartrique par les moyens suivants.

2. **Extraction industrielle de l'acide tartrique.** — Le tartre but est finement pulvérisé au moyen d'un moulin et versé dans des cuves en bois doublées de plomb de 4 à 6 hectolitres de capacité. Comme le tartre est très-peu soluble dans l'eau, on emploie pour dissolvant de l'acide chlorhydrique que l'on chauffe au moyen d'un serpentin de vapeur circulant au fond de la cuve. Sous l'influence de la chaleur, le tartre se dissout dans l'acide, tandis que sa matière colorante rouge forme un dépôt boueux. Une

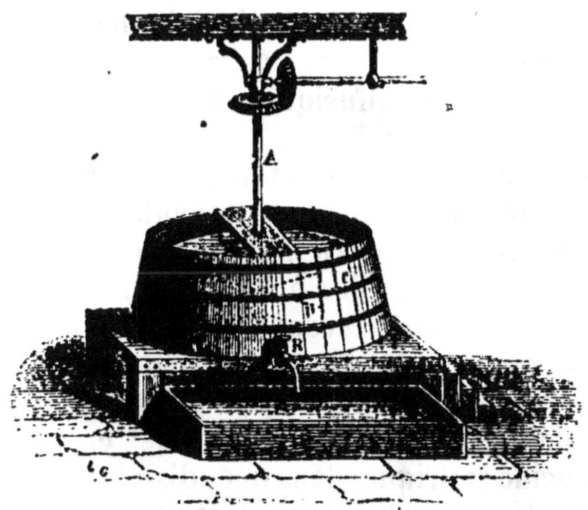

Fig. 13. — Appareil pour la décomposition du tartre.

fois la dissolution faite et le précipité des impuretés opéré, on décante le liquide et on l'amène dans une cuve C (fig. 13), où un agitateur à palettes P le remue continuellement, tandis qu'un jet de vapeur en porte la température à l'ébullition. On jette alors peu à peu dans le liquide bouillant de la chaux éteinte et tamisée avec grand soin. L'acide tartrique passe ainsi à l'état de tartrate de chaux insoluble, tandis que la potasse avec laquelle il était combiné dans le tartre devient chlorure de potassium. Quand la réaction est terminée, la cuve contient un précipité de tartrate neutre de chaux, que surnage une dissolution de chlorure potassique. Le liquide est recueilli et évaporé dans le but d'extraire ce chlorure, qui sert à la fabrication de la potasse ou du salpêtre. Quant au tartrate de chaux, après avoir été bien lavé, il est traité à l'ébullition par de l'acide sulfurique étendu, qui se combine avec la chaux et met l'acide tartrique en liberté. On laisse déposer le sulfate de chaux, et la dissolution d'acide tartrique, suffisamment concentrée, est versée dans des cristallisoirs en bois doublés de plomb, en forme de troncs de cône renversés contenant 400 litres environ. L'acide obtenu par cette première cristallisation est légèrement coloré. On le soumet à une deuxième cristallisation, qui le donne en cristaux blancs et volumineux. Un lavage à l'eau pure enlève les dernières traces d'acide sulfurique, dont leur surface peut être imprégnée.

3. **Propriétés de l'acide tartrique.** — L'acide tartrique est solide, incolore, d'une saveur acide très-forte. Il cristallise en prismes obliques à base rhombe. Les cristaux sont volumineux, inaltérables à l'air, aisément solubles dans l'eau et l'alcool. On le reconnaît à la propriété qu'il a de répandre une odeur de pain grillé quand on en jette sur des charbons ardents, au précipité granuleux de bitartrate peu soluble qu'il donne quand on verse en excès une dissolution d'acide tartrique dans une dissolution de potasse. Ce précipité disparaît si la potasse prédomine, parce que le bitartrate devient tartrate neutre très-soluble. Ce caractère est mis à profit pour reconnaître la présence de la potasse dans un liquide et distinguer cet alcali de la soude. Le liquide concentré est agité dans un tube

avec une dissolution d'acide tartrique en excès. Si la liqueur contient un sel de potasse, il se dépose du bitartrate granuleux ; mais les sels de soude ne donnent pas de précipité parce qu'ils sont très-solubles. Enfin, mis en contact avec de l'eau de chaux, il donne lieu à un précipité, qu'un excès d'acide dissout et qui reparaît plus tard sous forme de petits cristaux.

Soumis à l'action de la chaleur, il donne à 170° l'acide métatartrique $C^8H^4O^{10}, 2HO$, qui a même composition, mais des propriétés différentes ; à 190°, il perd un ou deux équivalents d'eau basique et devient acide tartrélique, $C^8H^4O^{10}, HO$; ou bien acide tartrique anhydre, $C^8H^4O^{10}$, Il donne enfin naissance à divers autres acides dont la composition s'écarte plus ou moins de la sienne.

4. **Usages.** — L'acide tartrique est employé par les indienneurs aux mêmes usages que l'acide oxalique et l'acide citrique, c'est-à-dire comme rongeant.

5. **Tartrates.** — L'acide tartrique est bibasique. Si un seul des équivalents d'eau mis en évidence dans la formule $C^8H^4O^{10}, 2HO$ est remplacé par un équivalent d'oxyde métallique, on obtient un tartrate acide, ou bitartrate : $C^8H^4O^{10} (HO + MO)$; si les deux équivalents d'eau sont remplacés par deux équivalents d'oxyde métallique, on a un tartrate neutre : $C^8H^4O^{10}, 2MO$. L'un des équivalents d'eau peut être remplacé par une base, la potasse par exemple, et l'autre par une base différente, notamment la soude. Le produit est alors un tartrate double de potasse et de soude : $C^8H^4O^{10} (KO + NaO)$. Enfin dans quelques cas, à l'un des équivalents d'eau se substitue un équivalent d'oxyde de la formule MO^3. Le résultat prend le nom général d'*émétique*. Tel est l'émétique vulgaire, tartrate double de potasse et d'antimoine : $C^8H^4O^{10} (KO + SbO^3)$.

Les seuls tartrates importants sont le tartrate acide de potasse et l'émétique d'antimoine.

6. **Tartrate acide de potasse.** $C^8H^4O^{10} (KO + HO)$. — Pendant la vinification du jus de raisin, il se dépose spontanément sur les parois des tonneaux, une croûte formée

de tartrate acide de potasse et de tartrate neutre de chaux. En éliminant ce dernier sel et les matières colorantes, on a le tartrate acide pur, nommé aussi bitartrate de potasse et vulgairement *crème de tartre*. C'est aux environs de Montpellier que s'exerce principalement cette industrie. A cet effet, on pulvérise le tartre brut, on le fait bouillir plusieurs heures avec une quantité d'eau suffisante pour le dissoudre, puis on abandonne la liqueur au refroidissement. Au bout de quelques jours, on décante la dissolution surnageant le dépôt boueux formé par le tartrate de chaux et la matière colorante, et on le met dans des terrines évasées. Les cristaux qui se déposent sont redissous dans de l'eau à laquelle on ajoute de l'argile et du noir animal, dont le rôle est d'éliminer ce qui peut rester encore de matière colorante. La dissolution filtrée et évaporée donne, en se refroidissant, des cristaux incolores de bitartrate de potasse.

Ce sel cristallise en prismes obliques à base rhombe, craque sous la dent, a une saveur acide, rougit le tournesol et exige pour se dissoudre 240 parties d'eau froide ou 15 parties d'eau bouillante. Il est décomposé par la chaleur, en laissant un résidu formé de carbonate de potasse et de charbon, que l'on appelle *flux noir*, en opposition du *flux blanc*, nom qui désigne une substance préparée en brûlant un mélange de crème de tartre et de salpêtre. Le flux blanc sert comme fondant dans certaines opérations métallurgiques ; le flux noir, à cause de son charbon, est à la fois un fondant et un réducteur.

Le bitartrate de potasse associé à l'alun sert de mordant pour la teinture des laines. Mélangé avec le chlorure d'étain, il fournit le mordant pour la teinture écarlate. Dans l'économie domestique, il sert au nettoyage de l'argenterie. On délaye dans de l'eau du bitartrate en poudre fine, de la craie et de l'alun, et l'on frotte les pièces avec un linge doux imprégné de cette bouillie. L'argent reprend un éclat très-vif.

7. Émétique d'antimoine. $C^8H^4O^{10}(KO + SbO^3) + 2aq$. — Ce qu'on nomme vulgairement émétique est un tartrate double de potasse et d'antimoine. On le prépare en faisant bouillir, dans 5 ou 6 parties d'eau, des quantités égales d'oxyde d'antimoine et de crème de tartre. La dissolution filtrée abandonne l'émétique sous forme de beaux cristaux blancs et transparents, qui peu à peu au contact de l'air deviennent opaques et friables.

L'émétique a une saveur métallique très-désagréable. Il est employé comme vomitif énergique à la dose de 5 à 10 centigrammes. Son action est des plus violentes, aussi peut-il amener de graves accidents et même la mort à la dose de quelques décigrammes. Toutefois, c'est un remède héroïque et des plus utiles dans les cas d'empoisonnement. Si l'on chauffe à la chaleur blanche un mélange d'émétique et de noir de fumée, on obtient pour résidu un alliage d'antimoine et de potassium, alliage pyrophorique dangereux à manier, car il s'enflamme avec détonation au contact de l'air humide ou d'une goutte d'eau.

ACIDE MALIQUE. $C^8H^4O^8,2HO$.

8. **État naturel.** — Soit libre, soit combiné avec la potasse, la chaux, la magnésie, l'acide malique est abondamment répandu dans les végétaux. On le trouve, accompagné d'acide citrique, dans les pommes vertes, les poires, les prunes, les groseilles, les baies d'épine-vinette et de sureau, les sorbes, les cerises, les framboises, enfin dans la majeure partie des fruits à saveur plus ou moins aigrelette. On le rencontre encore dans les feuilles de joubarbe, d'épinard, de tabac, d'aconit, de chanvre ; dans les fleurs du sureau et du bouillon blanc ; dans les graines de persil, de poivre, de lin et d'anis ; dans les racines de guimauve, de réglisse, de garance ; dans les carottes et les pommes de terre. Son nom rappelle les pommes, en latin *malum*, d'où Scheele le premier retira cet acide.

9. **Préparation.** — Généralement on prépare l'acide malique avec le suc des baies non mûres du sorbier des oiseleurs. Ce suc clarifié avec du blanc d'œuf est addi-

tionné d'une dissolution d'acétate de plomb, qui donne un précipité blanc de malate de plomb. Ce sel est chauffé jusqu'à l'ébullition avec de l'acide sulfurique étendu. Il se forme ainsi du sulfate de plomb insoluble, et l'acide malique, mis en liberté, reste dissous. On ajoute à la liqueur filtrée du sulfure de baryum, qui élimine l'excès d'acide sulfurique et divers acides organiques à l'état de sels barytiques insolubles, tandis que le malate de baryte se maintient en dissolution. Enfin le malate de baryte est additionné peu à peu d'acide sulfurique étendu tant qu'il donne un précipité de sulfate. Le liquide est alors évaporé jusqu'à consistance sirupeuse et abandonné à la cristallisation dans le vide.

10. **Propriétés.** — On obtient ainsi l'acide malique sous forme de mamelons cristallisés incolores, composés de prismes à quatre ou six faces, doués de beaucoup d'éclat et déliquescents. Il a une saveur acide très-forte ; il est très-soluble dans l'eau, ainsi que ses divers composés salins à l'exception du malate de plomb. C'est lui qui donne leur acidité au cidre et au poiré, et à la plupart des fruits qui paraissent sur nos tables. A l'état pur, il est sans emploi en dehors des travaux de laboratoire.

ACIDE TANNIQUE. $C^{54}H^{22}O^{34}$.

11. **État naturel.** — L'écorce du chêne, du marronnier, de l'orme, du saule, les feuilles de divers arbres, plusieurs racines vivaces de plantes dont les tiges meurent annuellement, certains fruits, quelques sèves, quelques sucs, enfin des excroissances végétales connues sous le nom de *noix de galle*, contiennent une substance à saveur astringente, qui, au contact du fer, détermine une coloration noire. Cette substance porte le nom de *tannin* ou d'acide *tannique*, parce qu'elle est contenue en abondance dans l'écorce de chêne, que l'on emploie, sous le nom de *tan*, pour préparer, pour *tanner* les peaux et en faire du cuir. Les pommes aigres, les sorbes, les tiges d'artichaut, les

cardons, et une foule d'autres produits végétaux, noircissent plus ou moins dans la partie fraîchement entamée avec la lame d'un couteau. L'apparition de cette couleur noire est le signe de la présence du tannin. D'après leur provenance, on distingue plusieurs espèces de tannins ayant des propriétés spéciales, mais reconnaissables tous à des caractères communs, savoir : la saveur astringente, c'est-à-dire pareille à celle de la noix de galle ou des sorbes non mûres, la propriété de former des combinaisons insolubles avec la gélatine et l'albumine, et de se colorer en noir, en bleu, en verdâtre par les sels de fer.

12. **Extraction de l'acide tannique.** — Le tannin de la noix de galle ou acide *gallotannique* est le plus important et le seul que nous examinerons. Les noix de galle sont des excroissances qu'un petit hyménoptère, le cynips, fait

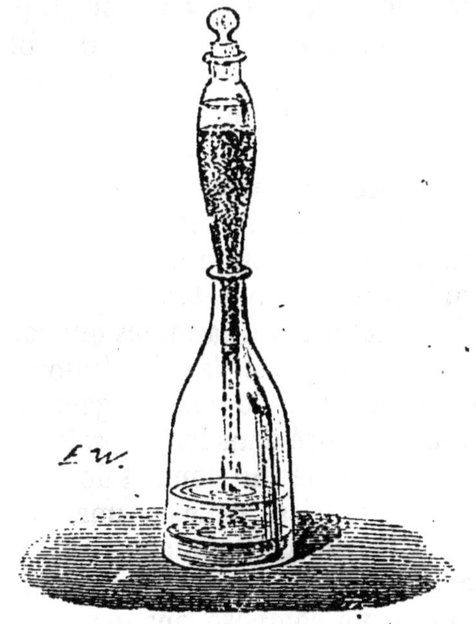

Fig. 14. — Appareil pour l'extraction de l'acide tannique.

naître sur les jeunes rameaux du chêne des teinturiers du Levant, en les piquant pour introduire un œuf dans l'écorce. La sève s'extravase autour de la piqûre et devient un globule solide au centre duquel se développe la jeune larve. Quand le cynips a atteint l'état parfait, il sort de la noix de galle en la perçant d'un trou.

Pour extraire l'acide tannique, on tasse la noix de galle, grossièrement pulvérisée, dans une allonge bouchée par un tampon de coton et dont on introduit le goulot dans une carafe (fig. 14). On achève de remplir l'allonge avec de l'éther du commerce, qui contient environ 10 pour 100 d'eau, et on la bouche. L'éther filtre à travers la noix de galle, et dissout, par sa partie aqueuse, le tannin qu'il rencontre. Le liquide qui se réunit dans la carafe se divise en deux couches : l'une lourde, sirupeuse, ambrée et formée d'une dissolution aqueuse de tannin; l'autre légère, verdâtre et formée d'une dissolution éthérée de quelques matières organiques. On enlève cette dernière, on lave plusieurs fois avec de l'éther la couche pesante; enfin, on l'évapore dans le vide de la machine pneumatique.

13. **Propriétés de l'acide tannique.** — On obtient ainsi le tannin très-pur, sous forme d'une masse spongieuse, légère, brillante, sans apparence de cristallisation, rarement blanche, le plus souvent jaunâtre.

Le tannin est inodore; sa saveur est purement astringente et sans aucune amertume; il est très-soluble dans l'eau; sa dissolution a une réaction faiblement acide. L'acide tannique précipite presque toutes les dissolutions métalliques, et les précipités ou tannates ont souvent des couleurs caractéristiques; aussi, la dissolution de tannin ou tout simplement l'infusion de noix de galle est-elle un réactif très-souvent employé dans les laboratoires. Sa dissolution aqueuse abandonnée au contact de l'air perd peu à peu sa transparence et laisse déposer une matière cristalline grisâtre dont l'acide gallique constitue la majeure partie. Les dissolutions de gélatine et d'albumine donnent avec l'acide tannique un composé opaque, élastique, insoluble dans l'eau; aussi le tannin a-t-il une tendance spéciale à se combiner avec le derme des animaux. Si un lambeau de peau dépilée par la chaux, et préparée comme on le fait pour le tannage, est agité dans une dissolution aqueuse de tannin, celui-ci est absorbé complétement, et la peau forme avec lui un composé imputrescible, c'est-à-dire du cuir. L'absorption est si complète, qu'au bout de quelques heures la liqueur surnageante ne présente plus le plus léger signe de la réaction caractéristique du tannin, savoir la coloration en bleu noir avec les sels de sesquioxyde de fer.

14. **Usages.** — La dissolution d'acide tannique ou plus simplement l'infusion de noix de galle est d'un usage fréquent dans les laboratoires pour reconnaître la nature du métal qui entre dans une liqueur saline, à cause de la variété de teinte des précipités ou tannates métalliques. Le précipité est

Jaunâtre avec l'argent, l'étain, le cobalt;
Orangé avec le mercure et le bismuth;
Brun avec le cuivre, l'or, le chrôme;
Blanc avec le plomb et l'antimoine;
Rouge avec le titane;
Vert foncé avec le platine;
Noir-bleu avec le fer au maximum d'oxydation.

Cette dernière réaction est très-nette, aussi l'infusion de galle est-elle le réactif par excellence pour constater la présence du fer suroxydé dans une liqueur.

Avec les sels de protoxyde de fer, le tannin ne produit aucune réaction; mais par l'exposition à l'air, la liqueur passe graduellement au noir bleu très-intense, parce que le protoxyde absorbe de l'oxygène et devient sesquioxyde.

L'encre ordinaire est un tannate de sesquioxyde de fer tenu en suspension dans de l'eau épaissie avec de la gomme. On la prépare en faisant bouillir une partie de noix de galle dans 15 parties d'eau; on filtre la liqueur et l'on y ajoute une demi-partie de sulfate de protoxyde de fer et autant de gomme. On y ajoute souvent aussi du sucre et du sulfate de cuivre. On abandonne le mélange à l'air jusqu'à ce qu'il ait pris une teinte noir foncé. La suroxydation du fer et la formation du tannate de sesquioxyde expliquent pourquoi les caractères tracés avec une encre pâle noircissent en séchant. L'encre est préparée avec du sulfate de protoxyde de fer; pour qu'un pareil mélange devienne noir, il faut que le protoxyde passe à l'état de peroxyde, ce qui se fait, dans le cas de l'écriture, par l'action lente de l'air.

La teinture des tissus en noir et en gris, repose également sur la réaction colorée du tannin avec les sels de fer au maximum d'oxydation. Enfin, les tanneurs utilisent sa propriété de se combiner avec les peaux et de les rendre désormais imputrescibles, pour préparer le cuir.

ACIDE GALLIQUE. $C^{14}H^{3}O^{7}, 3HO$.

15. Préparation de l'acide gallique. — Pour obtenir l'acide gallique, on abandonne à la température de 25 à 30° de la noix de galle pulvérisée et humectée. Après plusieurs mois, la matière se recouvre de petits cristaux blanchâtres. Alors on laisse dessécher la masse, puis on la traite par l'alcool bouillant. L'acide gallique se dissout et se dépose en grande partie par le refroidissement. La transformation de l'acide tannique en acide gallique est due à une oxydation. Si, en effet, une dissolution aqueuse d'acide tannique est mise en contact avec de l'oxygène dans une éprouvette placée sur du mercure, ce gaz est lentement absorbé et remplacé par de l'acide carbonique. En même temps il se forme de l'eau. Par une oxydation lente, le tannin se trouve donc converti, en grande partie, en acide gallique, gaz carbonique et eau. La transformation est plus rapide, si le tannin est en contact avec une matière azotée en décomposition.

16. Propriétés et usages. — L'acide gallique cristallise en fines aiguilles blanches, solubles dans 100 parties d'eau froide et dans 3 parties seulement d'eau bouillante. Il est très-soluble dans l'alcool. Il ne précipite par la gélatine et ne se fixe pas sur les membranes animales, propriétés négatives qui le séparent nettement du tannin. Il se comporte comme ce dernier avec les sels de fer : il ne précipite pas les sels de protoxyde et forme un précipité bleu-noir dans les dissolutions des sels de sesquioxyde. Sous l'influence de la lumière solaire, il réduit rapidement l'azotate d'argent et le perchlorure d'or, aussi est-il employé dans la préparation des papiers photographiques.

Outre son défaut de combinaison avec les membranes animales, divers autres caractères permettent de le distinguer aisément de l'acide tannique. Celui-ci forme une masse spongieuse, blanchâtre, sans trace de cristallisation; l'acide gallique est en belles et fines aiguilles cristallines d'un blanc éclatant. Le premier possède une saveur astringente très-prononcée, le second est sans astringence, et sa saveur acide laisse un arrière-goût sucré; le premier donne des précipités dans la plupart des dissolutions métalliques, le second ne trouble qu'un petit nombre de dissolutions.

ACIDE PYROGALLIQUE. $C^{12}H^6O^6$.

17. Préparation de l'acide pyrogallique. — La noix de galle est épuisé par de l'eau, et la liqueur est évaporée jusqu'à siccité. L'extrait sec est chauffé au bain de sable dans un vase plat en tôle dont on couvre l'orifice avec une feuille de papier à filtrer, collée tout autour. Enfin, ce diaphragme de papier est recouvert d'un cône de carton traversé par de nombreux fils destinés à arrêter les cristaux. En quelques heures d'une température de 180 à 185°, l'intérieur du cône et les fils se tapissent de cristaux d'acide pyrogallique entièrement pur. Pour 250 grammes d'extrait de noix de galle sec, on obtient environ 15 grammes d'acide pyrogallique. Sous l'influence de la chaleur, l'acide gallique se dédouble en acide carbonique et en acide pyrogallique :

$$\underbrace{C^{14}H^6O^{10}}_{\text{Acide gallique}} = \underbrace{C^{12}H^6O^6}_{\text{Acide pyrogallique}} + \underbrace{2CO^2}_{\text{Acide carbonique}}.$$

18. Propriétés et usages. — L'acide pyrogallique cristallise tantôt en aiguilles, tantôt en lames d'une blancheur éclatante. Il a une saveur amère et astringente, fond à 115° et se sublime à 210°. Il est très-soluble dans l'eau. Il réduit à froid les sels d'or, de platine et d'argent. Il colore en bleu intense les sels de protoxyde de fer, et en rouge foncé les sels de sesquioxyde, mais sans donner lieu à un précipité. Sous l'influence des alcalis, il absorbe promptement l'oxygène et produit une substance noire, la pyrogalléine, en même temps qu'il y a formation d'acide acétique et d'acide carbonique. Cette propriété est utilisée pour faire l'analyse de l'air.

Dans un tube rempli de mercure, de la capacité de 30 centimètres cubes, et gradué de telle sorte que chaque centimètre cube se trouve divisé en cinq parties, on introduit environ 20 centimètres cubes d'air préalablement desséché. Ensuite on y fait arriver, au moyen d'une pipette recourbée, à peu près un demi-centimètre cube d'une dissolution de potasse préparée avec une partie d'hydrate de potasse et deux parties d'eau. On imprime quelques mouvements de bas en haut et l'on détermine alors le volume de l'air, qui se trouve épuré d'acide carbonique par ce traitement. A l'aide d'une seconde pipette, on introduit dans le tube un quart de centimètre cube d'une solution d'acide pyrogallique dans cinq parties d'eau. On agite et l'on mesure, quand l'absorption est complète, le volume du résidu, ne comprenant plus que l'azote.

L'acide pyrogallique est principalement employé dans la photographie, pour réduire les sels d'argent et développer l'image après l'action de la lumière.

RÉSUMÉ.

1. L'acide tartrique est retiré des raisins. Il est contenu dans le *tartre*, c'est-à-dire dans la croûte solide que le vin dépose sur les parois des tonneaux. Il s'y trouve à l'état de bitartrate de potasse et de tartrate neutre de chaux.

2. Le tartre est dissous dans l'acide chlorhydrique. La liqueur additionnée de chaux laisse déposer du tartrate de chaux, que l'on décompose après par l'acide sulfurique étendu.

3. L'acide tartrique donne avec les dissolutions potassiques concentrées un précipité granuleux de bitartrate de potasse. Ce caractère distingue les sels de potasse des sels de soude.

4. L'acide tartrique est employé en teinture aux mêmes usages que l'acide citrique.

5. L'acide tartrique est bibasique.

6. Le tartrate acide de potasse, ou bitartrate, vulgairement *crème de tartre*, se retire du tartre brut. On l'emploie, associé à l'alun, dans la teinture des laines.

7. L'émétique est un vomitif énergique. C'est un tartrate double de potasse et d'antimoine.

8. L'acide malique se trouve dans un grand nombre de fruits à saveur aigrelette, notamment dans les pommes.

9. On la retire des baies non mûres du sorbier des oiseleurs, en précipitant l'acide malique qui s'y trouve avec une dissolution d'acétate de plomb. Le malate de plomb est ensuite décomposé avec de l'acide sulfurique étendu.

10. L'acide malique est bibasique. Ses composés salins ont généralement une grande solubilité.

11. L'acide tannique ou tannin se trouve dans une foule de végétaux, dans certaines écorces, certains fruits, certaines excroissances, notamment les noix de galle. Il y a diverses espèces de tannins suivant la nature du végétal. Le tannin le plus important est celui qu'on retire de la noix de galle, et qu'on nomme pour ce motif acide gallotannique.

12. On extrait l'acide tannique de la noix de galle au moyen de l'éther.

13. L'acide tannique précipite un grand nombre de dissolutions métalliques. Il se combine avec la gélatine et l'albumine, et forme avec elles des composés insolubles, imputrescibles.

14. Il sert à reconnaître la nature du métal qui entre dans une dissolution saline. Il donne avec les sels de sesquioxyde de fer un précipité noir-bleu, qui est la base de l'encre ordinaire. Il est absorbé par les peaux convenablement préparées, et les convertit en cuir.

15. L'acide gallique résulte de l'acide tannique exposé à l'état humide à l'action de l'oxygène de l'air.

16. Il donne un précipité noir-bleu avec les sels de sesquioxyde de fer, mais il ne se combine pas avec la gélatine et l'albumine. On l'emploie en photographie.

17. Soumis à l'action de la chaleur, l'acide gallique se dédouble en acide pyrogallique et en acide carbonique.

18. L'acide pyrogallique colore en bleu intense les sels de protoxyde de fer, mais sans précipité. On en fait usage pour l'analyse de l'air, à

cause de sa propriété d'absorber rapidement l'oxygène en présence de la potasse. Son principal emploi est pour développer les images photographiques.

CHAPITRE V

ACIDES ORGANIQUES.

ACIDE ACÉTIQUE. $C^4H^3O^3, HO$.

1. État naturel. — Ce composé est le principe acide du vin aigri ou du *vinaigre*. Il résulte d'une oxydation éprouvée par l'alcool. Beaucoup d'autres substances organiques soumises artificiellement à une action oxydante, donnent de l'acide acétique au nombre de leurs produits. C'est ainsi qu'en distillant la gélatine, la chair musculaire, le fromage, avec un mélange de bioxyde de manganèse et d'acide sulfurique, qu'en faisant fondre avec de la potasse, de la fécule, du sucre, de l'acide tartrique, de l'acide citrique, on obtient plus ou moins d'acide acétique. La putréfaction des matières animales ou végétales, la distillation sèche des bois, de la gomme, du sucre, en produisent également. En général, un trouble d'équilibre entre les éléments constitutifs d'une substance organique, est accompagné d'une production d'acide acétique.

2. Oxydation de l'alcool. — Si sur l'alcool, dont la formule est $C^4H^6O^2$, se fixent 4 équivalents d'oxygène, le résultat de la combinaison est de l'acide acétique et de l'eau.

$$\underbrace{C^4H^6O^2}_{\text{Alcool}} + 4O = \underbrace{C^4H^4O^4}_{\text{Acide acétique}} + 2HO.$$

Pur ou étendu d'eau, l'alcool ne se combine pas directement avec l'oxygène, mais la combinaison se fait aisément en présence du platine très-divisé, qui n'intervient pas comme élément chimique, mais comme substance très-divisée éminemment apte à la condensation des gaz.

Au centre d'une assiette, on dispose une petite capsule contenant du noir de platine, et que l'on recouvre d'une cloche tubulée, dont le col porte un entonnoir à long bec très-effilé. La cloche repose dans l'assiette sur trois petites cales qui permettent à l'air de pénétrer librement dans l'appareil. On met dans l'entonnoir un peu d'alcool, qui tombe goutte à goutte sur le noir de platine. La température s'élève, et il y a production de vapeurs qui se condensent sur les parois de la cloche, et ruissellent dans l'assiette. Le liquide obtenu est de l'acide acétique, accompagné de quelques produits secondaires. C'est par une oxydation analogue que l'acide acétique est obtenu industriellement.

3. **Préparation industrielle de l'acide acétique au moyen du vin, ou méthode d'Orléans.** — Dans un cellier dont la température se maintient entre 30° et 35°, on dispose sur trois rangées un certain nombre de futailles ordinaires, dont les deux fonds portent aux deux tiers de leur diamètre un large trou de bonde. Chaque futaille est remplie, jusqu'au tiers de sa capacité, avec du vinaigre auquel on ajoute 10 litres de vin; après huit jours, on ajoute encore 10 litres, et ainsi de suite jusqu'à ce que la somme du vin ajouté soit égale à 40 litres. Huit jours après la dernière addition, l'acétification étant achevée, on retire 40 litres de vinaigre; puis on recommence.

L'acétification n'a pas toujours une marche régulière. Elle est lente pour les vins récents, qui contiennent encore de la matière sucrée. Les vins vieux peu alcooliques s'acétifient plus rapidement, mais ils donnent des vinaigres faibles. S'ils sont très-alcooliques, il faut les étendre d'eau, autrement leur acétification serait très-lente.

4. **Mycodermes et infusoires.** — Dans le procédé que nous venons de décrire, la fixation de l'oxygène sur l'alcool se fait par l'intermédiaire d'un végétal qui se développe sur les liqueurs alcooliques, comme les moisissures se développent sur les fruits en décomposition. Aux derniers échelons de la série des êtres vivants, la botanique classe des végétaux microscopiques nommés *mycodermes.* Ils constituent les pellicules vulgairement appelées fleurs du vin, fleurs de la bière, fleurs du vinaigre, pellicules qu'on voit apparaître à la surface de tous les liquides organiques en voie de décomposition. Ces végétaux infimes, filaments glaireux, cellules visqueuses constituant chacune un individu complet, exigent pour sol, suivant leur espèce, tel ou tel autre liquide organique. D'innombrables populations animales, des *infusoires,* leur viennent en aide dans le rôle immense qu'ils ont à remplir. Ce rôle, M. Pasteur va nous l'apprendre.

Il consiste à porter l'action comburante de l'oxygène de l'air sur les matières organiques mortes, et à les brûler, à les détruire. « Si les êtres microscopiques, plantes et animaux, disparaissaient de notre globe, la surface de la terre serait encombrée de matières organiques mortes, et de cadavres de tout genre. Ce sont eux principalement qui donnent à l'oxygène de l'air ses propriétés comburantes. Sans eux, la vie deviendrait impossible, parce que l'œuvre de la mort serait incomplète. Après la mort, la vie reparaît sous une autre forme, et avec des propriétés nouvelles. Les germes, partout répandus, des êtres microscopiques commencent leur évolution, et, à leur aide et par l'étrange faculté qui leur est inhérente, l'oxygène se fixe en masses énormes sur les substances organiques que ces êtres ont envahies, et en opère peu à peu la combustion complète. On pourrait les comparer aux globules du sang, qui viennent s'imprégner d'oxygène dans les poumons et le portent ensuite dans les profondeurs de l'organisation pour y brûler, à des degrés divers, les principes vieillis de l'économie. »

5. **Mycoderme du vinaigre.** — A ces hautes considérations se rattache un fait industriel important, l'acétification de l'alcool. Le mycoderme du vinaigre est cette masse gélatineuse, glissante, gonflée, qu'on trouve fréquemment dans les vases contenant ce liquide. On lui donne vulgairement le nom de *mère* ou *fleur du vinaigre*. Or, si l'on cultive cette plante à la surface d'une liqueur légèrement alcoolique, par son intermédiaire, l'oxygène puisé dans l'air, se porte sur l'alcool et le convertit rapidement en acide acétique. Il est indispensable que la plante surnage : une fois immergée, elle n'a plus de rapport avec l'air et par suite reste sans influence sur le liquide. Il faut en outre que l'alcool ne manque jamais à la plante, sinon, continuant son rôle comburant, elle fixe l'oxygène sur l'acide acétique formé et le transforme en eau et en acide carbonique, produits ultimes de la combustion de l'alcool. Voici du reste le procédé d'acétification proposé par l'auteur : « On sème la fleur du vinaigre à la surface d'un liquide formé d'eau ordinaire contenant 2 pour 100 de son volume d'alcool et 1 pour 100 d'acide acétique, provenant d'une opération précédente, et en outre quelques dix-millièmes de phosphates alcalins ou terreux, qui seront les aliments minéraux de la plante. La petite plante se développe et recouvre bientôt la surface du liquide, sans qu'il y ait le moindre vide. En même temps, l'alcool s'acétifie. Dès que l'opération est bien en train, on ajoute chaque jour de l'alcool par petites portions, jusqu'à ce que le liquide ait reçu assez d'alcool pour que le vinaigre formé marque le titre commercial désiré. »

6. **Anguillules du vinaigre.** — Par cette culture du mycoderme à la surface d'un liquide alcoolique, on convertit rapidement l'alcool en vinaigre, tandis que par le procédé brut d'Orléans, procédé qui ne tient pas compte des aptitudes de la plante, chaque fût ne donne que 40 litres de vinaigre en trente-deux jours. Le procédé présente un autre inconvénient dû au développement exagéré des anguillules, animalcules en forme de vermisseaux qui vivent

également dans le vinaigre. Cédons encore la parole à M. Pasteur :

« Tous les tonneaux, sans exception, dans le système de fabrication d'Orléans, sont remplis d'anguillules, et, comme on ne les enlève jamais que partiellement, leur nombre est quelquefois prodigieux. Or ces animaux ont besoin d'air pour vivre, d'autre part mes expériences établissent que l'acétification ne se produit qu'à la surface du liquide, dans un mince voile de mycoderme, qui se renouvelle sans cesse. Supposons ce voile bien formé, en travail d'acétification active : tout l'oxygène qui arrive à la surface du liquide est mis en œuvre par la plante, qui n'en laisse pas du tout aux anguillules ; celles-ci alors se sentent privées de la possibilité de respirer, et guidées par un de ces instincts merveilleux dont tous les animaux nous offrent à des degrés divers de si curieux exemples, se réfugient sur les parois du tonneau, où elles viennent former une couche humide, blanche, épaisse de plus d'un millimètre, haute de plusieurs millimètres, tout animée et grouillante. Là seulement ces petits êtres peuvent respirer. Mais on comprend bien que ces anguillules ne cèdent pas facilement la place au mycoderme ; j'ai maintes fois assisté à la lutte qui s'établit entre elles et la plante. A mesure que celle-ci, suivant les lois de son développement, s'étale peu à peu à la surface, les anguillules venues au-dessous d'elle et souvent par paquets, s'efforcent de la faire tomber dans le liquide sous la forme de lambeaux chiffonnés. Dans cet état, elle ne peut plus acétifier l'alcool, car une fois que la plante est submergée et sans rapports avec l'air, son action est nulle ou insensible. Je ne doute pas que presque toutes les maladies des tonneaux, dans le procédé d'Orléans, ne soient causées par les anguillules et que ce ne soient elles qui ralentissent et souvent arrêtent l'acétification.

7. Acétification de l'alcool par la méthode allemande. — Ce procédé, remarquable par sa rapidité, donne en trois jours de grandes quantités de vinaigre.

Un tonneau (fig. 15) de 2 mètres de hauteur sur 1 mètre de diamètre, est posé debout. Son fond supérieur est remplacé par un couvercle C, qui ferme hermétiquement et porte deux tubes *t* et *d*. A 15 ou 20 centimètres du cou-

Fig. 15. — Appareil pour la fabrication du vinaigre par la méthode allemande.

vercle se trouve un fond *ii* percé d'un grand nombre de trous de quelques millimètres de diamètre et supporté par un cercle cloué à l'intérieur du tonneau. A chacun de ces trous est adapté un brin de ficelle de 15 centimètres de longueur qui bouche en partie l'orifice. C'est le long de ces cordons que le liquide acétifiable, composée de 1 partie d'alcool, 5 parties d'eau et 1 millième de *mère du vinaigre* et arrivant par le tube *d* sur le fond *ii*, pénètre goutte à goutte dans l'intérieur du tonneau, rempli de copeaux de hêtre. Ici le liquide, en se répandant, présente à l'air une grande surface et ne tarde pas à s'acétifier, tandis que la température s'élève d'une dizaine de degrés. L'acide acétique sort par *b* et se rend dans le récipient R. L'air nécessaire à l'oxydation suit une marche inverse : il entre dans le tonneau par les ouvertures *a*, *a*, *a* placées vers la partie inférieure, traverse la couche de copeaux et sort par le tube *t*. Pour obtenir une acétification complète, il faut ordinairement répéter trois fois le passage du même liquide à travers les copeaux.

8. Fabrication de l'acide acétique par la distillation du bois. Acide pyroligneux. — Le bois de toute essence soumis à la distillation en vase clos, donne de l'acide acétique, des gaz inflammables et divers autres produits volatils. Quant au résidu, c'est du charbon, qui ne diffère pas du charbon ordinaire. Les gaz inflammables peuvent être brûlés dans le fourneau à distillation et tenir lieu de combustible, de sorte que l'opération, une fois commencée, continue et s'achève avec les produits gazeux qui sortent de l'appareil distillatoire.

Le bois est chargé dans un cylindre en fonte A (fig. 16)

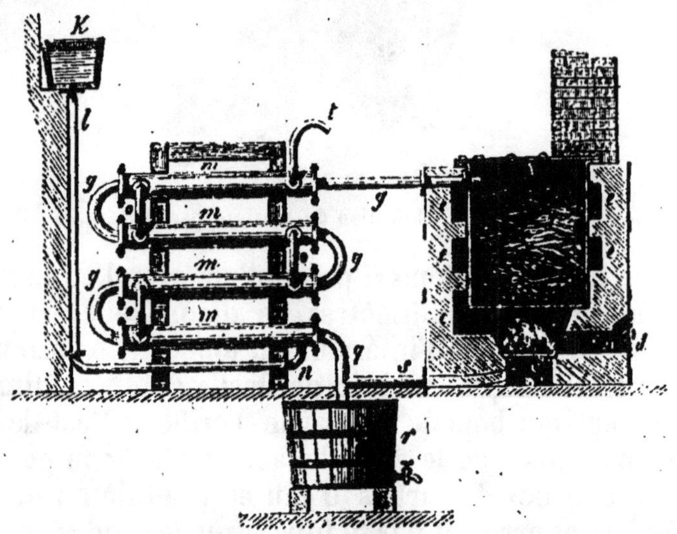

Fig. 16. — Appareil pour la fabrication de l'acide pyroligneux.

dont la capacité est de trois mètres cubes environ. Ce cylindre est placé dans un fourneau à grille C, que l'on alimente par la porte *d*. La flamme tourne autour du cylindre en parcourant les carneaux *e*, *e*, *e* et arrive dans la cheminée. Les produits de la distillation se rendent par le tuyau en tôle *g*, *g*, *g* replié quatre fois sur lui-même et enveloppé entre coude et coude par des manchons réfrigérants, *m*, *m*, *m*, dans lesquels circule de l'eau froide, qui leur arrive du réservoir *k* par le tube *l*, pénètre par *n* et monte par des tubes verticaux de jonction *o*, *o*, *o*, jusqu'au tube recourbé *t*, par où elle sort bouillante. Les produits condensés de la distillation coulent par le conduit *q* dans le réservoir *r*, tandis que les gaz combustibles se rendent par l'embranchement *s* sous la grille C. Par cette disposition, on voit qu'il n'est besoin de mettre du combustible dans le fourneau qu'au commencement de l'opération, la chaleur produite par la combustion des gaz étant suffisante pour achever la distillation.

Chaque stère de bois de sapin carbonisé dans cet appareil produit 5 hectolitres d'acide acétique brut, marquant 5° à l'aréomètre de Baumé, et laisse 220 kilogrammes de charbon. On donne à l'acide acétique extrait du bois par distillation le nom d'acide *pyroligneux*, nom qui fait allusion au traitement du bois par la chaleur. On le nomme aussi *vinaigre de bois*.

9. **Purification de l'acide pyroligneux.** — L'acide pyroligneux brut a une couleur brun rougeâtre. Il tient en dissolution une certaine quantité d'huiles empyreumatiques et de goudron ; une autre portion de ces produits y est simplement suspendue. Cette dernière se sépare par le repos et la décantation. L'acide décanté est saturé avec de la chaux ou de la craie. Il se sépare ainsi une nouvelle quantité de goudron sous forme d'écumes, qui viennent nager à la surface du bain, et que l'on retire avec des écumoires. On laisse reposer, puis on décante la dissolution d'acétate de chaux et on l'évapore jusqu'à ce qu'elle marque 15° à l'aréomètre. Alors on y ajoute une dissolution saturée de sulfate de soude. Les acides échangent leurs bases, il se forme du sulfate de chaux, qui se dépose, et de l'acétate de soude, qui reste dissous. Après évaporation et concentration, celui-ci cristallise en prismes volumineux et très-colorés.

On purifie l'acétate de soude brut par de nouvelles cristallisations et par la torréfaction, qui se fait dans des chaudières en fonte très-évasées et peu profondes. La matière est maintenue à la température de 300° environ et remuée constamment avec des râbles pendant qu'elle est fondue. Il faut veiller à ce que la température ne s'élève pas assez pour décomposer l'acétate ; il faut en outre que la chaleur soit également distribuée, car si un seul point de la masse entre en décomposition, celle-ci se propage avec rapidité et il est difficile d'en arrêter les progrès. La chaleur ne doit jamais être assez forte pour qu'il se dégage la moindre fumée.

Lorsque tout l'acétate est bien liquéfié, qu'il n'y a plus de boursouflement et que la fonte est tranquille, l'opération est terminée. On laisse refroidir la masse, on la dissout dans l'eau pour séparer la matière charbonneuse, on évapore de nouveau, et l'on obtient ainsi de l'acétate de soude parfaitement blanc, que l'on décompose au moyen de l'acide sulfurique pour en extraire l'acide acétique. Le traitement se fait dans un vase distillatoire. Il se forme du sulfate de soude, qui reste dans l'appareil, et il se dégage des vapeurs d'acide acétique, que l'on condense dans un réfrigérant.

10. Acide acétique chimiquement pur. — L'acide acétique tel que le fournit l'industrie, est plus ou moins accompagné d'eau. Pour l'obtenir pur, on le distille, puis on le sature à demi avec de la potasse. Il se forme ainsi une dissolution de biacétate de potasse, $C^4H^3O^3, KO + C^4H^3O^3, HO$, qu'on évapore à sec. Ce sel fond à 148° et se décompose à 200° en abandonnant de l'acide acétique dans l'état de sa plus grande concentration ou monohydraté $C^4H^3O^3, HO$. En exposant le produit de la distillation à l'action d'un mélange réfrigérant, on obtient une masse cristallisée d'acide acétique pur, qu'on égoutte, qu'on fond et qu'on introduit dans des flacons, tenus après hermétiquement bouchés. Ce produit porte le nom d'*acide acétique cristallisable.*

11. Propriétés de l'acide acétique. — L'acide acétique chimiquement pur est solide au-dessous de 16° de température et affecte la forme de lames ou tables transparentes d'un grand éclat. Au-dessus de 16° il est liquide, incolore, limpide et d'une densité égale à 1,063. Son odeur est pénétrante, sa saveur très-acide. Il bout à 120°; sa vapeur s'enflamme à l'approche d'une bougie allumée. Il se mélange en toutes proportions avec l'eau, et lorsque la quantité de celle-ci ne dépasse pas certaines limites, le mélange se contracte et augmente de densité. Un mélange à poids égaux d'eau et d'acide a la même densité que l'acide le plus concentré. On ne peut donc pas se servir de l'aréomètre pour mesurer l'état de concentration de l'acide acétique.

12. **Usages.** — L'acide acétique fait partie du vinaigre, employé comme assaisonnement et pour la conservation de certaines matières alimentaires. Il entre dans la composition de divers sels employés en teinture comme *mordants*, c'est-à-dire comme substances aptes à fixer les matières colorantes sur les tissus.

13. **Acétates.** — L'acide acétique est saturé avec un seul équivalent de base, il est monobasique. La plupart des acétates sont très-solubles dans l'eau. Chauffés avec de l'acide sulfurique, ils dégagent des vapeurs d'acide acétique, reconnaissables à leur inflammabilité et à leur odeur piquante. Distillés en vase clos à la chaleur rouge, ils donnent encore de l'acide acétique, mais accompagné de gaz des marais et d'acétone, liquide volatil et odorant qui brûle avec une flamme blanche. Chauffés avec un alcali fixe en excès, ils se transforment en carbonates avec dégagement d'hydrogène protocarboné.

14. **Acétates de plomb.** — L'acétate neutre de plomb, vulgairement *sel de saturne*, a pour formule $C^4H^3O^3, PbO + 3aq$. On le prépare en dissolvant de la litharge ou protoxyde de plomb dans de l'acide acétique, ou bien en exposant à l'air un mélange d'acide acétique et de plomb. Sous l'influence de l'acide, ce métal absorbe rapidement l'oxygène de l'air et se change en protoxyde, qui se combine alors avec l'acide.

Le sel de saturne est vénéneux, comme tous les sels de plomb ; il a une saveur sucrée, qui lui a fait donner le nom de *sucre de saturne,* et bientôt suivie d'un arrière-goût astringent métallique, très-désagréable. Il s'en consomme des quantités immenses pour la fabrication de la céruse ou blanc de plomb, et pour celle de l'acétate d'alumine ou mordant pour rouge des indienneries.

Si l'on fait digérer dans 30 parties d'eau, 7 parties de litharge avec 10 parties d'acétate neutre de plomb, on obtient ce qu'on nomme l'acétate tribasique de plomb, ou le sous-acétate de plomb. C'est une association d'un équivalent d'acétate neutre, avec deux équivalents d'hydrate d'oxyde de plomb: $C^4H^3O^3, PbO + 2(PbO, HO)$. Ce composé salin est très-soluble dans l'eau. Sa dissolution possède une réaction alcaline très-marquée. L'acide carbonique y détermine un précipité de carbonate de plomb et ramène le sel à l'état d'acétate neutre. La fabrication de la céruse est basée sur cette réaction. Le sous-acétate de plomb précipite le tannin, les matières colorantes, les matières gommeuses et divers autres principes végétaux ; aussi en fait-on usage dans les recherches de la chimie organique. L'extrait de *saturne*, l'*eau de Goulard*, l'*eau blanche* des pharmaciens dont on se sert pour laver les plaies, sont des solutions de sous-acétate de plomb.

15. **Acétates de cuivre.** — Le *vert-de-gris* du commerce est un acétate bibasique de cuivre, c'est-à-dire une association d'acétate et d'hydrate d'oxyde de cuivre: $C^4H^3O^3, CuO + HO, CuO + 5aq$. Sa fabrication se fait surtout aux environs de Montpellier. A cet effet, on abandonne à la fermentation le marc de raisin laissé sous le pressoir après la vendange. Si l'air pénètre bien dans la masse, celle-ci s'échauffe d'une quarantaine de degrés et ne tarde pas à répandre l'odeur acétique. On empile alors, dans des vases en terre, des plaques de cuivre provenant de vieux doublages de navires et le marc fermenté par lits alternatifs. Les vases ainsi préparés sont abandonnés dans un coin de la cave à une température constante. Sous l'influence de l'acide, le

cuivre s'oxyde et se combine partie avec l'eau, partie avec l'acide acétique pour former à la surface des plaques une couche bleu verdâtre de sous-acétate de cuivre. Le vert-de-gris est détaché avec un racloir, et les lames sont soumises à une autre opération jusqu'à ce qu'elles soient en entier dissoutes.

Le *verdet* est un acétate neutre $C^3H^3O^4, CuO + aq$. On l'obtient en dissolvant l'acétate basique ou le vert-de-gris dans de l'acide acétique, en concentrant la liqueur et en faisant cristalliser. Des bâtons fendus en quatre plongent en grand nombre dans le cristallisoir. C'est sur ces bâtons que se dépose l'acétate en grappes cristallines, connues dans le commerce sous le nom de *vert en grappes*.

Le verdet est en gros cristaux d'un vert foncé très-solubles dans l'eau; le vert-de-gris est une poussière d'un bleu verdâtre à peine soluble dans l'eau, mais très-soluble dans l'acide acétique. Ils sont l'un et l'autre vénéneux. On les utilise comme couleur verte dans la peinture à l'huile, comme mordants pour la teinture en noir sur laine.

On désigne sous le nom de *vinaigre radical* l'acide acétique que l'on obtient en distillant l'acétate de cuivre à la chaleur rouge dans une cornue en grès. Il se dégage de l'acide acétique le plus concentré possible et légèrement coloré en vert par quelques traces de verdet entraîné. Une seconde distillation dans une cornue en verre le donne incolore. Cet acide acétique a une odeur particulière qu'il doit à un peu d'acétone. Du reste on l'aromatise quelquefois avec un peu d'essence de romarin, de thym, etc., ce qui lui vaut le nom de vinaigre aromatique.

16. **Acétate d'alumine.** — Ce sel est d'une haute importance dans la teinture et l'impression des tissus. C'est le *mordant pour rouge* des indienneurs. On le prépare en ajoutant à une dissolution d'acétate neutre de plomb une dissolution de sulfate d'alumine, jusqu'à ce qu'il ne se forme plus de précipité. Par double échange, il se fait du sulfate de plomb, qui se dépose, et de l'acétate d'alumine, qui reste dissous. L'acétate d'alumine est incristallisable; desséché

dans le vide, il a l'aspect d'une masse gommeuse. Il est facilement altérable. La chaleur, l'exposition à l'air lui font perdre son acide acétique et l'alumine se dépose.

17. **Acétate de fer.** — L'acétate de fer est pareillement d'un grand emploi dans les ateliers de teinture et d'indiennerie. Il constitue le mordant pour noir. Pour l'obtenir, il suffit de mettre digérer de vieille ferraille dans de l'acide pyroligneux. Il en résulte, au bout d'un mois ou deux, une liqueur d'un brun foncé contenant un mélange d'acétate de protoxyde et d'acétate de sesquioxyde de fer, mélange qui porte le nom de *pyrolignite de fer* ou *liqueur de ferraille.*

ACIDE LACTIQUE. $C^6H^5O^5, HO$.

18. **État naturel.** — L'acide lactique est l'acide du lait aigri. Il est très-répandu, du reste, dans l'économie animale. On le trouve à l'état libre ou combiné dans les muscles, le sang, l'urine, le suc gastrique, le jaune d'œuf; on le trouve aussi dans presque tous les sucs végétaux, où le plus souvent il ne préexiste pas, mais se forme par la fermentation lactique des principes sucrés de ces mêmes sucs. Le jus de betterave fermenté, la choucroute, les pois et les haricots cuits en contiennent.

19. **Fermentation lactique.** — Diverses substances, comme l'amidon, le sucre de lait ou lactose, le sucre ordinaire, le glucose, se transforment en acide lactique par un acte chimique analogue à celui de la conversion de l'alcool en acide lactique. Un ferment ou mycoderme spécial, *levûre lactique*, se développe aux dépens de ces matières en fixant sur elles de l'oxygène. Lorsque du lait s'aigrit à l'air, des germes de levûre arrivent dans le liquide par le véhicule de l'air, se développent et oxydent le principe sucré du lait, tandis que la caséine, matière azotée qui forme la base du fromage, leur fournit l'azote et les substances minérales nécessaires à leur évolution. Le résultat de ce travail vital est l'acide lactique. Pour obtenir artificiellement cet

acide, il faut donc abandonner à l'action des ferments un liquide contenant soit du sucre, soit de l'amidon, soit du lactose, etc., et une matière azotée, la caséine par exemple.

20. **Préparation de l'acide lactique.** — A une température d'une trentaine de degrés, on laisse fermenter un mélange de 2 litres de lait écrémé, de 250 grammes d'amidon converti en empois et de 200 grammes de craie. Le rôle de celle-ci est de saturer l'acide lactique à mesure qu'il se forme, de manière que le mélange soit toujours neutre, sinon l'acide coagulerait la caséine du lait et la réaction serait entravée. Dix à douze jours suffisent pour que la fermentation soit terminée. Le mélange est alors transformé en une bouillie épaisse de lactate de chaux qu'on étend d'eau et qu'on porte à l'ébullition. La liqueur filtrée et concentrée laisse déposer des cristaux de lactate de chaux, que l'on décompose par l'acide oxalique pour précipiter la chaux et mettre l'acide lactique en liberté. Si la fermentation se prolonge trop longtemps, un second travail se développe et l'acide lactique devient de l'*acide butyrique*, liquide d'une odeur désagréable qu'on trouve en petite quantité dans le beurre rance.

21. **Propriétés.** — L'acide lactique ne cristallise jamais. Amené à son plus grand état de concentration dans le vide, il constitue un liquide sirupeux incolore, doué d'une grande acidité, très-soluble dans l'eau, l'alcool et l'éther. Il dissout facilement le phosphate de chaux et coagule le lait.

22. **Usages. Lactates.** — La principale application de l'acide lactique consiste dans la préparation des lactates, dont plusieurs sont employés en médecine. Tel est le lactate de fer, que l'on prépare en faisant digérer de la limaille de fer dans de l'acide lactique. Les lactates alcalins sont très-déliquescents et difficilement cristallisables; les autres cristallisent, mais pour la plupart sont peu solubles dans l'eau froide et dans l'alcool. L'eau bouillante les dissout facilement.

RÉSUMÉ.

1. L'acide acétique est l'acide du vin aigri ou du vinaigre.

2. Il résulte d'une oxydation de l'alcool, qui, avec 4 équivalents d'oxygène, donne 1 équivalent d'acide acétique et 2 équivalents d'eau. Cette oxydation peut se faire en présence du platine très-divisé.

3. Les vinaigres d'Orléans sont obtenus par l'acétification du vin dans des futailles, où de huit jours en huit jours on ajoute 10 litres de vin pour retirer une quantité égale de vinaigre.

4. Divers végétaux microscopiques, réduits à de simples cellules, à des filaments, se développent sur les matières organiques, et les métamorphosent par une fixation d'oxygène. On leur donne le nom général de *mycodermes*, de *ferments*, de *levûres*.

5. La transformation de l'alcool en acide acétique, ou la fermentation acétique, est due au mycoderme du vinaigre, vulgairement *mère* ou *fleur du vinaigre*.

6. Dans une liqueur acétique, il peut se développer aussi des animalcules, connus sous le nom d'*anguillules du vinaigre*, et entravant le travail du ferment.

7. Dans la méthode allemande, on acétifie l'alcool en lui faisant traverser une couche de copeaux de hêtre pour présenter une grande surface à l'action de l'air.

8. La distillation du bois donne de l'acide acétique impur, appelé *acide pyroligneux*.

9. On purifie l'acide pyroligneux en le saturant d'abord par la chaux, et additionnant après la liqueur de sulfate de soude. On obtient ainsi de l'acétate de soude, que l'on débarrasse des matières goudronneuses par la torréfaction. Enfin, l'acétate de soude distillé en présence de l'acide sulfurique, donne l'acide acétique.

10. L'acide acétique chimiquement pur s'obtient en chauffant du biacétate de potasse dans un appareil distillatoire.

11. L'acide acétique pur cristallise au-dessous de 16° de température. Ses vapeurs brûlent avec une flamme bleue. Il est très-corrosif.

12. L'acide acétique est monobasique. Il fait partie du vinaigre, il entre dans la composition de divers mordants.

13. Les acétates sont très-solubles dans l'eau. Traités à chaud par l'acide sulfurique, ils dégagent des vapeurs d'acide acétique.

14. Les principaux sels de plomb sont l'acétate neutre ou *sucre de saturne* et le sous-acétate tribasique. Ce dernier entre dans l'*extrait de saturne* et l'*eau blanche* des pharmaciens. Il sert à la préparation de la céruse par le procédé de Clichy.

15. On distingue deux acétates de cuivre : le *vert-de-gris* ou association d'acétate et d'hydrate d'oxyde de cuivre, et le *verdet* ou acétate neutre. Le premier s'obtient en soumettant des lames de cuivre à l'action du marc de raisin qui a éprouvé la fermentation acide. Le

second se prépare avec le vert-de-gris dissous dans l'acide acétique. Ce sont deux poisons énergiques. On les emploie dans la peinture et dans la teinture.

16. L'acétate d'alumine est le *mordant pour rouge* des indienneurs. C'est un sel incristallisable et facilement décomposable.

17. L'acétate de fer est le *mordant pour noir*.

18. L'acide lactique se trouve dans le lait aigri et dans divers produits d'origine animale.

19. En présence d'une matière azotée, de la caséine, par exemple, le sucre, l'amidon, le glucose, le principe sucré du lait, se métamorphosent en acide lactique par l'action d'un ferment spécial appelé *levûre lactique*.

20. La préparation artificielle de l'acide lactique est basée sur cette réaction.

21. L'acide lactique est un liquide sirupeux, incristallisable, d'une saveur très-acide.

22. Il entre dans la composition de divers sels employés en médecine, notamment dans la composition du lactate de fer.

CHAPITRE VI

CELLULOSE.

$C^{12}H^{10}O^{10}$.

1. **État naturel.** — Examiné au microscope, le tissu d'un végétal se réduit en une multitude de petites cavités closes, généralement de forme ovoïde, mais fréquemment aussi de forme polyédrique par suite de leur compression mutuelle. Ces cavités, formées chacune d'une paroi qui lui est propre, portent en botanique le nom de *cellules*. Aux cellules sont associés d'autres organes élémentaires, tantôt plus ou moins allongés, un peu renflés au milieu et amincis aux deux extrémités; tantôt configurés en tubes cylindriques d'une longueur considérable. Les premiers sont les *fibres*, les seconds les *vaisseaux*. Les fibres sont des cellules en forme de fuseau; les vaisseaux résultent d'une série de

cellules dont les parois juxtaposées ont disparu. L'ensemble de la trame végétale se ramène donc à la cellule, qui donne son nom à la cellulose. On nomme ainsi la substance qui forme les parois des cellules, des fibres et des vaisseaux. Cette substance est identique de composition dans toute l'étendue de la plante et dans toutes les espèces végétales; elle est la matière première du monde végétal, elle forme la majeure partie du bois. Néanmoins elle est accompagnée de diverses substances qui l'imprègnent, qui l'incrustent, qui remplissent les cavités cellulaires et communiquent aux diverses parties d'une plante, moelle, feuilles, chair molle et pulpeuse, écorce fibreuse, bois tenace, des propriétés fort différentes. Quand ces substances sont éliminées, la cellulose est de composition et de propriétés chimiques constantes, quelle que soit son origine. Les vieux chiffons de toile et de coton, le papier non collé fabriqué avec ces chiffons, sont de la cellulose à peu près pure, car les traitements nombreux et énergiques que ces corps ont subis ont éliminé presque en totalité les matières étrangères, tout en laissant la cellulose intacte.

2. **Propriétés.** — La cellulose est blanche, diaphane, et inattaquable par les dissolvants ordinaires. Toutefois on peut la dissoudre dans le réactif cupro-ammonique de Schweitzer.

On remplit une allonge de tournure de cuivre à travers laquelle on fait passer lentement de l'ammoniaque et à plusieurs reprises, jusqu'à ce que le liquide ait pris une teinte d'un bleu foncé. Ce liquide dissout la cellulose, comme le coton en bourre, la charpie de vieille toile. La dissolution est précipitée par l'acide chlorhydrique, les sels alcalins, l'alcool. En quittant son dissolvant, la cellulose a l'aspect d'une masse gélatineuse, qui, lavée jusqu'à disparition de toute trace d'oxyde de cuivre et desséchée, devient violette par la teinture d'iode, et passe au bleu si l'on y ajoute une goutte d'acide sulfurique. Ce caractère la rapproche de l'amidon, dont elle a du reste la composition chimique.

La cellulose broyée à froid avec de l'acide sulfurique concentré se transforme en une masse gommeuse, analogue à l'empois et soluble dans l'eau. La dissolution acide longtemps bouillie donne naissance à du glucose ou sucre de fruit.

Une ébullition prolongée dans l'acide azotique transforme la cellulose en acide oxalique.

3. **Coton-poudre.** — Par une courte immersion dans de l'acide azotique concentré, la cellulose, sans changer d'aspect, devient une matière très-inflammable, explosive, que l'on désigne sous les noms de *coton-poudre*, *fulmi-coton*, *pyroxyle*, *pyroxyline*. On fait un mélange de 3 volumes d'acide azotique monohydraté et de 5 volumes d'acide sulfurique concentré. On plonge dans ce mélange de la cellulose, coton, charpie, papier, vieux linge, n'importe. Après un quart d'heure d'immersion, on retire la matière, on la lave à grande eau jusqu'à disparition de toute trace d'acide, on la presse pour enlever la plus grande partie de l'humidité, on la divise et on l'abandonne à la dessiccation spontanée. Le coton, le tissu, le papier, ont après ce traitement le même aspect qu'avant, mais ils possèdent la remarquable propriété de s'enflammer subitement, si l'on porte un point de la masse à la température de 180° environ. La matière se transforme entièrement en gaz, sans résidu aucun ; aussi produit-elle, avec plus de violence encore, tous les effets de la poudre ordinaire. Le coton-poudre résulte de la cellulose par la substitution de 5 équivalents d'acide azotique à 5 équivalents d'eau. La réaction se fait sur 2 équivalents de cellulose.

$$\underbrace{2C^{12}H^{10}O^{10}}_{\text{Cellulose.}} + 5AzO^5 = \underbrace{C^{24}H^{15}O^{15}, 5AzO^5}_{\text{Coton-poudre.}} + 5HO.$$

Le composé obtenu contient assez d'oxygène pour convertir l'hydrogène en vapeur d'eau, le carbone en gaz carbonique et gaz oxyde de carbone, de manière que, par ses propres éléments, il peut se résoudre en entier en gaz. De là résulte sa puissance explosive.

$$C^{24}H^{15}O^{15}, 5AzO^5 = 23CO + CO^2 + 15HO + 5Az.$$

Soumis à l'action d'agents réducteurs qui décomposent l'acide azotique, le coton-poudre régénère la cellulose primitive. Si par exemple on introduit du coton-poudre dans une dissolution de protochlorure de fer, obtenu en dissolvant de la limaille de fer dans de l'acide chlorhydrique du commerce, et que l'on élève la température, le coton-poudre devient ocreux, tandis que le protochlorure se fonce en couleur et qu'il se dégage du bioxyde d'azote. Une fois la réaction terminée, on lave la masse avec de l'eau acidulée avec de l'acide chlorhydrique et l'on obtient du coton ne différant en rien du coton ordinaire.

4. Collodion. — On plonge du coton dans un mélange formé de 3 parties d'acide sulfurique et de 2 parties d'azotate de potasse. On laisse digérer pendant 15 minutes, on lave le coton et on le sèche. Le coton-poudre ainsi obtenu se dissout dans l'éther additionné de 6 à 8 centièmes d'alcool, et le mélange prend l'aspect d'un sirop épais. C'est ce qu'on nomme *collodion*. Étendu en mince couche, ce liquide sirupeux laisse évaporer l'éther et se prend en une pellicule imperméable, très-adhésive, insoluble dans l'eau et dans l'alcool. Le principal emploi du collodion est en photographie. Il sert à produire sur verre une pellicule que l'on rend sensible à la lumière au moyen des sels d'argent.

5. Usages de la cellulose. Fibres textiles. — La cellulose constitue les fibres textiles, avec lesquelles se fabriquent les cordes, les fils, les tissus. Les végétaux les plus importants, sous le rapport des fibres textiles, sont le lin, le chanvre et le cotonnier. L'écorce du chanvre et celle du lin sont composées de longues fibres, fines, souples et tenaces, avec lesquelles nous fabriquons nos tissus. Les tissus de luxe, batiste, tulle, gaze, dentelle, malines, sont empruntés au lin ; les tissus plus forts, jusqu'à la grossière toile à sacs, sont retirés du chanvre.

Le lin est une plante annuelle, fluette, à petites fleurs d'un bleu tendre. Sa culture est très-développée dans le nord de la France, en Belgique, en Hollande; c'est la première plante que l'homme ait utilisée pour ses fibres textiles. Du moins les momies de l'antique Égypte sont-elles emmaillottées de bandelettes de lin.

Le chanvre est cultivé dans toute l'Europe. C'est une plante annuelle, dioïque, d'une odeur forte, nauséabonde, à petites fleurs vertes sans éclat. Sa tige, de la grosseur d'une plume, s'élève à 2 mètres environ. On le cultive, comme le lin, à la fois pour son écorce et pour sa graine appelée chènevis.

Lorsque le chanvre et le lin sont parvenus à maturité, on en fait la récolte, et par le battage on en sépare les graines. On procède alors à une opération appelée *rouissage*, qui a pour but de rendre les fibres de l'écorce facilement séparables du bois. Ces fibres, en effet, sont collées à la tige et agglutinées entre elles par une matière gommeuse très-résistante, qui les empêche de s'isoler tant qu'elle n'est pas détruite par la pourriture. On pratique quelquefois le rouissage en étendant les plantes sur le pré pendant une quarantaine de jours et en les retournant de temps à autre, jusqu'à ce que la filasse se détache de la partie ligneuse ou *chènevotte*. Mais le moyen le plus expéditif consiste à tenir plongés dans une mare le lin et le chanvre liés en bottes. Il s'établit bientôt une décomposition qui dégage des puanteurs malsaines ; l'écorce se corrompt, et les fibres, douées d'une résistance exceptionnelle, sont mises en liberté.

On fait alors sécher les bottes, puis on les écrase entre les mâchoires d'un instrument appelé *broie*, pour casser les tiges en menus morceaux et les séparer de la filasse. Enfin, pour purger la filasse de tout débris ligneux et pour la diviser en filaments plus fins, on la passe entre les pointes en fer d'une sorte de grand peigne nommé *séran*. En cet état, la fibre est filée, soit à la main, soit à la mécanique.

Le cotonnier est une plante d'un à deux mètres d'élévation, où même un arbrisseau, dont les grandes fleurs jaunes ont la forme de celles de la mauve. A ces fleurs

Fig. 17. — Le cotonnier.

succèdent des fruits ou coques de la grosseur d'un œuf, que remplit une bourre soyeuse, tantôt d'un blanc éclatant, tantôt d'une faible nuance jaune, suivant l'espèce du cotonnier (fig. 17). Au milieu de cette bourre se trouvent les graines. A la maturité, les coques s'entr'ouvrent et la bourre s'épanche en un flocon que l'on recueille à la main, coque par coque. La bourre, bien desséchée au soleil sur des claies, est battue avec des fléaux, ou mieux soumise à l'action de certaines machines. On la débarrasse de la sorte des graines et des débris du fruit. Sans autre préparation, le coton nous arrive en grands ballots pour être converti en tissu dans nos usines. Les pays qui en fournissent le plus sont l'Inde, l'Égypte, le Brésil, et surtout les États-Unis de l'Amérique du Nord. En une seule année, les manufactures d'Europe mettent en œuvre près de 800 millions de kilogrammes de coton.

6. **Fabrication du papier.** — Les chiffons ou les substances filamenteuses végétales, sont les matières premières avec lesquelles on fabrique le papier. Tant que les tissus conservent quelque chose de l'arrangement que leur a donné la filature, ils ne peuvent pas servir, car les fibrilles du papier doivent être dirigées en tous sens et enchevêtrées. En outre, il faut que le papier soit imperméable pour qu'il puisse recevoir l'écriture, autrement l'encre serait absorbée et les caractères illisibles. Les deux principales phases de cette fabrication sont la préparation de la matière première et la conversion de celle-ci en papier.

7. **Préparation de la matière première.** — Les chiffons, convenablementtriés, sont soumis successivement au *lessivage* et à l'*effilochage*. On humecte d'abord les chiffons à l'eau tiède, on les met en tas, puis on les place dans un cuvier à double fond percé de trous (fig. 18).

Ce cuvier ou *appareil à lessive* fonctionne par circulation continue ou intermittente. La vapeur qui arrive par M chauffe la lessive qui est entre les deux-fonds O, et la pousse dans le tube vertical *tt'*, d'où elle déborde sur les chiffons et les traverse pour retourner en O. Comme la vapeur arrive par intermittence, le lessivage des chiffons est intermittent à son tour.

Lorsque le lessivage (qui dure 4 à 6 heures) est terminé,

on soutire la liqueur alcaline par le robinet *r*, on la remplace par de l'eau, puis on opère le rinçage de la même manière.

Les chiffons lessivés et rincés sont soumis à l'*effilochage*. L'objet de cette opération est de diviser les chiffons de ma-

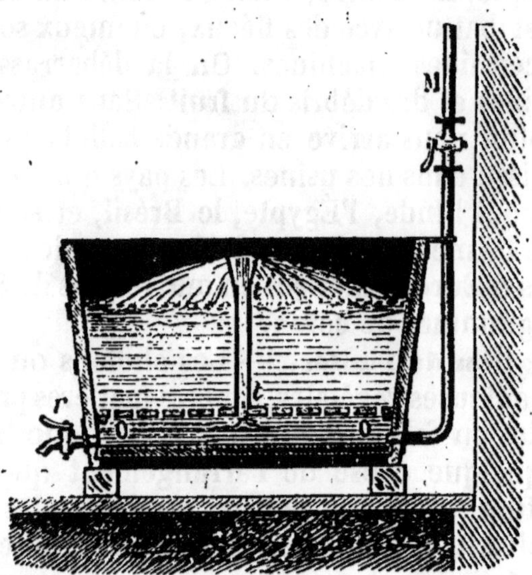

Fig. 18. — Cuvier pour le lessivage des chiffons.

nière à les réduire en fibrilles comme de la charpie, en les brisant le moins possible. On parvient à ce résultat au moyen d'un cylindre armé de lames qui agissent sur les chiffons immergés dans l'eau et les réduisent en pâte. La réussite de l'opération dépend de la limpidité de l'eau, du temps que l'on consacre au lavage et à la trituration, de l'état des lames tranchantes et des soins de l'ouvrier. Lorsque l'eau est trouble, on n'obtient qu'une pâte terne, difficile à blanchir, à colorer et à encoller. Les tranchants en acier conviennent aux chiffons durs ; les tranchants doux et usés, aux chiffons tendres.

Le cylindre armé de lames *pulvérise* le chiffon ; c'est ce qui fait qu'on ne fabrique plus de bon papier, quel que soit son prix ; le *pilon* (ancien système) en faisait une véritable pâte donnant des papiers adhérents que l'on avait peine à déchirer.

A l'*effilochage* succède le *blanchiment,* que l'on peut effectuer autant par l'*hypochlorite de chaux* que par le *chlore gazeux*. Cependant, cette dernière méthode n'est pratiquée que lorsque les chiffons sont difficiles à blanchir, ou lorsqu'on veut profiter de l'action du chlore pour désagréger sensiblement leur texture et diminuer ainsi la dépense de force mécanique.

Le mode de blanchiment le plus usuel est celui où l'on emploie l'hypochlorite de chaux (chlorure de chaux) ; il se pratique généralement dans des bassins en maçonnerie doublés de carreaux en faïence dure où se meut un agitateur qui, renouvelant sans cesse les surfaces, rend le blanchiment plus rapide. L'opération dure de 24 à 48 heures ; elle serait encore plus longue si, de temps en temps, on ne versait dans le bassin de faibles quantités d'acide hydrochlorique, afin de rendre libre l'acide hypochloreux et de donner au bain beaucoup plus d'énergie.

L'emploi du chlore pour le blanchiment du papier est une innovation qui a de grands inconvénients, dont le principal est de compromettre la durée du papier.

8. **Conversion de la matière première en papier.** — Après le *blanchiment* vient l'*affinage*, opération que l'on peut considérer comme le complément de l'*effilochage*. En effet, les chiffons blanchis sont transportés de nouveau dans le cylindre ; ils y trouvent les lames tranchantes disposées de telle sorte qu'elles opèrent sur les fibres végétales une séparation suffisante pour former une pâte susceptible d'être étendue en couches minces uniformes. La pâte, arrivée à cet état, est mise en feuilles, soit à la *main*, soit à la *mécanique*. Dans ce dernier cas, on encolle la pâte elle-même ; dans le premier cas, au contraire, on encolle le papier tout fait et séché.

On appelle *papier à la main* ou *à la forme* celui qui est préparé en introduisant de la pâte dans un tamis en toile métallique, auquel on fait éprouver un mouvement oscillatoire parfaitement horizontal. Par ce mouvement, l'eau s'égoutte, la pâte s'étend d'une manière uniforme, et constitue une lame d'égale épaisseur, dont la forme rectangulaire est la même que celle du tamis.

On appelle *papier à la mécanique* celui qui est fabriqué à l'aide d'une machine qui reçoit la pâte par une de ses extrémités, et la rend par l'autre à l'état de papier, sous forme d'une toile, qu'on coupe ensuite par feuilles. On ne peut se faire une idée exacte de cette machine, qui est d'ailleurs très-compliquée, qu'en la voyant ou en en lisant la description dans les ouvrages de technologie.

L'encollage de la pâte se fait avec un savon résineux, de l'alun et de la fécule. Les deux premières substances donnent lieu à une double décomposition ; il en résulte un savon résineux à base d'alumine qui, uniformément distribué dans la pâte et par conséquent dans le papier, rend celui-ci imperméable. La fécule contribue à cette distribution uniforme, parce que, sous la double influence de l'alcali du savon et de la température élevée, elle se dilate et se gonfle ; dès lors elle divise le savon et le répand également dans la pâte.

Voici comment on prépare le savon résineux. On introduit dans une chaudière 150 kilogrammes de résine en poudre, avec une lessive obtenue au moyen de 75 kilogrammes de cristaux de soude, 375 kilogrammes d'eau, et 12,5 kilogr. de chaux. L'eau de lavage et le chauffage à la vapeur augmentent de 150 kilogrammes la proportion d'eau, et l'on obtient 750 kilogrammes de savon résineux, après 30 minutes d'ébullition.

Le papier à la main est encollé au moyen de la gélatine, ou colle-forte, et de l'alun. L'emploi de ce sel a pour but de rendre la colle, sinon imputrescible, du moins plus résistante et moins soluble. Cette sorte d'encollage est une opération assez délicate, principalement pour ce qui a trait à la dessiccation du papier déjà encollé. La dessiccation doit être lente, sans cependant durer assez longtemps pour que la décomposition spontanée de la gélatine ait lieu. Dans ce cas, la colle deviendrait liquide et perdrait ses qualités adhésives. Si, d'un autre côté, la dessiccation était trop rapide, la colle resterait disséminée dans toute l'épaisseur du papier et l'imperméabilité ne serait pas alors suffisante. Si le séchage est convenable, l'humidité contenue dans la feuille de papier arrive successivement à la surface, entraînant la gélatine qui vient former une couche superficielle imperméable.

Le papier à la main n'étant encollé qu'à la surface, on conçoit pourquoi, lorsqu'on le gratte, il devient perméable et on ne peut plus y écrire. Le papier à la mécanique, au contraire, ne perd point, quand on le gratte, son imperméabilité, parce que la colle y est également distribuée dans toute l'épaisseur.

Bien que la plus grande partie du papier soit fabriquée à la mécanique, néanmoins le papier à la main, lorsque son chiffon n'a pas été trop divisé, est le seul qui présente de la solidité, et partant des garanties de durée. Effectivement, c'est avec lui que l'on fait le papier qui doit servir pour les actes, les registres, les timbres, les dessins, lavis, etc., etc.

Le papier à la mécanique est beau, lisse, blanc, mais il n'a ni la consistance ni la durée de l'autre : il est employé principalement pour l'impression et la lithographie.

9. **Papiers pour enveloppes. Cartons.** — Il serait difficile de se faire une idée de la consommation du papier dans le monde entier. La France en produit annuellement de 50 à 60 millions de kilogrammes, représentant une valeur de 45 à 55 millions de francs. Les États-Unis de l'Amérique du Nord en produisent 135 millions de kilogrammes. Aussi le chiffon de toile ou de coton est-il loin de suffire à la fabrication. On emploie concurremment la paille, le foin, le bois tendre, les roseaux, les feuilles de pin, les ajoncs, enfin les diverses matières végétales qui peuvent fournir une pâte fibreuse. Lorsque ces matières sont destinées à entrer dans la composition du papier ordinaire, elles subissent un blanchiment énergique au

moyen des alcalis caustiques et du chlorure de chaux ou du chlore.

Pour le papier à enveloppes, papier gris, on fait usage des mêmes matières, mais sans autre préparation que la division mécanique. On utilise aussi les chiffons colorés, y compris ceux de laine et de soie, non blanchis.

Le carton se fait avec de vieux papiers qu'on humecte, qu'on fait pourrir et qu'on désagrége en les broyant à l'eau sous des meules verticales tournant dans une auge. La pâte est mise en feuilles à l'aide d'une forme spéciale, puis pressée et séchée à l'air libre. Les cartons fins sont recouverts sur chaque face de feuilles de papier blanc qu'on applique tout humide avant le pressage. Le *carton-pierre*, avec lequel on fait des ornements légers et solides pour la décoration des appartements, est formé avec de la pâte à papier, une dissolution de colle-forte, du ciment, de l'argile et de la craie.

10. **Propriétés du bois ordinaire.** — Considéré chimiquement, le bois est essentiellement formé de *cellulose*. Il est plus dense que l'eau ; s'il y flotte, c'est par suite de l'air qu'il contient dans ses pores. On ne peut en fixer ni la densité, ni la composition, car elles varient d'un bois à un autre. En effet, pour donner un exemple, la densité de l'érable et du sapin est 1,46, tandis que celle du chêne et du hêtre est 1,53 : le tronc du tremble renferme 49,26 p. 100 de carbone ; celui du bouleau en renferme 50,29.

On divise les bois en *bois blanc*, *bois dur*, *bois de travail* et *bois résineux*. A chaque dénomination se rattachent des idées de propriétés et d'applications différentes. Aussi le *peuplier* est-il réservé, par suite de sa grande légèreté, pour la fabrication des enveloppes grossières, caisses, tonneaux, etc., etc. Le *bouleau*, dont le tissu est plus serré, quoique ce soit toujours un bois léger, sert à la confection d'objets plus soignés, tels que boîtes, tabatières, etc., etc. : on le distille aussi pour en tirer une matière goudronneuse qui, mêlée avec des jaunes d'œufs et appliquée aux cuirs par le corroyage, leur communique l'odeur et les qualités du cuir de Russie. D'autres bois légers, tels que *aunes, bourdaines, tilleuls, fusains, saules,* tiges écorcées de *chanvre,* etc., etc., sont employés à la préparation des allumettes ou d'un charbon très-combustible pouvant entrer dans la composition de la poudre.

Les bois durs indigènes que l'on utilise le plus communément pour le chauffage ou pour divers ouvrages de menuiserie, sont ceux de *chêne,* de *hêtre,* de *charme,* d'*orme,* de *frêne,* de *cormier,* de *noyer,* de *châtaignier* et d'*acacia.* Ce dernier bois est l'un des plus estimés à cause de sa grande dureté, de sa rapide croissance et de sa résistance au frottement et à la pourriture. Ainsi, les *dents des roues d'engrenage,* les *bobines des filatures de lin,* les *chevilles,* les *gurnables* (chevilles des navires), les *rais de roues,* les *coins* des rails et les *traverses* des chemins de fer, les *échalas* des vignes, les *tuteurs* des pépinières, offrent le double avantage de la bonne qualité et de l'économie lorsqu'ils sont faits en acacia. On a lieu de s'étonner que nous ne cultivions pas davantage un arbre si utile.

On désigne par *bois de travail* les bois qui servent à l'ébénisterie et au placage. Ces bois sont durs et généralement exotiques. Leur beauté tient à ce qu'ils ont un tissu très-compacte et injecté de matières colorantes : aussi se coupent-ils facilement en lames très-minces et prennent-ils un beau poli. Les Antilles, le Brésil, le Japon, les Indes orientales, nous fournissent les bois de travail les plus estimés.

Quelques-uns de ces bois, tels que le *bois de rose,* l'*amyris balsamifera,* la *cedrela odorata,* répandant une odeur agréable, sont réservés pour la confection de petits meubles, pour garnitures et objets de luxe. D'autres bois, doués d'une excessive dureté, sont plus particulièrement réservés pour les menus objets faits au tour : ce sont notamment le *gayac,* le *sainte-lucie,* l'*ébène,* le *buis.*

Les *bois dits résineux,* tels que le *pin,* le *mélèze,* le *cèdre,* etc., ont pour caractère distinctif de résister longtemps aux agents atmosphériques et de donner, en brûlant, plus de chaleur que les bois blancs. Ils doivent ces deux propriétés à la résine dont ils sont imprégnés. Les bois résineux ont donc le double avantage d'être très-propres aux constructions exposées à l'humidité et en même temps d'être de bons combustibles.

11. **Altérations du bois.** — Si dur et si compacte qu'il soit, le bois subit tôt ou tard les influences destructives de l'air et de l'humidité favorisées par la chaleur. La cellulose, substance si résistante, est en effet accompagnée de divers autres principes, notamment de principes azotés très-altérables, aux dépens desquels s'effectue un travail lent qui a pour résultat la désorganisation et enfin la décomposition chimique du bois. Ces mêmes matières azotées attirent les insectes qui s'en nourrissent, et favorisent le développement des plantes cryptogamiques, champignons, moisissures, byssus ; de sorte que le bois percé en tous sens par les larves qui y creusent leurs galeries et miné fibre à fibre par la végétation cryptogamique, en même temps qu'il perd sa solidité, s'imbibe d'air et d'humidité dans toute sa masse et devient le siége d'une combustion lente dont le résultat final est l'*humus* ou *terreau*.

C'est principalement dans les pays chauds que les insectes causent les plus grands ravages. Dans certaines parties de l'Amérique méridionale, il serait difficile de rencontrer dans un bâtiment, même de construction récente, une pièce de charpente qui ne soit pas vermoulue. Le bois immergé dans les eaux de la mer est livré à d'autres destructeurs, les *tarets*, mollusques qui le perforent et le criblent de trous de manière à le rendre en peu de temps pareil à une éponge. C'est pour prévenir les ravages des tarets que les navires en bois sont doublés de lames de cuivre dans la partie immergée.

A l'intérieur des vieux arbres dont le tronc se décompose lentement, se trouve une matière brune et pulvérulente appelée *humus* ou *terreau*, qui est le résultat de l'action continuée de l'air et de l'humidité sur le bois. Le terreau cède aux dissolutions alcalines une matière brune, nommée *acide humique*. L'acide humique est amorphe, d'un brun luisant, insoluble dans l'eau. Il ne forme des sels solubles qu'avec les alcalis.

12. Conservation du bois par l'injection de liquides, avec le concours de l'aspiration vitale. — Puisque la cause principale de la détérioration du bois réside dans l'altération des principes azotés, toute substance qui rendra inaltérables ces derniers sera un agent conservateur du bois. Quelques composés, tels que le *tannin*, le *pyrolignite de fer*, le *sulfate de cuivre*, le *bichlorure de mercure*, le *chlorure de zinc*, agissent directement sur le principe azoté du bois, se combinent avec lui et le rendent imputrescible ; d'autres, tels que les *matières grasses*, agissent mécaniquement et ne font que mettre le principe azoté à l'abri des causes détériorantes.

Depuis quelques années, on a pratiqué différents procédés de conservation qui tous ont donné des résultats satisfaisants : toutefois, si on les compare, on voit que cer-

Fig. 19.

tains d'entre eux doivent l'emporter sur les autres. En effet, le procédé qui fait pénétrer l'agent conservateur dans les méats les plus déliés et dans les parties les plus compactes du bois doit être meilleur que celui par lequel l'agent conservateur n'arrive qu'aux parties les plus accessibles et les moins dures.

M. le docteur Boucherie est le premier qui ait eu l'idée d'injecter les bois pour mieux les conserver. Tout d'abord il profita de l'aspiration vitale pour injecter le liquide préservateur dans les arbres sur pied ou abattus. L'aubier, plus poreux que le cœur, s'en pénétrait facilement, tandis que le centre n'en était pas atteint.

Pour appliquer ce procédé, il suffit de faire à la base de l'arbre encore debout deux incisions laissant entre elles un intervalle de quelques centimètres et de disposer alentour une bande de toile E enduite de caoutchouc, recevant d'un réservoir R, au moyen d'un tube, le liquide qui doit être aspiré (fig. 19).

13. Injection par déplacement. — M. Boucherie s'est aussi servi d'un autre procédé dit *de déplacement*. Il consiste à placer dans une position presque horizontale l'arbre

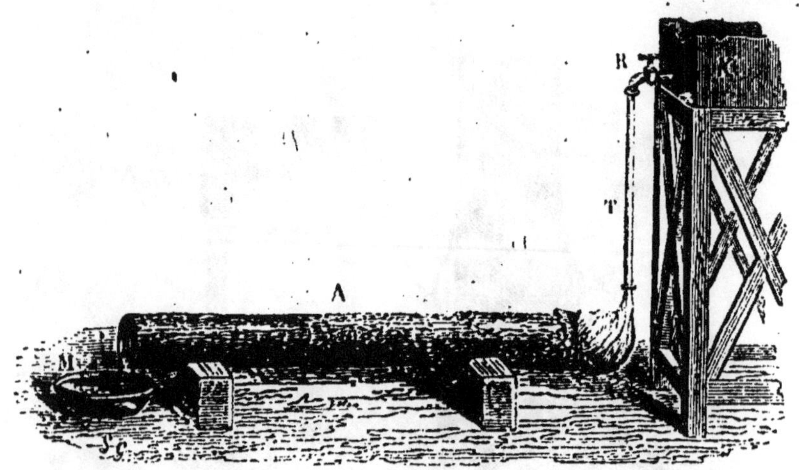

Fig. 20.

récemment abattu; à entourer le tronc A, près de son extrémité la plus large, d'un sac imperméable, où l'on fait arriver le liquide préservateur à l'aide d'un tube T partant d'un réservoir élevé et placé à proximité K : la sève est chassée bientôt par le liquide qui s'introduit dans les conduits ouverts. De cette manière, les bois tendres s'injectent rapidement et d'une manière uniforme ; mais il n'en est pas ainsi pour les bois durs, dont l'aubier seul est promptement pénétré, tandis que le cœur ne l'est que très-peu et irrégulièrement (fig. 20).

On a beaucoup perfectionné ce procédé, pour les traverses des chemins de fer, en opérant de la manière suivante : on prend une pièce de bois ayant deux fois la longueur de ces traverses : on donne au milieu un trait de scie qui pénètre jusqu'à 3 ou 4 centimètres du côté opposé; en soulevant, au moyen d'une cale et au milieu, la pièce de bois au-dessous de la portion ménagée, la fente s'ouvre; si l'on en garnit les deux côtés verticaux avec une corde goudronnée, et que l'on ôte la cale, la corde fortement comprimée ferme hermétiquement les deux côtés et produit ainsi un petit réservoir étroit au milieu de la pièce de bois. Il suffit alors de percer obliquement un trou de tarière qui pénètre jusqu'au réservoir, et d'y adapter un tube par où arrivera, sous une certaine pression, le liquide préservateur. Cet agent s'insinue dans les fibres et canaux et se rend peu à peu vers les deux extrémités.

14. Injection par le concours du vide et de la pression. — Le procédé suivant est plus efficace pour faire pénétrer la liqueur préservatrice jusque dans le cœur du bois. L'appareil se compose :

1° D'un cylindre en cuivre de 11m,50 de longueur et de 1m,60 de diamètre, terminé, d'un bout par une calotte, et de l'autre bout par une cornière contre laquelle vient se fixer, par des mâchoires à vis de pression, un fond légèrement bombé; 2° de petits chariots roulants, avec essieux et roues en cuivre, sur lesquels on charge les bois à préparer pour les amener dans l'intérieur de l'appareil ; 3° d'une locomobile de la force de 10 à 12 chevaux, servant de générateur de vapeur et de moteur.

Les opérations sont conduites de la manière suivante :

La chaudière de la locomobile est mise en communication avec le cylindre préparateur, de manière à le faire traverser dans toute sa longueur par un courant de vapeur, auquel un robinet placé à l'extrémité de l'appareil donne issue dans l'air. Cette opération, qui dure environ un quart d'heure, a pour but d'échauffer sensiblement les pièces de bois pour en faire sortir une partie des fluides qu'ils contiennent.

Dès que la vapeur sort sans entraîner de matières étrangères, on ferme le robinet et on met le cylindre en communication avec un condenseur dans lequel on fait arriver un courant d'eau froide, qu'on évacue avec une des pompes à air placées sur la locomobile; on interrompt la circulation d'eau, puis on fait le vide et on le maintient 15 minutes environ à la pression de $0^m,09$ à $0^m,10$ de mercure.

C'est alors seulement qu'on ouvre le robinet de la conduite qui fait communiquer le cylindre avec la dissolution de sulfate de cuivre. Cette dissolution à 2/100, et qui est à 40 ou 50°, s'introduit naturellement dans le cylindre, dont on complète le remplissage par une pompe foulante. On fait agir cette pompe jusqu'à ce que la pression s'élève et se maintienne à 10 atmosphères. Cette partie de l'opération dure une demi-heure environ, après quoi il ne reste plus qu'à ouvrir le cylindre pour retirer les chariots, après un temps qui varie suivant les essences.

Quelle que soit la matière d'opérer, le préservatif auquel on donne la préférence est le sulfate de cuivre. Il faut de 4 à 6 kilogrammes de ce sel pour la préparation d'un stère de bois.

15. Coloration du bois. — Si les liquides préservateurs étaient naturellement colorés, ou bien s'ils pouvaient produire des colorations en agissant sur les principes propres au bois, on conçoit que, tout en rendant celui-ci inaltérable, ils lui donneraient des qualités dont les arts de luxe pourraient profiter. C'est ainsi, par exemple, que le *platane*, injecté avec du pyrolignite de fer, prend des teintes très-recherchées dans l'ébénisterie.

La conservation, et tout à la fois la coloration des bois, sont devenues dans ces dernières années, grâce aux travaux de M. Boucherie, une véritable industrie pour la France. Ainsi, avec de l'azotate de cuivre et de la teinture de campêche, ou de la teinture de tournesol, on obtient des bois nuancés de *bleu;* la dissolution d'acétate de cuivre sert aux nuances *vertes;* l'injection successive d'une teinture de noix de galle et d'une dissolution de sulfate de fer produit le *noir;* les teintures appliquées depuis longtemps aux étoffes (rocou, garance, orseille, etc., etc.) donnent les nuances diverses du *rouge* ou du *violet;* et, pour compléter l'assortiment, on a même imaginé de décolorer le bois (principalement le bois tendre), en le soumettant à un véritable *blanchiment intérieur.* A cet effet, on y injecte successivement une dissolution de soude à 1/4 de degré, de l'eau, de l'hypochlorite de chaux, enfin de l'eau acidulée par l'acide chlorhydrique.

16. **Carbonisation.** — Chauffé en présence de l'air, le bois commence à s'altérer vers 150°. A mesure que la température s'élève, la décomposition devient plus profonde; les produits généralement gazeux s'enflamment, et disparaissent, et il ne reste que de la cendre, c'est-à-dire des matières minérales. Les faits sont différents, si le bois est chauffé à l'abri plus ou moins complet de l'air. Le bois brunit d'abord, puis il se résout en produits liquides et en produits gazeux, et lorsque la décomposition est terminée, il reste du charbon conservant la forme primitive du bois employé. C'est ce qu'on nomme *carbonisation.* Si les produits gazeux de la décomposition ne pouvaient se dégager, la matière deviendrait liquide. Ainsi du bois chauffé dans des tubes de verre scellés se convertit en un liquide noir très-coulant, qui ne tarde pas à s'épaissir en bouillonnant. A l'ouverture des tubes refroidis, il se dégage beaucoup de gaz, et il reste une matière charbonneuse luisante, à cassure vitreuse. D'a-

près le volume du gaz comprimé, les tubes supportent dans ces dangereuses expériences une pression de 100 atmosphères environ.

17. **Procédé ordinaire pour la fabrication du charbon.** — Les procédés industriels de carbonisation, ou du moins ceux qui servent à faire la plus grande partie du charbon, portent le nom de *procédés des forêts*. Il y a l'*ancien* et le *nouveau*. L'ancien est principalement pratiqué pour les bois résineux, et dans les pays de montagnes où il est difficile de trouver des abris convenables.

Sur une aire légèrement inclinée, formée de terre et de fraisil [1], on construit avec du bois un tas de forme rectangulaire (fig. 21).

Fig. 21. — Carbonisation du bois par l'ancien procédé.

La largeur du tas varie entre 2 à 3 mètres, et la longueur entre 12 et 13. Des pieux sont enfoncés verticalement en terre, tout autour de l'aire. Des planches adossées contre ces pieux servent à maintenir la couverture de fraisil qui enveloppe latéralement les faces verticales du tas. L'élévation de ce dernier va en croissant depuis la partie antérieure, où elle n'est que de $0^{m},60$, jusqu'à l'extrémité

[1] Le fraisil est un mélange de poussier de charbon et de terres calcinées.

postérieure, où elle est de 5 mètres ; de sorte que la face supérieure représente un plan incliné à l'horizon de 15 à 20° : elle est également recouverte de fraisil, ou bien de terre et de gazon.

On allume le tas à la partie antérieure. Aussitôt que l'on voit sortir la flamme à travers la couverture, on ferme le trou qui avait servi à allumer, et on en perce, dans la couverture, toujours vers le commencement du tas, trois ou quatre de 2 à 3 centimètres de diamètre. On les laisse ouverts jusqu'à ce que la fumée noire et épaisse, qui s'en dégage d'abord, ait fait place à une fumée légère d'une teinte bleuâtre; alors on bouche ces trous, puis on en ouvre d'autres un peu plus loin, tant sur les côtés du tas que sur le dessus, et on continue ainsi jusqu'à ce qu'on ait atteint la tête ou l'extrémité opposée.

Par le *nouveau procédé des forêts*, on carbonise le bois disposé en meules. Sur une aire bien battue on construit, avec trois ou quatre grosses bûches, une espèce de cheminée de $0^m,25$ à $0^m,30$ de largeur : autour de cette cheminée on range le bois debout, et sur trois étages superposés; les diamètres de ces étages doivent diminuer successivement de manière à former un tronc de cône posé sur sa large base : autour de la base se trouveront des *évents d'admission*, espacés d'environ $0^m,60$, et qu'on laissera ouverts pendant toute la durée de la carbonisation. On couvre la meule de fraisil, et on y met le feu, en jetant dans la cheminée du charbon embrasé et du menu bois. La cheminée reste ouverte pendant un certain temps, afin que tout le centre du tas entre en ignition. Quand la combustion est suffisamment active à l'intérieur, on bouche la cheminée, puis, après quelque temps, on commence à percer dans la couverture, à partir du sommet, des *évents de dégagement*. Il en sort d'abord des fumées blanches et épaisses; lorsqu'elles deviennent peu abondantes, d'un bleu clair, et presque transparentes, c'est un signe que la carbonisation est achevée dans cette zone :

alors on bouche les évents et on en pratique d'autres à 0m,20 ou à 0m,50 au-dessous des précédents : les derniers ouverts seront à leur tour bouchés dès que les mêmes phénomènes s'y seront manifestés; on continue ainsi jusqu'à ce que les *évents de dégagement* soient arrivés près des *évents d'admission*. On ferme alors tous les orifices, puis on recouvre la meule avec une couche de terre humide, qu'on arrose au besoin et qu'on laisse refroidir pendant 24 heures.

Les meules ont ordinairement à leur base un diamètre de 4 à 6 mètres et contiennent 40 à 50 stères de bois (fig. 22).

La théorie de la carbonisation a été donnée par Ebel-

Fig. 22. — Carbonisation du bois en meules.

men. Ce savant a reconnu que l'oxygène de l'air qui pénètre dans la meule par les évents d'admission se change complétement en acide carbonique sans mélange d'oxyde de carbone, et qu'il porte en entier son action sur le charbon déjà formé, en sorte que cette action étant nulle sur les produits de la distillation du bois, celle-ci s'opère de la même manière qu'en vase clos. Si l'on démolit une meule en partie carbonisée, on trouve que la surface de séparation entre le charbon formé et le bois non carbonisé est celle d'un tronc de cône renversé, ayant le même axe et la même hauteur que la meule, et dont l'angle augmente à mesure que la carbonisation avance.

Pour concevoir que l'oxygène de l'air se change seulement en acide carbonique, il faut admettre que l'air ne traverse pas une épaisseur un peu considérable de charbon incandescent et que la combustion a lieu à la surface de séparation entre le charbon produit et le bois non carbonisé.

Le refroidissement dû à l'absorption de chaleur latente produite par la distillation du bois s'oppose à ce que l'acide carbonique, premier produit de la combustion, se change en oxyde de carbone. On sait que cette transformation a besoin, pour s'effectuer, d'une température élevée.

Les produits de la distillation du bois renfermant une proportion considérable de gaz peu ou point combustibles, dont le calorique spécifique est trop fort pour qu'ils puissent facilement s'enflammer, on conçoit que, dans la carbonisation en meules, l'oxygène de l'air se porte sur le charbon déjà formé plutôt que sur les produits de la distillation.

Tout ce que nous venons de dire sur la méthode des meules s'applique aux autres méthodes dans lesquelles on sacrifie une partie du combustible pour distiller l'autre.

18. **Produits de la distillation du bois.** — Si le bois est soumis à la carbonisation en vase clos, les produits de la décomposition, préservés du contact de l'air, ne s'enflamment pas et peuvent être recueillis. Le plus important est l'*acide pyroligneux* ou acide acétique plus ou moins imprégné de matières goudronneuses. Dans certaines fabriques, le bois est distillé spécialement en vue de cet acide et le charbon n'est qu'un produit accessoire. La distillation du bois en vase clos donne encore de l'*alcool méthylique* ou esprit de bois. C'est un liquide inflammable, ayant d'étroites analogies chimiques avec l'alcool ordinaire. Elle donne enfin du *goudron,* d'où l'on retire par une nouvelle distillation, des produits huileux contenant de la *créosote* et de la *paraffine*.

La créosote est un liquide d'aspect huileux, d'une saveur très-caustique, d'une odeur forte et persistante rappelant celle de la fumée. Sa propriété la plus importante est d'empêcher, même en très-faible proportion, la putréfaction des matières organiques. La fumée du bois et l'acide pyroligneux lui doivent leurs qualités antiseptiques.

La paraffine est un corps solide, cristallin, blanc, translucide, combustible, rappelant l'aspect de la cire de belle qualité. Mélangée à de l'acide stéarique ou à de la cire, qui lui donne plus de consistance, la paraffine sert à la fabrication de bougies diaphanes et inodores qui brûlent sans fumée et sans coulage.

RÉSUMÉ.

1. La cellulose est la substance qui forme les parois des cellules végétales, ainsi que des fibres et des vaisseaux. Elle constitue la majeure partie du tissu des végétaux.

2. La cellulose est soluble sans altération dans le réactif cupro-ammonique de Schweitzer.

3. Le coton-poudre est de la cellulose dans laquelle 5 équivalents d'eau sont remplacés par 5 équivalents d'acide azotique. C'est une matière éminemment explosive. On l'obtient par l'immersion du coton dans un mélange d'acide azotique monohydraté et d'acide sulfurique concentré.

4. Le collodion, usité en photographie, s'obtient en dissolvant du coton-poudre dans un mélange d'éther et d'alcool.

5. La cellulose compose les fibres textiles, dont les principales sont retirées de l'écorce du chanvre et du lin, et de la bourre du fruit du cotonnier.

6. Le papier est de la cellulose. On le fabrique avec des chiffons hors d'usage.

7. Ces chiffons sont lessivés, réduits en pâte et blanchis.

8. La pâte de chiffons est mise en feuilles soit à la main, soit à la mécanique. Pour empêcher l'imbibition de l'encre, on incorpore à la pâte, pour le papier à la mécanique, un savon de résine, et l'on encolle avec de la gélatine et de l'alun le papier à la main.

9. On fait encore entrer dans le papier diverses matières végétales qui peuvent fournir une pâte fibreuse, paille, bois, roseaux, feuilles de pin, ajoncs. Le papier gris se fabrique avec ces mêmes matières et des chiffons colorés, y compris ceux de laine et de soie. Le carton

se fait avec de vieux papiers. Le carton-pierre s'obtient avec de la pâte à papier, dans laquelle on incorpore des matières minérales.

10. Les propriétés du bois varient suivant les espèces; aussi divise-t-on les bois en bois *blanc*, bois *dur*, bois *de travail* et bois *résineux*. A chaque dénomination se rattachent des idées de propriété et d'applications différentes.

11. Au contact de l'air et de l'humidité, le bois s'altère et se convertit finalement en *humus* ou terreau. Les principes azotés qu'il renferme sont une cause déterminante de son altération. Divers insectes le perforent et le réduisent en poussière; des plantes cryptogamiques l'envahissent.

12. On conserve le bois en l'injectant de liquides qui coagulent les principes azotés, et paralysent ainsi les principales causes de l'altération. Si le liquide est toxique, il s'oppose, d'autre part, aux attaques des insectes et à l'envahissement des végétations cryptogamiques. Le liquide le plus usité est une dissolution de sulfate de cuivre. L'injection peut se faire par *aspiration vitale* du bois même.

13. Elle peut se faire encore par *déplacement*.

14. L'injection qui pénètre le mieux s'obtient par le concours du *vide* et de la *pression*.

15. On colore le bois de telle teinte que l'on veut en l'injectant de liquides colorés, ou bien de divers liquides qui, par leur mutuelle réaction, engendrent dans le tissu des bois la matière colorante.

16. Le bois commence à s'altérer à 150°, et il devient charbon à la température de 350°.

17. La carbonisation du bois se fait en général au moyen d'une combustion incomplète effectuée en plein air. Le bois, mis en tas, est préservé de l'action trop directe de l'air par une couche de mottes de gazon, de terre, de fraisil.

18. Si la carbonisation du bois se fait en vase clos, outre le charbon, on obtient de l'*acide pyroligneux*, de l'*esprit de bois*, du *goudron*, de la *créosote*, de la *paraffine*.

CHAPITRE VII

AMIDON.

$C^{12}H^{10}O^{10}$.

1. État naturel. — Le contenu des cellules végétales consiste fréquemment en une matière blanche, granuleuse, sans saveur, insoluble dans l'eau, isomère avec la cellulose et nommée *amidon* ou *matière amylacée*. On la trouve dans le tissu des racines, des tubercules, des fruits, des graines. Elle est à peu près pour la plante ce que la graisse est pour l'animal, c'est-à-dire une substance alimentaire en réserve pour les développements futurs. Aussi la matière amylacée accompagne-t-elle le plus souvent le germe de la graine; elle fait partie du périsperme et des feuilles nourricières ou cotylédons; elle compose les provisions du tubercule, dont les bourgeons doivent se développer indépendamment de la plante mère. Son caractère distinctif est de prendre une coloration d'un bleu plus ou moins violacé au contact de l'iode. Vient-on à répandre une goutte d'une dissolution aqueuse d'iode sur la tranche d'une pomme de terre, d'un marron, d'un grain de maïs, on voit apparaître une foule de fines granulations violâtres, qui ne sont autre chose que les grains de la matière amylacée colorés par l'iode. La matière amylacée est chimiquement identique chez tous les végétaux; toutefois, suivant sa provenance, on la désigne par des noms différents à cause de certains caractères physiques secondaires. La dénomination d'*amidon* s'applique spécialement à la matière amylacée extraite des graines des céréales, et le nom de *fécule* à celle qu'on retire des tubercules, notamment des pommes de terre.

2. Extraction. — Pour obtenir l'amidon des céréales, on réduit en pâte un peu de farine et l'on malaxe cette pâte sous un mince filet d'eau tant que le liquide passe blanc. La matière qui reste après ce lavage est une substance molle, plastique, grisâtre, d'une odeur particulière. C'est un composé organique quaternaire, renfermant de l'azote au nombre de ses éléments. On lui donne le nom de *gluten*. Par le repos, les eaux de lavage laissent précipiter une fine poudre blanche, qui est l'amidon ou la matière amylacée de la farine.

Nous rappellerons qu'en réduisant une pomme de terre en pâte au moyen d'une râpe, et en lavant la pulpe sur un linge fin, les débris des cellules déchirées restent sur le filtre, tandis que l'eau entraîne à travers les mailles du tissu une substance qui se précipite en une poudre blanche, craquant sous les doigts. Cette dernière est la fécule de la pomme de terre.

3. Caractères physiques de la matière amylacée. — La matière amylacée a la forme de granules plus ou moins arrondis, et dont la grosseur diffère d'une espèce végétale à l'autre. Les deux longueurs extrêmes ont $0^{mm},185$ et $0^{mm},002$. Les grains les plus gros représentent donc en longueur 92 fois les plus petits. Les premiers s'observent dans la pomme de terre, les seconds dans les graines du chénopode quinoa.

Fig. 23. — Grain exfolié de fécule.

La formation de chaque grain commence par un granule sphéroïdal, qui s'accroît au moyen de couches concentriques déposées autour d'un point spécial nommé *hile*. Les grains amylacés représentent aussi une série de sacs emboîtés l'un dans l'autre. Pour constater cette structure, on observe au microscope des grains de fécule après les avoir chauffés à 200° et enfin imbibés d'eau.

La chaleur fait éclater les pellicules emboîtées, l'eau les gonfle et les étale, et le grain exfolié présente l'aspect que reproduit la figure 23.

4. **Caractères chimiques.** — Chauffée dans de l'eau à une soixantaine de degrés, la matière amylacée se transforme en une masse visqueuse, transparente appelée *empois*. Cette transformation est le résultat de la rupture et de l'exfoliation des grains sous l'influence de la chaleur et de l'eau. L'empois est insoluble dans l'eau bien qu'il passe assez bien à travers un filtre de papier lorsqu'il est délayé dans une quantité convenable d'eau. La preuve en est que les radicelles d'un bulbe de jacinthe plongées dans cette prétendue dissolution n'absorbent que de l'eau pure et pas la moindre trace de matière amylacée à travers leurs spongioles, faisant office d'un filtre très-fin.

L'iode communique à l'empois une belle coloration bleue, incomparablement plus intense que celle qui se manifeste avec les grains de fécule non désorganisés. Quand les grains sont entiers, l'action de l'iode ne se porte que sur l'enveloppe extérieure et la coloration est faible ; s'ils sont brisés, la coloration gagne en intensité parce que l'iode agit sur toute la masse. On peut s'en convaincre en délayant séparément dans le même volume d'eau froide des quantités pareilles d'amidon dont l'une est préalablement broyée dans un mortier. Celui-ci bleuira franchement par l'addition d'une goutte de teinture d'iode et l'autre se colorera à peine.

La désagrégation de la matière amylacée est suivie de sa métamorphose. Si l'on introduit dans un tube, que l'on fermera hermétiquement, un mélange d'eau et de fécule, et qu'on chauffe ce tube pendant plusieurs heures à la température de 170° environ, le mélange devient transparent et prend l'aspect gélatineux. Mais ce n'est plus de l'empois, la matière amylacée n'existe plus. Sans rien perdre, sans rien gagner, par un simple arrangement moléculaire isomérique, la fécule s'est transformée en un nouveau corps, la *dextrine*, dont la composition est la même que celle de l'amidon et les propriétés différentes. Ainsi la dextrine est soluble dans l'eau et se colore faiblement en rouge vineux par l'iode au lieu de prendre la teinte d'un bleu intense caractéristique de la matière amylacée.

Pareille transformation peut s'effectuer sous la seule influence de la chaleur. Il suffit d'exposer de l'amidon à une température de 200° pour le convertir en dextrine.

Les acides minéraux étendus, notamment l'acide sulfurique, provoquent aisément la conversion de la fécule en dextrine. La marche de la transformation est remarquable à suivre. On verse un peu de fécule dans de l'eau acidulée avec de l'acide sulfurique et maintenue en ébullition. Presque immédiatement on met à part un peu du mélange dans un verre à expériences; à de courts intervalles on renouvelle plusieurs prises semblables et l'on essaye par la teinture d'iode les échantillons refroidis. Le premier prend une couleur bleue intense, le second devient d'un bleu moins franc, le troisième est bleu violet, le quatrième plus violet encore, enfin on arrive graduellement au rouge vineux ou fauve, qui est la coloration de la dextrine impure. Si l'ébullition se prolonge suffisamment, cette dernière teinte disparaît à son tour et l'on n'a plus que la coloration jaune propre à la teinture d'iode. Mais alors la métamorphose a fait un pas de plus, la dextrine s'est convertie en une espèce de sucre, le *glucose*, que l'iode ne colore pas.

Certaines matières quaternaires azotées, comme le gluten, l'albumine, font subir à la matière amylacée la même transformation que la chaleur et les acides dilués. On sait que la colle faite avec de la farine se liquéfie assez promptement et s'acétifie. La liquéfaction est l'effet immédiat du changement de l'amidon en dextrine, changement que provoque la présence du gluten. Mais l'agent qui métamorphose l'amidon en dextrine et celle-ci en sucre avec le plus de promptitude et comme par enchantement, est la *diastase*, matière azotée qui accompagne les germes des végétaux et rend solubles et de la sorte absorbables, leurs approvisionnements en substance amylacée.

Traité à chaud par de l'acide azotique ordinaire, l'amidon d'oxyde et subit une série de transformations dont les derniers termes sont de l'acide oxalique, du gaz carbonique et de l'eau. L'acide azotique monohydraté le dissout à froid. Additionnée d'eau, la dissolution laisse précipiter une matière pulvérulente, blanche, explosive et analogue au coton-poudre. L'isomérie de la cellulose et de l'amidon rend compte de ces deux produits similaires.

5. **Extraction industrielle de l'amidon, procédé par malaxation.** — Ce procédé est la mise en pratique sur une grande échelle du moyen qui nous a servi pour extraire l'amidon de la farine. Une quarantaine de kilogrammes d'une pâte préparée avec une partie de farine de blé et une demi-partie d'eau, sont introduits dans un demi-cylindre nommé *amidonnière* dont le fond est garni d'une toile métallique (fig. 24). Un cylindre cannelé en bois C

Fig. 24. — Appareil pour l'extraction de l'amidon et du gluten par malaxation.

roule sur une toile métallique au moyen de la manivelle M. Un filet d'eau arrive par T et lave la pâte que le cylindre tournant divise et malaxe. L'amidon est entraîné par le liquide dans l'auge R, tandis que le gluten reste au-dessus de la toile métallique.

Les eaux de lavage, tenant en suspension l'amidon, sont additionnées de quelques centièmes d'*eau sure*, c'est-à-dire du liquide qui, ayant servi aux opérations précédentes, renferme des substances en voie de décomposition et aptes à provoquer la fermentation. On laisse le tout en repos pendant huit jours, dans un endroit clos dont la température soit de 25° environ. Sous l'influence de l'*eau sure*, les matières sucrées qui accompagnent l'amidon fermentent, s'acidifient, et les acides formés dissolvent le peu de gluten qui a échappé à l'amidonnière. Le liquide étant décanté, on recueille le dépôt d'amidon pour le soumettre à un tamisage dans le but d'éliminer les matières grossières. Dans un tamis (fig. 25) dont le fond est en toile métallique, deux palettes horizontales S, S' se meuvent par l'intermédiaire de la manivelle M. Le tamis étant placé sur un cuvier, on y verse un seau d'amidon impur et quatre ou cinq seaux d'eau, et l'on agite vivement les palettes. L'eau s'écoule à travers la toile métallique en entraînant les granules fins d'amidon. Après plusieurs lavages et tamisages pareils, le dépôt d'amidon est d'abord égoutté sur de la toile, puis sur des carreaux épais en plâtre. Les pains d'amidon encore humides sont partagés en quatre; chaque portion est enveloppée de papier et portée dans une étuve, où la dessiccation s'achève avec ménagement. Le retrait opéré par la chaleur de l'étuve détermine une multitude de fissures régulièrement disposées, de sorte que la masse se divise d'elle-même en prismes de 5 à 6 centimètres de longueur. Aussi l'amidon du commerce se présente-t-il sous forme d'aiguilles et porte le nom d'*amidon en aiguilles*. Cette forme est la plus recherchée et présente une garantie de pureté.

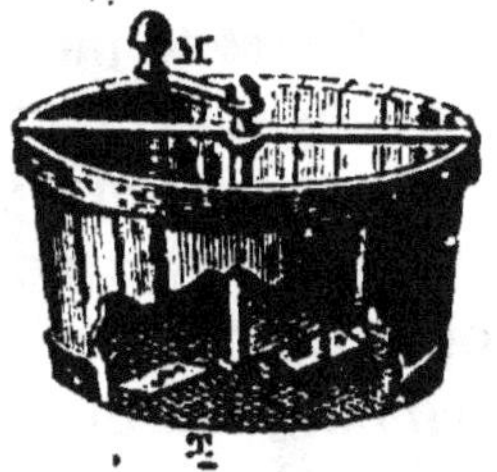

Fig. 25. — Tamis pour l'amidon.

En effet, si l'amidon avait été fraudé avec de la fécule de pommes de terre, il n'aurait pas subi un pareil retrait, et dès lors il n'aurait pu prendre la forme sous laquelle on le préfère.

Le procédé par *malaxation* a plusieurs avantages : il est salubre et expéditif, il fournit comparativement beaucoup d'amidon, et permet d'utiliser le gluten. Cette dernière substance, étant le principe le plus nutritif du blé, peut contribuer à améliorer les farines médiocres et à les faire servir à la confection des macaronis et des vermicelles, pâtes qui exigent des farines excellentes. De plus, le gluten peut être employé directement comme substance alimentaire. Le *gluten granulé*, par exemple, matière à soupe déjà si appréciée, n'est qu'un produit secondaire de la fabrication de l'amidon, d'après le procédé que nous venons de décrire.

6. **Procédé par fermentation.** — Le blé concassé entre deux cylindres est mis dans une cuve de fermentation pouvant contenir 6,000 kilogrammes de grain. La matière est noyée dans de l'*eau sure* étendue de deux ou trois fois son volume d'eau ordinaire. On abandonne le tout à la fermentation durant 15 à 30 jours suivant la température extérieure. Il se produit alors divers acides, lactique, acétique, carbonique, sulfhydrique, de l'ammoniaque et différentes matières putrides azotées. Le gluten disparaît, en partie dissous à la faveur des acides, en partie décomposé. La fermentation terminée, toutes les autres opérations sont les mêmes que dans le procédé par malaxation.

Le procédé par fermentation a un grave inconvénient, et en même temps un avantage incontestable. Il est insalubre à cause des exhalaisons fétides qu'il occasionne; aussi la loi en relègue-t-elle l'exécution loin des lieux habités. En revanche, il est applicable à des farines et à des blés avariés, dont le gluten en partie décomposé ne pourrait s'agglomérer en pâte et rester sur la toile de l'amidonnière.

7. Extraction de la fécule des pommes de terre. — On commence par débarrasser les tubercules de la terre qui adhère à leur surface. Pour plus de facilité, on les fait tremper dans l'eau pendant une douzaine d'heures, puis on les introduit dans une trémie T (fig. 26), d'où elles

Fig. 26. — Appareil pour laver et râper les pommes de terre.

tombent d'elles-mêmes dans un cylindre à claire-voie A, à demi plongé dans l'eau. Dans le cylindre tourne une vis hélicoïdale qui, marchant en sens contraire du cylindre, fait frotter les tubercules les uns sur les autres ainsi que sur les parois de l'appareil. Au moyen de ces frictions et de ces ballottements dans l'eau, la terre se détache, tandis que la vis hélicoïdale achemine les tubercules vers l'extrémité opposée du cylindre laveur. Des griffes recourbées saisissent les pommes de terre et les jettent sur le plan incliné L, qui les conduit à une râpe cylindrique, tournant avec une vitesse de 800 tours par minute et renfermée dans une boîte R. La pulpe arrive dans un tamis cylindrique en toile métallique T (fig. 27), tournant dans une

Fig. 27. — Tamis pour l'extraction de la fécule.

auge en fonte où circule constamment de l'eau. Dans l'intérieur du cylindre et en sens inverse tournent de fines brosses qui nettoient les mailles des tamis et frictionnent la pulpe. La fécule est ainsi entraînée par l'eau à travers les mailles, tandis que le résidu ou le *son* s'écoule des cylindres et se rend dans un réceptacle commun H par le conduit C. L'eau chargée de fécule est reçue dans un second cylindre T' pareil au premier, mais à tamis plus fin, et en dernier lieu s'écoule par le plan incliné P, parfois d'un développement de 50 à 60 mètres. La fécule, plus lourde, se dépose peu à peu sur ce plan, tandis que les fins débris des cellules, plus légers, sont entraînés par le courant.

Malgré toutes ces épurations, la fécule est encore souillée de matières terreuses. On l'en sépare par décantation. C'est ce qu'on appelle *dessabler* la fécule. La fécule dessablée se recouvre, en se déposant au fond des cuves, d'une couche grisâtre que l'on nomme *gras de fécule*, et qu'on enlève à l'aide de racloirs. Débarrassée du gras, elle est remise en suspension dans de l'eau claire, et passée dans un tamis de toile métallique. Il ne reste plus qu'à l'égoutter sur des filtres de toile, et à la renverser ensuite sur des aires en plâtre, auxquelles elle abandonne assez d'humidité pour prendre de l'adhérence. Dans cet état, elle est désignée sous le nom de *fécule verte*. On la dessèche, en l'exposant pendant 3 à 4 jours à l'air libre, puis dans une étuve à courant d'air chaud.

8. **Usages des matières amylacées.** — L'amidon du blé sert à faire l'empois, pour donner de l'apprêt au linge blanchi. La fécule entre dans le collage du papier à la mécanique, dans certaines préparations dont la teinture et l'impression font usage, soit pour épaissir les matières colorantes, soit pour donner de l'éclat et de la consistance aux tissus. Convertie en glucose, elle fait partie de certains sirops, elle est utilisée pour la fabrication de la bière et l'amélioration des vins.

9. **Fécules alimentaires.** — Les fécules destinées à l'alimentation sont chimiquement de même nature que la fécule de pommes de terre, mais elles en diffèrent par des propriétés qui échappent à l'appréciation chimique, et

dont le goût seul peut juger. Au nombre des plus importantes, nous mentionnons l'*arrow-root*, fécule pulvérulente, d'un beau blanc, très-estimée pour les potages. On la retire des racines de certaines plantes appartenant à la famille des *marantacées*. C'est dans les Indes anglaises que cette fabrication a le plus d'importance.

Le *tapioca* est la fécule d'une plante vénéneuse, *jatropha manihot*, vulgairement nommée *manioc* ou *cassave* et cultivée en grand dans l'Amérique du Sud. Débarrassée par la pression et des lavages de ses sucs vénéneux, la racine de cette plante donne une matière amylacée d'excellente qualité, avec laquelle se fait le *pain de manioc*, nourriture principale des nègres. Le *tapioca* consommé en Europe est de la fécule de manioc légèrement torréfiée.

Le *sagou* provient de la moelle de certains palmiers. C'est un produit des îles Moluques, de Bornéo, et de l'archipel indien en général.

Le *salep* vient de la Perse, de la Turquie, de l'Andalousie. Il est fourni par les tubercules de quelques orchis.

10. **Diastase**. — Dans les semences germées d'orge, d'avoine et de blé, il se développe, près des germes, et non dans les radicelles, une substance quaternaire azotée, qui a le pouvoir de métamorphoser, par son simple contact, l'amidon en dextrine. Cette substance, appelée *diastase*, n'existe ni dans les racines ni dans les pousses de pommes de terre, mais seulement dans le tubercule, près et autour de leur point d'insertion. La place qu'elle occupe rend évident le rôle qu'elle y joue : c'est une espèce de filtre qui ne livre passage à la matière amylacée qu'en la liquéfiant : or, nous avons dit que, lorsque cette matière est devenue véritablement liquide, elle a changé de nature et s'est convertie en *dextrine*. On conçoit que, sous cette forme, elle puisse contribuer à la nutrition de la jeune plante.

La diastase est tirée de l'orge germée, et principalement des graines dont la gemmule n'est pas plus longue que la graine elle-même. Voici par quel procédé : on pulvérise l'orge, et on la fait macérer dans peu d'eau à 25 ou 30°.

Après plusieurs heures, on presse la pâte dans un linge très-fin. Le liquide est ensuite filtré, puis chauffé à 75°. Cette chaleur est suffisante pour coaguler l'albumine qui accompagne la diastase. On filtre de nouveau, et on ajoute à la liqueur limpide une certaine quantité d'alcool anhydre. Le dépôt qui se forme est la diastase, qu'on redissout et qu'on précipite encore par l'alcool, pour la débarrasser des dernières traces de matière sucrée et de matière colorante : le nouveau dépôt est recueilli sur un filtre, puis desséché à une basse température, ou encore mieux, dans le vide de la machine pneumatique.

La *diastase* est blanche, amorphe et sans saveur ; elle est soluble dans l'eau et dans l'alcool faible; ses dissolutions sont parfaitement neutres. Une fois sèche, elle se conserve très-bien ; humide, elle se putréfie. Sa propriété caractéristique est de convertir en dextrine 2,000 fois son poids d'amidon ou de fécule, et de pouvoir continuer son action sur la dextrine elle-même, de manière à la transformer en *glucose* (*sucre de fécule*). Cette action est d'autant plus merveilleuse qu'elle est très-prompte; mais elle est paralysée et anéantie par une température de 100°.

11. **Dextrine.** $C^{12}H^{10}O^{10}$. — La dextrine est isomère avec l'amidon ; elle a même composition chimique, mais des propriétés différentes. Elle est incolore, transparente, amorphe, soluble dans l'eau. Au lieu de bleuir par la teinture d'iode, elle prend tout au plus une teinte vineuse. La diastase, la chaleur, les acides dilués, convertissent l'amidon en dextrine. La métamorphose peut même être menée plus loin, et alors la dextrine devient glucose.

Une partie de diastase convertit en dextrine 2,000 parties de matière amylacée. Lorsqu'on suit industriellement ce procédé, il est inutile de préparer la diastase pure. On se sert d'orge germée moulue, vulgairement *malt*, qu'on délaye dans de l'eau à 75°. On ajoute ensuite, peu à peu et en agitant, la quantité nécessaire de fécule ou d'amidon. L'opération est terminée lorsque la teinture d'iode ne communique au liquide refroidi qu'une teinte vineuse,

Le liquide est alors filtré et évaporé à consistance de sirop. C'est ainsi que l'on prépare le *sirop de dextrine.*

On se procure également de la dextrine, en chauffant de l'amidon dans de l'eau acidulée avec de l'acide sulfurique, jusqu'à ce que l'iode ne colore plus en bleu une portion du mélange que l'on essaye à plusieurs reprises. On sursature l'acide sulfurique par de la baryte, et l'excès de baryte par l'acide carbonique. On chauffe, on filtre, on évapore et on traite plusieurs fois le résidu par l'alcool anhydre, qui dissout le peu de glucose formé pendant le traitement, et ne dissout pas la dextrine.

12. Préparation industrielle de la dextrine. — On mouille 1 000 kilogrammes de fécule avec 300 kilogrammes d'eau contenant 2 kilogrammes d'acide azotique à une quarantaine de degrés aréométriques. La fécule humide est séchée doucement à l'étuve, remise en poudre, blutée, et enfin exposée en mince couche sur des plaques de tôle, à la température de 110 à 120°. Cette opération se fait dans un four spécial dont la figure 28 reproduit une vue d'ensemble.

Fig. 28. — Four à dextrine.

La chaleur seule, à la température de 200° environ, convertit la fécule en dextrine. La transformation peut se faire dans le four de la figure 28, mais on emploie en général un cylindre en fonte qui rappelle un brûloir à café de grandes dimensions. On introduit 100 kilogrammes de fécule dans le cylindre, placé lui-même dans un bain d'huile à température constante. Un agitateur interne, disposé suivant l'axe de l'appareil, remue constamment la masse. Le produit ainsi obtenu est d'un jaune plus ou moins brunâtre. On lui donne les noms de *léiocome*, d'*amidon grillé* ou *torréfié*.

La dextrine industrielle préparée par l'action seule de la chaleur ou par l'action combinée de la chaleur et de l'acide azotique, renferme toujours de la fécule; préparée par la diastase, elle renferme toujours du glucose.

13. **Usages de la dextrine.** — Elle remplace la gomme dans les applications industrielles. Ses usages varient suivant le procédé d'après lequel on la prépare. Pour l'apprêt des tisserands, les tisanes mucilagineuses, on préfère la dextrine renfermant du glucose; pour les apprêts des tissus, l'épaississement des mordants et des matières colorantes, on préfère la dextrine renfermant de l'amidon. On l'emploie pour la fabrication des étiquettes gommées. Enfin, une des applications les plus utiles de la dextrine est la confection de bandes agglutinatives propres à consolider et à maintenir la réduction des fractures. Pour préparer ces bandes, on délaye 100 grammes de dextrine dans 60 centimètres cubes d'eau-de-vie camphrée, et on ajoute 40 centimètres cubes d'eau. En quelques minutes, le liquide est devenu assez mucilagineux pour servir enduire les bandes.

RÉSUMÉ.

1. La matière amylacée se trouve, en fines granulations dans le tissu cellulaire des racines, des tubercules, des semences. Son caractère distinctif est de bleuir par l'iode. Elle est chimiquement identique dans toutes les espèces végétales. L'usage, cependant, est de donner le nom d'*amidon* à la matière amylacée du blé, et le nom de *fécule* à la matière amylacée de la pomme de terre.

2. Quand on lave de la pâte de farine sous un filet d'eau, le liquide entraîne les granules d'amidon, et il reste une matière molle, élastique, appelée *gluten*, qui est la substance nutritive par excellence du blé. La pulpe de pomme de terre, lavée sur un linge, abandonne les grains de fécule au liquide filtrant à travers le tissu, et laisse pour résidu les débris des cellules.

3. Les grains de fécule sont formés de couches concentriques superposées. Les plus gros appartiennent à la pomme de terre.

4. La fécule est insoluble dans l'eau. L'iode la colore en bleu, surtout quand les grains sont désorganisés par la trituration de l'eau chaude. La chaleur et les acides dilués transforment la matière amylacée en *dextrine*. Il en est de même de la *diastase*. L'acide azotique ordinaire la convertit par l'ébullition en acide oxalique. L'acide azotique monohydraté la métamorphose à froid en un composé explosif analogue au coton-poudre.

5. L'amidon s'extrait industriellement de la farine de blé par le procédé de malaxation, qui permet de recueillir le gluten.

6. Il s'extrait aussi par le procédé de *fermentation*, qui détruit le gluten et est une cause d'émanations putrides insalubres, mais est applicable aux farines et aux blés avariés.

7. La fécule se retire des pommes de terre lavées et réduites en pulpe par l'action d'une râpe.

8. Les matières amylacées servent à la fabrication de la dextrine et du glucose. On les utilise pour l'empois et pour les apprêts des tissus.

9. Les principales fécules alimentaires sont l'*arrow-root*, le *tapioca*, le *sagou*, le *salep*.

10. La *diastase* est une matière quaternaire azotée, qui a la propriété de convertir rapidement la matière amylacée, d'abord en dextrine, puis en glucose. Elle se développe près des germes des semences. C'est elle qui rend soluble la fécule destinée à l'alimentation de la jeune plante.

11. La dextrine est soluble dans l'eau, qu'elle rend gommeuse. Elle ne bleuit pas par l'iode.

12. On la prépare industriellement soit en soumettant la fécule à l'action de la chaleur seule, soit à l'action de la chaleur et d'une faible quantité d'acide azotique.

13. Elle sert pour l'apprêt des tissus, pour le gommage des étiquettes, pour les bandages de chirurgie.

CHAPITRE VIII

MATIÈRES SUCRÉES.

1. **Glucose.** $C^{12}H^{12}O^{12} + 2$ aq. — Le glucose est la substance à saveur sucrée des raisins mûrs, des figues, des pruneaux et autres fruits doux. Il constitue les efflorescences d'aspect farineux qui recouvrent ces fruits à l'état sec. Il donne leur saveur douceâtre aux racines de garance, il fait partie du miel, on le trouve en quantité notable dans l'urine des malades affectés du *diabète sucré*. C'est en glucose que, sous l'influence de la diastase, se transforme l'amidon dans la graine en germination pour alimenter la jeune plante; le suc laiteux d'un grain de blé qui germe doit sa saveur à ce principe sucré. L'industrie utilise la transformation de la fécule en glucose soit par l'action des acides étendus, soit par l'action de la diastase, tantôt pour obtenir le glucose lui-même, tantôt pour arriver à l'alcool, l'un de ses dérivés.

2. **Fabrication industrielle du glucose.** — L'opération en grand se pratique dans des cuves en bois. On projette peu à peu de la fécule dans de l'eau acidulée avec de l'acide sulfurique et maintenue en ébullition par un jet de vapeur qu'un tuyau de plomb amène au fond de la cuve. Lorsque la teinture d'iode n'a plus d'action sur le liquide, on supprime l'arrivée de la vapeur et l'on procède à la saturation de l'acide sulfurique avec de la craie. De l'acide carbonique se dégage, et il se forme du sulfate de chaux, qui se précipite. Le liquide clair est filtré sur du noir animal, puis concentré jusqu'à ce qu'il marque 30° à l'aréomètre de Baumé. Le glucose est alors sous forme de sirop. En cet état, il est employé par les brasseurs, les confiseurs et les liquoristes.

Le glucose solide et granulé se prépare avec du sirop marquant 32 degrés aréométriques. On le refroidit rapidement dans des réservoirs, où, dans l'espace de 24 heures, il dépose beaucoup de sulfate de chaux. Le sirop clair est dirigé dans des tonneaux dont le fond est percé de petits trous bouchés par des clavettes. Pour éviter la fermentation, on verse dans chaque tonneau deux décilitres de dissolution aqueuse d'acide sulfureux. La cristallisation ne commence qu'au bout de huit jours. Lorsqu'elle est très-avancée, on retire les clavettes, pour que la partie encore liquide puisse s'écouler. La partie solide est desséchée sur des plaques en plâtre, dans un séchoir où circule un courant d'air chaud. Chaque grain de glucose est formé d'un grand nombre de lamelles s'irradiant autour d'un centre commun, et formant ainsi un globule hérissé de pointes semblables à la tête d'un chou-fleur.

3. **Propriétés du glucose.** — Le glucose est blanc, solide, soluble dans l'eau et dans l'alcool. Sa saveur est beaucoup moins sucrée que celle du sucre ordinaire, elle est en outre légèrement piquante. Ainsi que sa formule l'indique, le glucose est un corps hydraté. A 100° il fond et perd ses deux équivalents d'eau, mais, au contact de l'air humide, il reprend bientôt son eau d'hydratation. L'acide azotique ordinaire oxyde rapidement le glucose et le convertit en acide oxalique ; l'acide azotique monohydraté le transforme, à la manière de la cellulose, de l'amidon et de la dextrine, en un corps explosif. L'acide sulfurique concentré le détruit à chaud avec formation d'acide ulmique. Le glucose réduit facilement certains oxydes. Si l'on chauffe une dissolution de glucose contenant de l'azotate d'argent ou de l'acétate de cuivre, on obtient de l'argent métallique ou de l'oxyde rouge de cuivre. Cette dernière réaction est mise à profit pour reconnaître la présence du glucose dans un liquide et pour en déterminer la quantité.

4. **Réactif de Frommherz.** — C'est un liquide d'un bleu intense qu'on obtient en versant du sulfate de cuivre dans une dissolution de potasse et de tartrate de potasse.

Mis en contact avec une très-faible quantité de glucose, ce liquide se trouble, devient d'abord verdâtre, puis jaune, enfin rouge, et laisse déposer du protoxyde de cuivre. Le passage du bleu au rouge est presque immédiat si l'on élève la température. Il résulte de la conversion du bioxyde de cuivre en protoxyde. Les différentes colorations, que l'on observe surtout à froid, sont des effets d'hydratation transitoire du protoxyde même. La coloration rouge est la dernière et correspond à l'état anhydre du protoxyde.

5. **Dosage du glucose.** — Cette réaction permet de doser e glucose par le procédé de M. Barreswill. On prépare la *liqueur d'épreuve* en dissolvant à chaud 50 grammes de crème de tartre et 40 grammes de carbonate de soude dans un demi-litre d'eau. On introduit ensuite dans la dissolution 30 grammes de sulfate de cuivre réduit en poudre. Après avoir fait bouillir le mélange, on le laisse refroidir et on ajoute 40 grammes de potasse dissoute dans un quart de litre d'eau. Enfin on étend la masse d'assez d'eau pour faire le volume d'un litre. Le liquide doit se conserver à l'abri de la lumière.

Pour *titrer* la liqueur d'épreuve, on détermine, par un essai particulier, quelle est la quantité de glucose nécessaire pour décolorer un volume donné de liqueur chaude. Cette détermination faite, on étend la liqueur bleue avec assez d'eau pour que 100 centimètres cubes de liquide puissent être décolorés exactement par un gramme de glucose.

Quand on veut faire un essai, on porte à l'ébullition dans une capsule en porcelaine 100 centimètres cubes de liqueur d'épreuve titrée ; on y verse alors peu à peu, à l'aide d'une burette divisée, la liqueur glucosique à essayer, jusqu'à ce que le liquide ait perdu sa dernière trace de coloration bleue par suite de la précipitation du cuivre sous forme d'oxyde rouge. La portion qui aura été versée contiendra 1 gramme de glucose.

Quelques substances neutres, le sucre de lait par exemple, se comportent avec ce réactif comme le glucose.

Enfin la présence de substances albuminoïdes peut paralyser la réaction.

6. **Usages du glucose.** — Il se fait une grande consommation de glucose, sous le nom vulgaire de *sucre de fécule*. On l'emploie pour la préparation des sirops, des liqueurs, et de divers produits de confiserie. On l'ajoute à la bière, au cidre, au vin pour en augmenter la richesse alcoolique et les améliorer. Mais son débouché le plus important est la fabrication de l'eau-de-vie dite *eau-de-vie de pomme de terre, eau-de-vie de fécule*. La transformation du glucose en alcool s'opère par la fermentation, ainsi qu'on le verra plus loin.

7. **Sucre de canne.** $C^{12}H^{11}O^{11}$. — Ce sucre est très-répandu dans l'organisation végétale. On le trouve dans la betterave, la canne à sucre, le maïs, le sorgho, le navet, la carotte, les patates ; dans la séve du palmier, de l'érable, du bouleau ; dans les melons, les citrouilles, les bananes, et certains fruits acides, comme les citrons, les oranges, les fraises; mais dans ces derniers il est accompagné d'un autre sucre dit sucre incristallisable. C'est de la betterave et de la canne à sucre qu'on les retire pour les besoins de la consommation.

8. **Culture de la betterave.** — L'espèce de betterave que l'on destine à l'extraction du sucre est celle dite de *Silésie* : la plus riche est la variété à collet rose. La culture de cette racine est très-profitable à l'agriculture, en ce sens qu'elle n'appauvrit pas le sol : en effet, le seul produit qui est enlevé aux champs où elle a été cultivée se compose de carbone, d'hydrogène et d'oxygène (sucre) : or, la plante trouve toujours en abondance de ces principes ailleurs que dans les engrais. Tout ce que la betterave renferme d'azote ou de principes minéraux reste ou retourne dans le sol ; en sorte que celui-ci n'en est pas épuisé. En effet, la portion effilée de la racine, qui atteint souvent la longueur de 2 mètres, reste dans la terre, l'ameublit et la rend perméable ; les feuilles, et tout ce qui n'est pas matière sucrée, s'ajoutent directement ou indirectement aux

engrais ; ce qui manque contribue à alimenter le bétail et à produire de la force, de la chair et de la graisse. La culture de la betterave n'est utile qu'autant qu'elle entre dans un assolement, et qu'elle se reproduit par conséquent à longs intervalles dans la même localité. S'il en était autrement, les insectes et les plantes parasites, vivant aux dépens de la betterave, prendraient un grand développement et compromettraient gravement les récoltes.

On arrache les betteraves, lorsqu'elles ont acquis tout leur développement, et on met à part celles qui sont endommagées et toute la partie de la racine qui, étant sortie de terre, portait des feuilles. Les betteraves endommagées ne se conservent pas ; la partie de la racine qui porte des feuilles est fibreuse, résistante, et renferme au centre une moelle qui ne contient que des sels et point de sucre. Les betteraves, ainsi émondées, sont transportées dans des *silos*, où elles séjournent jusqu'au moment où elles seront soumises au traitement que nous allons décrire.

9. **Extraction du jus.** — Après avoir nettoyé et lavé les betteraves, on les soumet à l'action d'une râpe, ou *cylindre dévorateur*, semblable, à quelques égards, à celui qui sert pour l'extraction de la fécule. La pulpe est renfermée dans des sacs en tissu de laine, que l'on empile en y intercalant des plaques ou claies métalliques ; on comprime d'abord ces piles avec une presse à vis ; ensuite on les fait passer sous une presse hydraulique, où elles subissent une pression plus considérable, mais toujours graduelle. On retire ainsi 75 à 80 parties de jus pour 100 parties de betterave. Ce liquide s'altère rapidement, et facilite le développement des ferments. On se hâte de l'épurer pour le concentrer ensuite à l'aide de l'évaporation. Voici la composition moyenne du jus de betterave :

Eau	83,5
Sucre	10,5
Matières albuminoïdes	1,5
— organiques et sels minéraux	4,5
	100,0

10. **Défécation du jus.** — Pour épurer le jus ou le *déféquer*, on l'introduit dans une chaudière à double fond (fig. 29), que chauffe un courant de vapeur arrivant par le canal E dans l'espace D. Les jus déféqués s'écoulent par V,

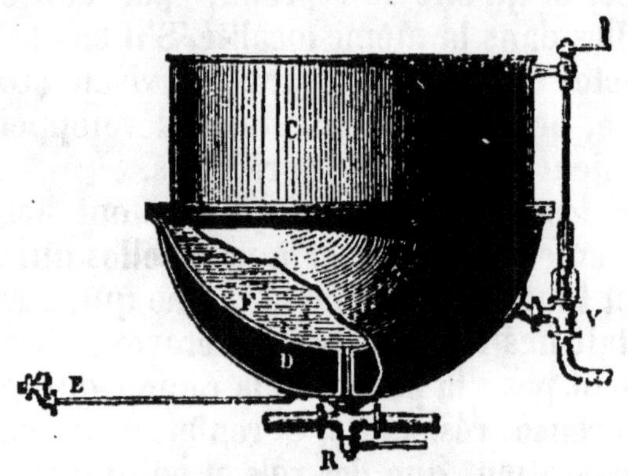

Fig. 29. — Chaudière de défécation.

et les matières insolubles ont pour issue le robinet de vidange R. Quand la température a atteint de 60° à 85°, pour 1000 litres de jus, on ajoute peu à peu 130 à 140 litres d'eau tenant en suspension à peu près 25 kilogrammes de chaux. Les acides organiques libres, acide malique et acide pectique, les matières albuminoïdes et les matières colorantes, forment avec la chaux des composés insolubles et se précipitent. Le sucre au contraire donne avec la chaux un composé très-soluble, sucrate de chaux. On laisse le liquide reposer une vingtaine de minutes pour qu'il se décante bien, et l'on ouvre le robinet V pour conduire le jus sur un filtre à noir animal en grains.

11. **Décomposition du sucrate de chaux.** — Le liquide filtré est limpide, mais légèrement jaunâtre. On l'introduit dans une seconde chaudière semblable à la précédente, mais communiquant avec une source d'acide carbonique (fig. 30). C'est du sucrate de chaux qui se trouve dans la chaudière O. On se propose de le décomposer par l'acide carbonique qui mettra le sucre en liberté en formant avec la chaux un carbonate insoluble.

A cet effet, au moyen de la pompe P, on lance de l'air

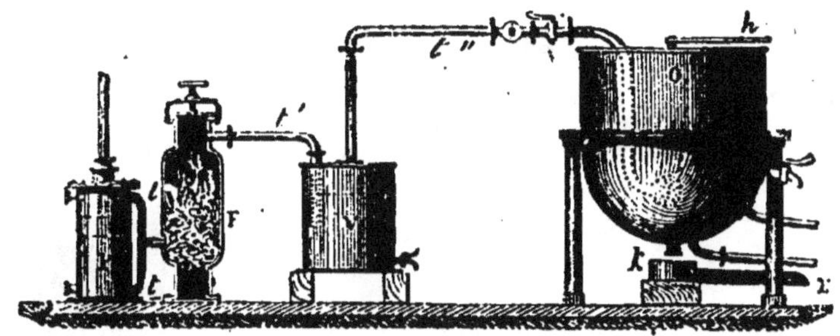

Fig. 30. — Appareil pour décomposer le sucrate de chaux au moyen de l'acide carbonique.

par le tube *tt* au-dessous de la grille du four clos F, chargé de charbon de bois et de coke. Il se forme de l'acide carbonique qui, par *t'*, passe dans un vase laveur V, où il dépose les cendres qu'il entraîne. De là, il se dirige, par le tube *t''* terminé en pomme d'arrosoir, dans la chaudière O. Comme le sucrate de chaux est visqueux, il donne lieu à une mousse très-abondante; mais à mesure que la décomposition avance, la mousse diminue, et enfin cesse de se produire. Dès que la saturation est complète et que toute viscosité a disparu, on porte à l'ébullition le liquide trouble pour dégager l'excès d'acide carbonique, on le fait ensuite écouler par le robinet *k* que fait mouvoir la tige *h*. Finalement le jus déféqué est conduit dans un filtre rempli de noir animal en grains. C'est un grand cylindre en tôle (fig. 31) de 1 mètre de diamètre sur 2 à 4 mètres de hauteur. Le liquide arrive par A, filtre à travers la colonne de noir N,

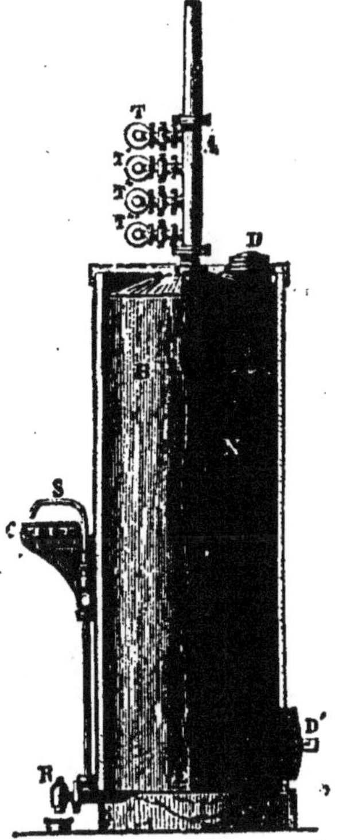

Fig. 31. — Filtre pour la décoloration des jus sucrés.

s'écoule par R et se déverse incolore par le tube recourbé S.

12. Concentration et cuite du sirop. — Des filtres, les jus vont aux appareils évaporateurs. Ce sont des chaudières chauffées à l'air libre par un serpentin dans lequel circule

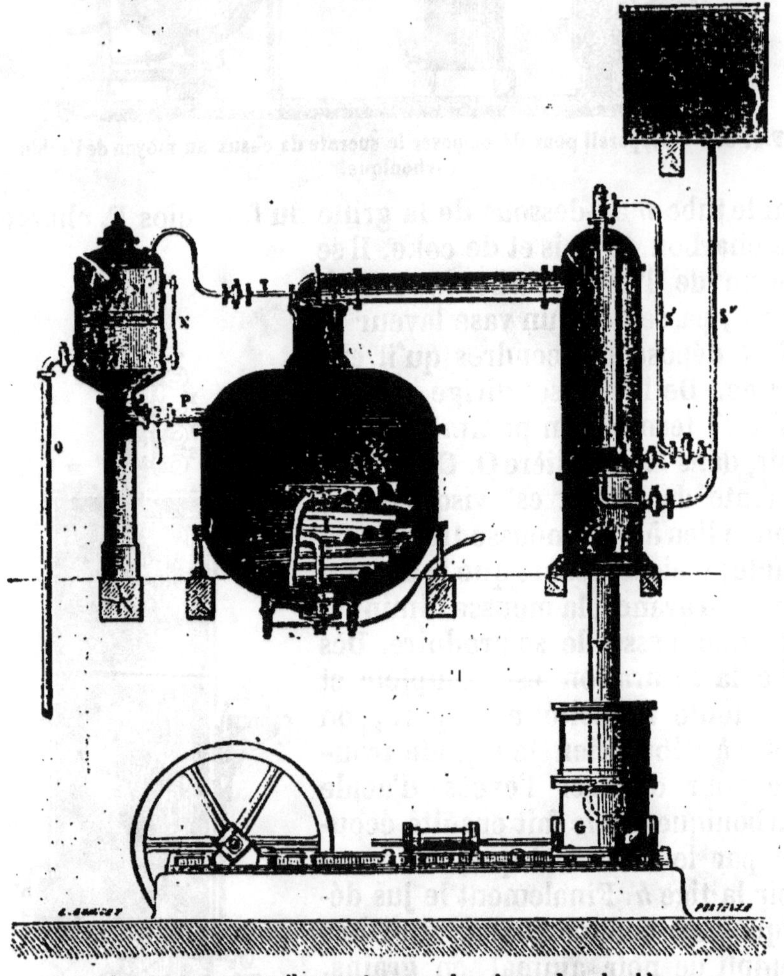

Fig. 32. — Appareil pour évaporer les sirops dans le vide.

de la vapeur. Comme l'altération du sirop est d'autant plus grande que la température est plus élevée et plus longtemps prolongée, le mode d'évaporation à l'air libre est avantageusement remplacé par l'évaporation dans le vide. Dans ce cas, la concentration étant plus prompte et la chaleur moins élevée, les causes de déchet et d'altération sont amoindries.

Le liquide sucré est introduit dans la chaudière L (fig. 32), au fond de laquelle circule un serpentin I à tours nombreux que traverse un courant de vapeur. Le liquide à évaporer arrive par O dans le vase M, d'où il s'introduit dans la chaudière par le canal P. Un tube de niveau N indique la hauteur du liquide dans le vase de charge. G est une pompe à air, faisant le vide dans la chaudière et le vase de charge. S est un condenseur où de l'eau froide, venant du réservoir J, est injectée par S', et S'', pour liquéfier rapidement les vapeurs.

13. **Cristallisation.** — Lorsque la cuite est suffisante, on fait passer le sirop dans un *rafraîchissoir* ou dans un *réchauffoir*, suivant qu'il a été cuit à l'air libre ou dans le vide. Dans ce dernier cas, on doit élever la température du sirop à 80°, car, n'étant pas très-chaud lorsqu'il sort de l'appareil d'évaporation, il commencerait à cristalliser de suite, ce qui serait un inconvénient. Dès que la température est descendue à une cinquantaine de degrés, on verse le sirop dans de grandes formes coniques en terre cuite ou en métal, posées sur la pointe, qui est percée et bouchée avec un tampon de linge mouillé. Des cristaux apparaissent bientôt, et dans l'intervalle de vingt-quatre à trente-six heures la cristallisation est terminée, On enlève alors le tampon pour laisser égoutter le liquide non cristallisé.

14. **Égouttage et clairçage.** — Le sucre ainsi obtenu renferme toujours dans sa masse cristalline une certaine quantité de sirop impur nommé *mélasse*, qui lui communique une teinte jaune et l'empêche de sécher. On écarte ce double inconvénient par le *clairçage*. Cette opération consiste à remplacer la mélasse par de la *clairce*, c'est-à-dire par une dissolution de sucre pur. A cet effet, on verse sur chaque pain, encore contenu dans sa forme, une certaine quantité de claircé; à mesure que celle-ci pénètre dans le

pain, elle chasse la mélasse devant elle et la force à s'égoutter. Comme on verse de la clairce plusieurs fois de suite, on finit par obtenir une épuration complète de sucre. Les pains sont alors retirés de leurs formes, puis desséchés dans des étuves.

L'égouttage est plus rapide si l'on opère au moyen de l'appareil à force centrifuge, nommé *turbine* ou *toupie*. Un axe mené par un engrenage (fig. 33) se meut avec une vitesse de 1200 tours par minute. Dans l'intérieur d'une enveloppe fixe en bronze, il met en rotation une cage en forte toile métallique remplie de sucre non égoutté. Par l'action de la force centrifuge, le liquide dont le sucre est imprégné jaillit au dehors à travers les mailles de la cage, se jette contre l'enveloppe en fonte, et s'écoule par une rigole. En une minute, cet égouttage forcé épure des sucres qui mettraient une quinzaine de jours à s'égoutter. On peut sans désemparer effectuer plusieurs clairçages sur le même sucre en introduisant chaque fois dans la cage en toile métallique de la clairce de plus en plus pure.

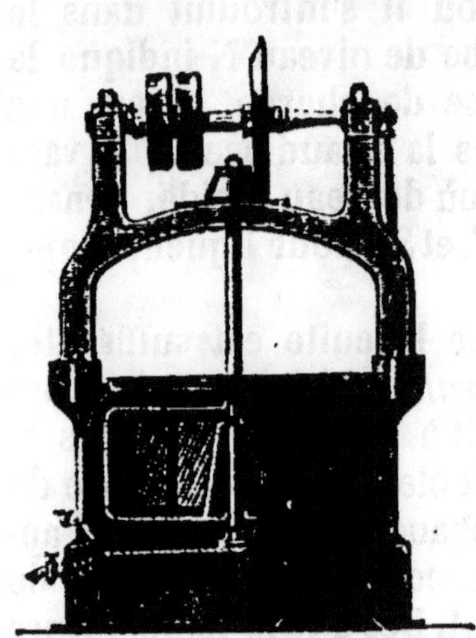

Fig. 33. — Turbine pour l'égouttage des sucres.

15. Raffinage du sucre. — Malgré toutes ces épurations, le sucre brut ou *cassonade* a toujours un arome et une coloration désagréables qui le rendent impropre à la consommation. Pour l'amener à l'état de sucre parfaitement blanc et sans arome, on a recours au *raffinage*. A cet effet les raffineurs le mélangent avec une certaine quantité de sucre brut de canne et le dissolvent à chaud dans de l'eau. Pour 100 kilogrammes de sucre, on verse dans le liquide 5 kilogrammes de noir animal et 2 kilogrammes de sang de bœuf. On chauffe alors jusqu'à ébullition. Le sérum du sang contient abondamment de l'albumine; il peut être considéré comme une dissolution de blanc d'œuf et se comporte comme ce dernier lorsqu'il est exposé à la chaleur. Il se coagule donc et forme une espèce de réseau qui emprisonne dans ses mailles toute parcelle solide que le liquide tient en suspension. D'un autre côté, le noir animal absorbe les matières colorantes, aromatiques et calcaires.

La dissolution bouillante passe dans des caisses rectangulaires en cuivre, où se trouvent un grand nombre de chausses en toile pelucheuse et disposées de telle sorte, que la filtration s'opère sur une grande surface et de dehors en dedans. Le noir qui reste dans les caisses est lavé et vendu comme engrais sous le nom de *noir de raffineries*.

La liqueur sucrée limpide et encore chaude est soumise immédiatement à une nouvelle filtration à travers le *noir en grains*, puis le sirop, presque complétement décoloré, est amené dans les chaudières de cuite, où il se concentre sous la double influence de la chaleur et du vide. Les opérations ultérieures sont, à quelques détails près, semblables à celles que nous avons décrites en parlant de la fabrication du sucre de betterave; cependant le *clairçage* est remplacé par le *terrage*. Voici en quoi consiste cette dernière opération.

Lorsque l'égouttage est terminé, un ouvrier laboure la base du cône de sucre (la patte) qui est encore contenu dans la forme, et y dépose une couche de sucre très-blanc : il couvre ensuite cette couche avec une galette d'argile détrempée avec de l'eau, et épaisse de 2 à 3 centimètres. L'eau de l'argile s'infiltre dans le cône et se sature de sucre pur : cette dissolution saturée pénètre de plus en plus dans la masse cristalline, et chasse devant elle le sirop coloré (mélasse) dont cette dernière est mouillée. Après 7 à 8 jours de terrage, la pâte argileuse a pris de la consistance, et l'on peut alors la détacher assez facilement : un second terrage suffit pour donner le sucre que l'on appelle *raffiné*.

Quelquefois, certains morceaux de sucre rendent l'eau trouble et presque laiteuse. Cela est dû à de l'argile, et par conséquent à un mauvais terrage. En effet, cet inconvénient n'a jamais lieu avec des sucres qui sont sortis de certaines raffineries, où l'on a la bonne habitude d'interposer un linge mouillé entre la base du cône et la pâte argileuse.

16. **Propriétés du sucre.** — Le sucre pur, quelle qu'en soit la provenance, cristallise en prismes rhomboïdaux obliques, incolores, inodores et transparents. C'est ainsi qu'il se présente lorsqu'il porte le nom de *sucre candi*. Le sucre en pain est formé de petits cristaux agglomérés, dont il ne serait pas aisé de démêler la forme. Soumis au choc ou à la friction, il répand une lueur phosphorescente; râpé, il acquiert un léger goût de sucre brûlé, occasionné probablement par la chaleur que le frottement dégage. Une partie d'eau froide dissout trois parties de sucre; l'eau chaude en dissout une quantité plus considérable. Le sucre est insoluble dans l'alcool absolu froid, mais il est un peu soluble dans l'alcool ordinaire. Chauffé au-dessus de 160°, il fond en un liquide visqueux; chauffé jusqu'à 215°, il perd de l'eau et se transforme en *caramel*.

L'ébullition dans de l'eau très-légèrement acidulée avec un acide minéral transforme le sucre en glucose. On lui donne alors le nom de *sucre interverti*. Le sucre ne décolore pas, ou ne décolore qu'après une ébullition très-prolongée la liqueur bleue de Barreswill. Mais, une fois interverti par l'action de l'eau acidulée bouillante, il se comporte comme le glucose et réduit rapidement ce réactif. Cette propriété permet de doser le sucre de la même manière que l'on dose le glucose. On détermine d'abord le volume de liqueur bleue que peut décolorer un gramme de sucre, après avoir été interverti par une ébullition de quelques minutes dans de l'eau acidulée avec quelques gouttes d'acide sulfurique. Le liquide sucré à examiner est interverti de la même manière, puis on compare son pouvoir décolorant à celui dont la teneur en sucre est connue.

Les alcalis et les oxydes terreux se combinent avec le sucre et forment des sucrates. Le plus important est le sucrate de chaux, à cause du rôle qu'il joue dans la fabrication du sucre. Le sucrate que l'on obtient en faisant digérer de la chaux éteinte dans une dissolution de sucre a la curieuse propriété de devenir gélatineux et de se solidifier à chaud, tandis qu'il reprend sa fluidité et sa transparence par le refroidissement.

17. **Sucre candi. Sucre d'orge.** — Le sucre candi est du sucre ordinaire en gros cristaux transparents. Pour l'obtenir, on évapore lentement dans une étuve une dissolution de sucre marquant 37° à l'aréomètre Baumé. Dans le vase évaporatoire, on tend de nombreux fils sur lesquels les cristaux se déposent. Le sucre candi sert à la fabrication des liqueurs fines, on l'emploie aussi pour le champagne.

Le sucre d'orge se prépare avec une dissolution sucrée, ou sirop que l'on évapore rapidement, jusqu'à ce qu'une goutte de matière plongée dans de l'eau froide se prenne en une masse consistante. Le sirop est alors versé sur un marbre huilé où il se solidifie. Quand il est suffisamment froid, on le roule en petits cylindres, qui forment les bâtons de sucre d'orge. Ce nom de sucre d'orge vient de ce qu'on faisait entrer autrefois dans sa préparation une décoction d'orge. Le *sucre de pommes* est du sucre d'orge additionné de gelée de pommes et d'un peu d'essence de citron.

Le sucre d'orge éprouve une lente modification moléculaire comparable à celle du soufre passant de l'état de soufre mou à l'état de soufre dur. Il est d'abord vitreux, avec le temps il devient opaque et friable à partir de la couche extérieure. C'est une espèce de dévitrification sans formation d'aucun nouveau produit. Le sucre d'orge opaque a la même composition que le sucre d'orge vitreux. Les confiseurs retardent ce changement en ajoutant un peu de vinaigre au sucre fondu.

18. Sucre de fruits ou sucre incristallisable. $C^{12} H^{12} O^{12}$. — Sous le nom de *sucre de fruits* ou de *sucre incristallisable*, on désigne une matière sucrée liquide qui existe dans les sucs acides des végétaux et principalement dans les fruits. Sa composition chimique est la même que celle du glucose anhydre. Le sucre de fruits a la propriété caractéristique de se transformer en glucose. C'est ce qui arrive lorsqu'on l'abandonne pendant longtemps à l'air. Les petits grains blancs qui recouvrent les raisins secs et les pruneaux, la granulation cristalline qui se forme spontanément dans les vieilles confitures, sont du glucose provenant de la transformation partielle du sucre incristallisable.

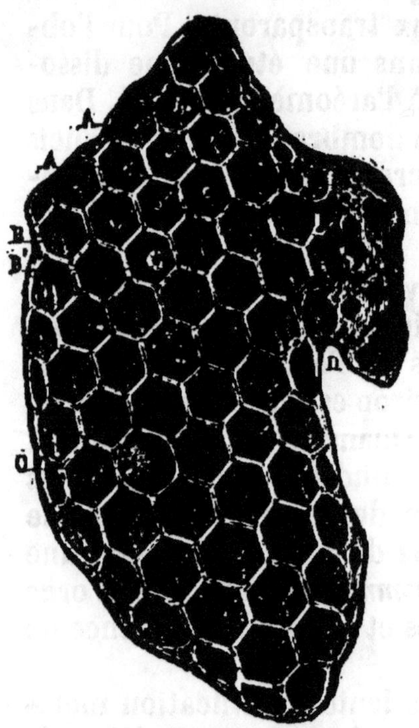

Fig. 34. — Fragment de gâteau. A, B, B', cellules occupées par les larves. C, cellule close. D, cellule royale.

On peut l'extraire du suc acide des raisins, des groseilles, des prunes, etc. Le suc est d'abord saturé avec de la craie, puis clarifié avec du blanc d'œuf. Par une lente évaporation de la liqueur filtrée, on obtient un résidu à saveur douce, d'aspect gommeux, très-déliquescent, insoluble dans l'alcool absolu, soluble dans l'alcool faible et dans l'eau.

19. Miel. — Le principe sucré du miel paraît être du sucre incristallisable, qui, après son extraction des rayons, ou même dans les rayons s'il y séjourne trop longtemps, se solidifie un peu par sa conversion partielle en glucose. Le miel est contenu dans des cellules hexagonales que les abeilles construisent avec de la *cire*, matière sécrétée par les replis des anneaux de l'abdomen. La couche de cellules prend le nom de gâteau (fig. 34). Pour en extraire le miel, on expose les gâteaux au soleil sur des claies. Le liquide qui s'écoule spontanément prend le nom de *miel vierge*. En exprimant, après, les gâteaux, on obtient un miel de qualité inférieure, plus coloré et de saveur moins agréable. L'*hydromel*, boisson fermentée dont on fait usage dans le nord de l'Europe, s'obtient en édulcorant de l'eau avec du miel et en soumettant le liquide à la fermentation.

RESUMÉ.

1. Le glucose est la matière sucrée des raisins mûrs, des figues, des pruneaux, et autres fruits doux.
2. L'industrie convertit la fécule en glucose, en la traitant à chaud par de l'eau acidulée avec de l'acide sulfurique.
3. Le glucose est blanc, solide, d'une saveur douce, moins prononcée que celle du sucre.
4. Le glucose réduit certains oxydes, notamment l'oxyde de cuivre.
5. Cette propriété permet de constater la présence du glucose, et d'en doser la quantité au moyen de la *liqueur de Barreswill*.
6. Le glucose est employé par les confiseurs, les liquoristes. Il sert à l'amélioration du vin, du cidre, de la bière. Son débouché le plus important est la fabrication d'eaux-de-vie de pommes de terre.
7. Le sucre ordinaire se retire de la betterave et de la canne à sucre.
8. L'espèce de betterave cultivée en vue de l'extraction du sucre, est celle dite de *Silésie*.
9. Les betteraves sont d'abord lavées, puis réduites en pulpe, d'où, par la pression, on retire le jus sucré.
10. Le jus est épuré par l'ébullition avec de la chaux.
11. Le sucrate de chaux ainsi formé est décomposé par un courant de gaz carbonique.
12. Le liquide est concentré dans le vide pour rendre l'évaporation plus prompte et plus facile, et éviter ainsi l'altération qu'amènerait une haute température longtemps prolongée.
13. Le sirop concentré est versé dans des cristallisoirs coniques dont la pointe est en bas.
14. La cristallisation terminée, on fait écouler la partie non solidifiée ou *mélasse*, en ouvrant un orifice dont la pointe des cristallisoirs est percée. C'est l'*égouttage*. Pour chasser complétement la mélasse,

on fait passer à travers le pain une dissolution de sucre pur. C'est le *clairçage*. Ces deux opérations deviennent plus rapides et plus efficaces en employant la *turbine* ou *loupie*, appareil à force centrifuge.

15. Le sucre brut ou *cassonade* subit un dernier traitement qu'on appelle *raffinage*. Après l'avoir dissous dans l'eau, on le traite par le noir animal et par le sang de bœuf, qui agit en vertu de son albumine.

16. Le sucre cristallise en prismes rhomboïdaux obliques. Il ne réduit pas la liqueur de Barreswill, mais il la réduit après une courte ébullition dans de l'eau acidulée. On l'appelle alors *sucre interverti*.

17. Le *sucre candi* est du sucre en gros cristaux incolores. Le *sucre d'orge* s'obtient avec un sirop très-épais, brusquement refroidi. Le *sucre de pommes* est du sucre d'orge additionné de gelée de pommes et d'essence de citron.

18. Les fruits acides contiennent une matière sucrée, liquide, qui ne peut se solidifier et cristalliser. C'est ce qu'on nomme le *sucre incristallisable*. Il se convertit aisément en glucose.

19. Le principe sucré du miel paraît être du sucre incristallisable.

CHAPITRE IX

FERMENTATION ALCOOLIQUE.

1. Ferments. — On appelle *ferments* ou *levûres* des êtres organisés, généralement des végétaux microscopiques, dont nous avons déjà parlé sous le nom de mycodermes, et qui, dans des circonstances favorables, vivent et se développent aux dépens de certaines substances organiques, qu'ils métamorphosent en d'autres principes. Le travail chimique qui s'accomplit sous leur influence prend le nom de *fermentation*. Les germes de ces êtres sont amenés sur la substance fermentescible par la voie de l'air, où ils sont tenus en suspension comme les poussières les plus fines. Les aptitudes chimiques varient d'une espèce à l'autre : tel ferment convertit le glucose en acide lactique, tel autre en acide butyrique, tel autre en alcool, qu'un quatrième métamorphose en acide acétique. On distingue donc plusieurs espèces de ferments, notamment la levûre lactique, la levûre butyrique et la levûre alcoolique. Cette dernière est vulgairement connue sous le nom de *levûre de bière,* parce qu'elle se développe en abondance pendant la transformation du jus sucré de l'orge germée, en cette boisson alcoolique qui porte le nom de bière.

Le ferment alcoolique est formé de cellules articulées l'une à l'autre. Lorsqu'on observe au microscope un globule de levûre de bière, deux heures après qu'on l'a déposé dans une goutte d'infusion d'orge, la température étant restée à 20°, on voit qu'en un point de sa surface il se forme une protubérance qui grossit peu à peu jusqu'à ce qu'elle ait pris la dimension et la forme du globule lui-même. C'est le bourgeonnement d'une cellule végétale par une autre. Ce second globule en engendre bientôt un troisième, qui de la même manière en produit un quatrième, et ainsi de suite ; de sorte que l'aspect général de cette végétation par bourgeonnement est celui d'un réseau de cellules accolées les unes aux autres sans aucune symétrie.

2. **Travail chimique du ferment alcoolique.** — Lorsqu'une liqueur sucrée, spécialement une dissolution de glucose, est soumise à l'action de la levûre alcoolique, il se produit divers dérivés parmi lesquels dominent l'alcool et le gaz carbonique, et dont quelques-uns servent au développement du ferment. Sur 100 parties de sucre, 0,6 à 0,7 sont convertis en acide succinique; 3,3 à 3,6 en glycérine ; 1,2 à 1,5 en cellulose et autres matières assimilées par la levûre. Le surplus du sucre, c'est-à-dire 94 parties environ sur 100, se dédouble en acide carbonique et en alcool, comme l'établit la formule suivante où la matière sucrée est du glucose anhydre :

$$\underbrace{C^{12}H^{12}O^{12}}_{\text{Glucose}} = \underbrace{2C^4H^6O^2}_{\text{Alcool}} + \underbrace{4CO^2}_{\text{Acide carbonique}}.$$

Un équivalent de glucose donne donc deux équivalents d'alcool et quatre équivalents d'acide carbonique.

3. **Fabrication du vin.** — Le *moût* ou jus sucré du raisin contient abondamment du glucose. Par la fermentation, le glucose devient alcool et le moût est converti en *vin*. Les grappes sont d'abord soumises au *foulage* par des hommes qui les piétinent dans de grands cuviers ; puis le mélange de jus et de pulpe est abandonné à la fermentation, qui ne tarde pas à se manifester si toutefois la température n'est pas inférieure à 15°. A mesure que la fermentation avance, la température de la masse s'élève, si bien que, dans les cuves d'une grande capacité et en plein travail, le thermomètre monte quelquefois jusqu'à 30°. C'est alors que les matières solides, soulevées par le dégagement du gaz carbonique, s'accumulent à la surface et forment comme une croûte que l'on nomme le *chapeau*. La fermentation est déjà développée au deuxième jour d'encuvage et continue jusqu'au huitième. Dès ce moment, on foule et on brasse le mélange jusqu'à ce que le *chapeau* soit entièrement immergé dans la masse liquide. Après le brassage et le foulage, la fermentation recommence moins tumultueuse ; bientôt elle s'affaiblit, et l'on passe alors au *décuvage*.

Le séjour du moût dans la cuve ne doit pas se prolonger jusqu'à la transformation totale du sucre en alcool, car l'air, en vertu de son pouvoir oxydant et de la présence des ferments, peut transformer une partie de l'alcool en acide acétique. C'est pour éviter cet inconvénient que plusieurs fabricants ont employé des cuves munies d'un couvercle en bois percé d'une seule ouverture, pour laisser dégager le gaz. Une bonde hydraulique [1] posée

[1]. La bonde hydraulique la plus simple que l'on puisse employer, est une bonde ordinaire percée d'un trou ; sur ce trou, on pose une petite sphère qui est soulevée par l'acide carbonique qui se dégage. C'est une véritable soupape.

Mais toutes ces prétendues améliorations n'ont pas donné les résultats qu'elles promettaient. Le *chapeau* suffit pour préserver le moût de l'action de l'air, quand on ne le brise pas chaque jour. Il est vrai sur cette ouverture, devait prévenir le libre accès de l'air. D'autres fabricants ont employé des cuves dans lesquelles un grillage, disposé horizontalement sur le moût, aux trois quarts de la hauteur, était destiné à tenir immergé le chapeau.

La première fermentation dure, pour les vins ordinaires, de trois à huit jours : dans certaines localités, le vin reste encuvé d'un mois à six semaines. Dans ce dernier cas, on ferme les cuves au bout de huit jours, à l'aide d'un couvercle luté.

On fait le *décuvage* ou la *vidange* en puisant le vin qui s'infiltre dans un panier enfoncé dans le chapeau; ou bien en le soutirant par un robinet situé près du fond de la cuve. Le liquide soutiré est placé dans des fûts qu'on ne charge qu'aux ⅘ de leur capacité, et qu'on laisse débouchés pendant quelques jours, attendu que la fermentation y continue encore avec une certaine force.

Le résidu du décuvage est porté au pressoir : le liquide qui en sort est réuni à celui qui est déjà décuvé, quoique le premier soit un peu plus astringent que le dernier.

C'est ainsi que l'on prépare le *vin rouge*, ou légèrement *jaune*, suivant que l'on s'est servi de raisins rouges ou blancs.

Quand on veut du vin blanc, on fait précéder la fermentation par le pressurage; c'est-à-dire qu'au moyen du pressoir on sépare le moût de la pulpe; le reste marche de la même manière. Voici pourquoi. La matière colorante du raisin se trouve dans la pellicule du grain, et ne peut se dissoudre qu'à la faveur de l'alcool; c'est donc après que la fermentation est déjà assez avancée dans le

que le liquide dont le chapeau est imprégné ne manque pas de s'acidifier; même à l'acidité succède la putréfaction, ainsi que le prouve l'odeur nauséabonde qui parfois se dégage des cuves. Mais on s'est assuré que toutes ces altérations ne pénètrent qu'à une faible profondeur; en sorte que, pour soustraire le vin à ces matières acides ou putréfiées, il suffit, avant de procéder au brassage, d'enlever soigneusement la partie extérieure du *chapeau* sur une épaisseur de 15 à 20 centimètres.

moût, que celui-ci pourra se colorer : or, si la fermentation a lieu lorsque les pellicules du raisin sont restées dans le pressoir, évidemment il ne pourra plus y avoir de coloration, puisqu'il n'y aura plus de matière colorante. Ainsi la coloration du vin n'est pas due à la couleur des raisins, mais à la manière dont ceux-ci sont traités.

4. **Collage des vins.** — Le vin séparé du marc continue à fermenter lentement et à dégager de l'acide carbonique : en attendant, il s'éclaircit, et les matières étrangères qui le rendaient trouble se déposent et forment ce que l'on appelle la *lie*. On le soutire de nouveau, et quelques mois plus tard, c'est-à-dire au printemps, on procède au *collage*.

L'opération du collage a pour but non-seulement de rendre le vin limpide, mais encore de lui enlever le principe albuminoïde qu'il tient en suspension : on élimine ainsi une cause d'altération qui tend à se développer à l'époque où la température commence à s'élever dans les celliers.

On colle les vins rouges avec du blanc d'œuf, du sang, ou de la gélatine. Ces substances s'unissent au principe astringent du vin (tannin), et forment un composé insoluble floconneux, qui, en se déposant, entraîne avec lui un peu de matière colorante, et en même temps tout ce qui trouble le vin.

La colle de poisson est préférée pour coller les vins blancs, parce qu'elle s'y coagule, bien qu'elle y rencontre peu de tannin.

5. **Préparation du vin de Champagne.** — Presque tous les vins mousseux de Champagne se préparent avec du raisin rouge, dont le jus est généralement plus sucré que celui du raisin blanc. Par une première pression, on extrait un liquide, qui donne le vin le plus blanc ; puis, le marc étant foulé, et soumis à une pression nouvelle, on obtient un jus qui donne le vin rosé.

Les moûts sont mis dans de grands tonneaux où la fermentation tumultueuse s'établit, et où le vin se débarrasse d'une partie de son principe albuminoïde sous forme d'écume ou de dépôt. Après 24 heures, on soutire dans des tonneaux que l'on conserve pleins, et qu'on ferme avec une bonde hydraulique. On soutire et on colle successivement trois fois, à un mois d'intervalle, puis on introduit le vin, ainsi épuré, dans des bouteilles, après y avoir ajouté de 3 à 5 p. 100 de sucre candi.

Les bouteilles doivent être fermées par des bouchons maintenus avec un fil de fer, et conservées dans une position horizontale. Le sucre que l'on a ajouté lors de l'*embouteillage* éprouve la fermentation alcoolique : le gaz acide carbonique, ne pouvant s'échapper, reste coercé dans le vin même, et le rend mousseux ; et comme le sucre que l'on a ajouté est en excès, il en résulte que le vin, quoiqu'un peu aigrelet à cause de l'acide carbonique qu'il renferme, n'en conserve pas moins un goût légèrement sucré.

Pendant la fermentation, le vin se trouble, et forme un dépôt. C'est pourquoi il faut, après six mois, procéder au *dégorgeage*, l'opération la plus délicate de la fabrication du vin de Champagne. A cet effet, on agite un peu la bouteille, afin de détacher le dépôt, et on la renverse graduellement, jusqu'à ce qu'elle devienne verticale, le goulot en bas : de cette manière le dépôt descend sur le bouchon. En ouvrant légèrement la bouteille, la pression intérieure chasse le liquide avec force, et fait sortir le dépôt.

6. **La fermentation alcoolique du sucre des raisins n'est pas la seule cause de la vinification.** — Si, par manque de soins, on peut faire de mauvais vin avec des raisins d'excellente qualité, jamais, au contraire, on ne fera de bon vin avec du raisin de qualité inférieure, quel que soit le soin qu'on y apporte. Aussi, du raisin qui n'aura pas mûri suffisamment donnera toujours un vin acide et peu alcoolique. On peut remédier quelque peu à cet inconvénient, en introduisant du glucose dans le moût. Mais on se formerait une bien fausse idée de la véritable

constitution du vin, si l'on ne voyait dans la *vinification* que le changement du sucre en alcool. Pendant le travail de la vinification, l'alcool devient latent, pour ainsi dire, car il s'engage dans des combinaisons qui contribuent, avec les huiles essentielles particulières au raisin, à développer les parfums si variés que l'on appelle *bouquets des vins.*

7. Altérations du vin. — *Acidité.* Si plusieurs des maladies des vins proviennent de la mauvaise qualité du raisin ou de l'imperfection des procédés de vinification, toujours est-il que quelques altérations résultent d'une conservation mal soignée.

L'*acidité*, par exemple, est la maladie la plus commune. Les causes qui l'engendrent sont l'accès de l'air dans les bouteilles ou dans les fûts, la température trop élevée du cellier, les commotions.

Toutes ces causes se rattachent, on le voit, au mode de conservation. On peut y remédier en ajoutant au vin acide du *tartrate neutre de potasse.* Ce sel partage sa base avec l'acide acétique : d'une part, il se forme du *bitartrate de potasse* qui se dépose envertu de sa faible solubilité, et, d'autre part, il se forme de l'*acétate de potasse*, qui est un sel très-peu sapide : dès lors l'acidité du vin disparaît.

Pousse. La *pousse* se manifeste spécialement dans les vins dont les tonneaux qui les contiennent n'ont pas été *soufrés.* Cette maladie consiste en une fermentation particulière qui se développe tout à coup dans le fût, et détruit le sucre qui avait échappé à la première fermentation. Le vin acquiert ainsi une saveur amère. On arrête cette fermentation extraordinaire en transvasant le vin dans des barriques où l'on a fait brûler une mèche enduite de soufre.

Le soufre, en brûlant, passe à l'état d'acide sulfureux. Cet acide, comme tous les antiseptiques, paralyse l'action des ferments. Les parois d'un tonneau soufré, se trouvant imprégnées d'acide sulfureux, et l'atmosphère intérieure n'en étant pas dépourvue, le vin que l'on introduira dans ce tonneau se trouvera dans un milieu conservateur.

Graisse. La *graisse* est une maladie fréquente dans les vins pauvres en tannin. Elle est due à la présence d'une espèce de *gluten soluble*, qui rend le vin filant. Cette maladie est commune aux vins blancs; leur première fermentation n'ayant pas eu lieu en présence de la rafle, ils n'ont pu emprunter à cette dernière le tannin qui aurait éliminé le gluten soluble en formant avec lui un composé insoluble.

Dans ce cas, la connaissance du mal rend facile le choix du remède : dès la première apparition de la maladie, on ajoute 15 grammes de tannin, ou 50 grammes de noix de galle, ou 100 grammes de pepins de raisin pilés, par pièce de 230 litres : on complète le traitement par un collage.

Bleuissement. Quelquefois, les vins acquièrent une coloration bleuâtre (*vins bleus*). Cela arrive lorsqu'ils ont éprouvé une altération par suite de laquelle une partie de leur tartrate de potasse s'est transformé en carbonate. Ce dernier sel, en vertu de sa réaction alcaline, modifie la matière colorante du vin, et la couleur du liquide devient bleuâtre. On peut y remédier en ajoutant au vin une quantité d'acide tartrique suffisante pour rétablir l'acidité.

Goût de fût. Bien d'autres défauts, qu'il n'est pas aussi facile de corriger, se manifestent dans les vins. C'est à peine, par exemple, si l'on affaiblit le *goût de fût* en agitant le vin avec de l'huile d'olive (1 litre par pièce de 230 litres). La substance odoriférante qui provient des moisissures intérieures des tonneaux se dissout en partie dans l'huile grasse, qui vient surnager sur le liquide.

Vin tourné. Le vin quelquefois se trouble, sa couleur s'altère, et de rouge vif il devient rouge jaunâtre, le bouquet disparaît, et la saveur devient amère. Alors on dit qu'il est *tourné*.

Observé au microscope, le vin *tourné* laisse toujours voir du ferment lactique, et quelquefois du ferment acétique, il contient donc de l'acide lactique parfois associé à l'acide acétique.

On combattra peut-être cette maladie dès son début, au moyen de collages abondants et de soutirages fréquents, sans oublier le lavage des vases, et leur purification qui devrait être faite avec beaucoup de soin.

Quelquefois les vins se troublent parce qu'ils se complètent par une fermentation ultérieure de leur glucose. Dans ce cas, ils se clarifient par le repos, et n'en sont que meilleurs.

8. **Fabrication du cidre.** —Dans certaines contrées où le climat s'oppose à la culture de la vigne, on supplée au vin par le jus fermenté de divers fruits à pulpe sucrée. Cette boisson porte le nom de *cidre* ou de *poiré*, suivant qu'elle a été préparée avec des pommes ou des poires. Sa fabrication annuelle est évaluée, pour la France, à 8 millions d'hectolitres, et représente environ la valeur de 70 millions de francs.

— Les nombreuses variétés de pommes employées dans la fabrication du cidre peuvent se diviser en trois classes distinctes :

Les pommes douces
Les pommes acides,
Les pommes acerbes ou âpres.

Ces dernières fournissent, en général, un cidre plus alcoolique, plus clair, et d'une conservation plus facile. On opère la récolte des pommes en secouant les branches pour faire tomber les fruits mûrs, puis en détachant par un *gaulage* ceux qui ont résisté.

L'époque la plus convenable pour la préparation des cidres est celle de la maturité des fruits, maturité que l'on ne suppose complète que six semaines après la récolte : en effet, après l'*abatage*, il se produit dans les pommes une deuxième maturation qui augmente la quantité du sucre, et à laquelle succède bientôt la putréfaction (*blessissement*); alors elles ne sont plus propres à la fabrication du cidre, car leur jus contient des principes putrescibles qui sont la cause d'altérations ultérieures très-profondes. S'il importe donc que les fruits ne soient pas verts, il importe également qu'ils ne soient pas trop mûrs (blets) ; dans les deux cas, ils sont moins riches en matière sucrée. La maturité moyenne est celle qui convient le mieux.

Pour exprimer le suc, on écrase les fruits avec des pilons à bras ou sous une meule verticale mise en mouvement par un manége, ou bien en les faisant passer à deux reprises entre deux cylindres cannelés qui peuvent se rapprocher à volonté. On ajoute généralement, pendant l'écrasage, de 16 à 20 d'eau pour 100 de pommes. Ces moyens sont grossiers, car c'est à peine si l'on obtient ainsi la moitié du jus ; ce qui prouve que les cellules où il est renfermé n'ont pas été toutes déchirées. Il est probable que l'usage des râpes donnerait un résultat plus satisfaisant.

La pulpe reste entassée pendant 12 à 24 heures ; sa surface exposée à l'air se colore en rouge-brun et donne au cidre la coloration fort appréciée par le consommateur ; le tissu cellulaire se désagrége davantage et rend la pression ultérieure plus efficace ; enfin, les ferments s'y développent sous l'influence de l'air.

Après la macération, la pulpe est soumise à la presse, le suc qui s'en écoule est mis à fermenter dans des vases cylindriques : c'est ainsi qu'il se clarifie, par suite du dépôt spontané des substances lourdes, et de l'ascension des matières légères, qui, entraînées par le gaz acide carbonique, viennent former une écume à sa surface. Dès que cette clarification spontanée est accomplie, on soutire le *cidre* et on en remplit des tonneaux de 7 à 8 hectolitres. Ici, la fermentation continue, mais d'une manière très-lente; toutefois, elle finit par changer en alcool la plus grande partie du sucre.

Plus la seconde fermentation avance, plus le cidre perd de sa saveur sucrée ; il lui en reste cependant assez pour être considéré, dans cet état, comme une sorte de boisson de luxe; mais il ne tarde pas à éprouver une dernière fermentation qui lui donne une saveur acide et amère. On le nomme alors *cidre paré*, et c'est ainsi qu'on le préfère dans les pays de production.

Quand on tient à conserver au cidre une légère saveur sucrée, il faut s'opposer à sa fermentation complète. A cet effet, lors du soutirage, on met le liquide dans de petits barils soufrés, et plus tard dans des bouteilles où il devient mousseux.

Le cidre nouveau dépose une lie plus ou moins abondante, nuisible à la conservation du liquide fermenté. On n'a pas l'habitude de soutirer le cidre; on croit même que la lie exerce une action améliorante; mais c'est là une erreur grave ; l'expérience a prouvé que cette boisson gagne beaucoup au soutirage.

9. **Maladies du cidre.** — Le cidre aussi a ses maladies : les plus communes tiennent à la mauvaise habitude de tirer cette boisson à la pièce au fur et à mesure des besoins, et à la mettre dans des fûts trop grands. Dans ces circonstances le cidre, surtout celui des pays froids et humides, perd souvent ses qualités sapides sous l'action immodérée de l'air et *noircit :* on corrige quelque peu ce défaut par une addition de cassonade et de gomme, et on le prévient en appliquant au tonneau, au moment où on le met en perce, une soupape hydraulique, qui force l'air à traverser une couche d'eau avant de pénétrer dans le tonneau pour y remplacer le cidre à mesure qu'on le soutire. Quelquefois le cidre qui a subi l'action trop prolongée de l'air, et en même temps celle de la lie, devient acide, et plus tard il se putréfie : alors il n'est plus propre qu'à être distillé.

Enfin, une des maladies les plus communes du cidre est le *graissage*, maladie qui a de l'analogie avec la *graisse* des vins, résultat d'une sorte de fermentation visqueuse. On peut y remédier en introduisant dans la pièce (de 7 à 8 hectolitres) contenant le cidre filant, 3 litres d'alcool, ou 7 onces de cachou ou de sucre, ou 15 à 20 litres de poires concassées. Toutes ces substances ont pour objet de paralyser l'action du ferment visqueux.

Au lieu de songer à combattre ces maladies, il vaudrait mieux les prévenir en mettant le cidre qui doit servir aux besoins journaliers, dans de petits tonneaux soufrés ou dans des bouteilles.

10. **Fabrication du poiré.** — Le *poiré* se fabrique de la même manière que le cidre ; cependant, comme il doit être incolore, loin d'exposer le fruit en tas à l'air, après le broyage, il faut le soumettre directement à la presse.

Les précautions nécessaires pour la conservation des vins blancs légers sont applicables au poiré, qui d'ailleurs est plus fort que le cidre et se conserve mieux.

11. **Fabrication de la bière.** — Parmi les liqueurs fermentées qui remplacent le vin dans les pays où l'on ne peut pas cultiver la vigne, la plus importante est la *bière*. La seule ville de Londres en consomme annuellement plus de 270 millions de litres ; Paris n'en consomme que 16 à 18 millions.

La *bière* est le résultat de la fermentation alcoolique des matières amylacées, préalablement saccharifiées, et rendues aromatiques par les fleurs du *houblon*.

Comme il serait peu économique de se servir d'amidon ou de fécule, on opère d'ordinaire sur de l'orge, qui n'est pas une céréale coûteuse ; d'un autre côté, cette graine, en germant, développe de la *diastase*, qui est le principe saccharifiant par excellence : il en résulte que la matière première qui forme la base de la fabrication de la bière est l'orge germée, ou *malt*.

Quatre opérations concourent à la confection de la bière : le *maltage* ou *germination de l'orge*, la *saccharification*, le *houblonnage* et la *fermentation*.

12. **Maltage ou germination de l'orge.** — On commence par humecter l'orge afin de la faire germer. A cet effet, on la met en contact avec 4 fois son volume d'eau ; l'orge de bonne qualité reste submergée ; celle qui est avariée surnage, et on l'enlève avec des écumoires. On

change l'eau plus ou moins de fois, suivant la saison ; lorsque les graines sont uniformément gonflées et se laissent facilement écraser sous la pression de l'ongle, on les égoutte et on les porte au *germoir*.

Pour que la germination ait lieu, il faut le concours de l'humidité, de l'air et d'une température de 14° à 16°.

Le printemps est la saison la plus favorable au *maltage*; c'est aux mois de mars et d'avril que la germination parcourt régulièrement toutes ses phases : aussi la meilleure bière est-elle appelée *bière de mars*.

L'orge hydratée est mise en couches de 50 à 60 centimètres d'épaisseur. Dès que la germination commence à se manifester, par l'apparition d'une proéminence blanchâtre (*radicule*), on diminue l'épaisseur de la couche, et l'on continue ainsi régulièrement, selon les progrès de la germination ; de sorte que la couche de l'orge n'aura plus que la hauteur d'un décimètre, lorsque la germination sera arrivée à la limite voulue.

Les brasseurs fixent cette limite au moment où la *gemmule* a acquis un développement égal aux $\frac{2}{3}$ de la longueur de la graine.

Pour arrêter la germination, on transporte les graines, d'abord sur le plancher d'un grenier à l'air libre, puis dans une étuve à courant d'air, que l'on désigne sous le nom de *touraille*. Cette étuve doit être construite de telle façon, que le grain germé y soit exposé à un courant d'air graduellement échauffé, car si l'on dépassait, par exemple, dès l'abord, la température de 58°, l'amidon hydraté formerait empois, et, par la dessiccation ultérieure, il deviendrait corné et presque impénétrable à l'eau. En échauffant progressivement, on peut atteindre, sans inconvénient, 100°, température à laquelle la dessiccation est complète.

Après le *touraillage*, les radicelles sont devenues cassantes : on les détache et on les sépare à l'aide d'une espèce de crible que l'on appelle *tarare*.

Sous le nom de *touraillons*, les radicelles sèches provenant de l'orge germée sont employées comme engrais.

Elles sont très-azotées comme tous les organes naissants des végétaux.

Lorsque l'orge germée et sèche a été séparée de ses radicelles, il n'y a plus qu'à l'exposer pendant quelque temps à l'air, puis à la concasser, pour qu'elle se convertisse en *malt*.

Que s'est-il passé dans la graine pendant sa germination? Quelque temps après l'apparition de la *radicule*, la *gemmule* s'est développée à son tour. Dès l'apparition de ce dernier organe (qui plus tard deviendra la tige), la diastase a commencé à se former; sa formation est allée en augmentant avec la gemmule, de sorte que, celle-ci ayant atteint une longueur égale aux $\frac{2}{3}$ de la graine, la quantité de diastase qui s'est produite est déjà assez considérable; la quantité en augmenterait encore, si la germination durait davantage; mais, dans ce cas, il y aurait perte d'amidon, car ce serait aux dépens de cette substance que la *gemmule* prendrait un plus grand développement. En arrêtant donc la germination à temps, on a un *malt* qui contient plus de diastase qu'il ne lui en faut pour que son amidon puisse se saccharifier.

13. Saccharification ou brassage. — La saccharification du malt, ou le *brassage*, s'opère dans de grandes cuves en bois (*cuves-matières*), munies d'un double fond percé de trous. Le faux fond destiné à supporter l'orge est placé à quelques centimètres au-dessus du véritable fond. Dans l'intervalle qui sépare les deux fonds, se trouvent le robinet de vidange et un tube qui amène de l'eau chaude. On introduit le malt dans la cuve, et, par le fond, on fait arriver de l'eau à 60°, dont le poids doit être une fois et demie celui du malt. On brasse le mélange avec des espèces de fourches, appelées *fourquettes*; après une demi-heure de repos, on fait arriver dans la cuve de l'eau à 90° jusqu'à ce que la température de la masse ait atteint 70° à 75°. On brasse de nouveau, puis on ferme la cuve, et on laisse en repos environ pendant trois heures. Le liquide, qui prend à ce moment le nom de *moût*, est soutiré et transporté dans les chaudières pour être soumis au *houblonnage.*

Par le brassage on n'enlève au malt que les $\frac{6}{10}$ de la matière qu'il peut fournir ; aussi, après le soutirage, introduit-on, dans les cuves-matières, de l'eau à 80° : sa quantité doit être moitié moindre que celle qu'on a employée précédemment. Après un nouveau brassage et une heure de repos, on soutire ; ce second moût est ajouté au précédent. On achève d'épuiser le malt avec de l'eau bouillante, dont le produit sert ordinairement à la préparation de la *petite bière.*

Le malt épuisé et bien égoutté (*drèche*) est employé pour l'alimentation des animaux, notamment des vaches laitières. Il renferme beaucoup de matières grasses et azotées.

Voici ce qui s'est passé dans les *cuves-matières :* la première eau qu'on y a introduite, n'étant qu'à 60°, n'a pu agir sur le malt que pour en hydrater l'amidon. Lorsque, par l'addition d'une seconde quantité d'eau à 90°, la température du mélange a été portée à 70° ou 75°, la diastase a commencé à agir sur l'amidon, et l'a transformé tout d'abord en dextrine : le repos ultérieur, prolongé pendant trois heures, a permis à la diastase de continuer son action sur la dextrine et de la transformer en glucose.

Ce que les brasseurs appellent le moût n'est donc qu'une dissolution de glucose. On conçoit qu'en ajoutant des matières sucrées au moût (glucose, mélasse, sucre brut), ainsi qu'on le fait en France, on doit augmenter le rendement de la bière.

14. Houblonnage. — Le moût, au sortir des cuves, est transporté, avons-nous dit, dans les chaudières pour y être *houblonné.*

Le *houblon* est une plante de la famille des *urticées.* Parmi les produits d'une sécrétion glanduleuse, dont le siége est à la base des *bractées* de ses cônes, il y en a deux qui sont utiles à la bière : un principe amer qui communique à cette boisson un goût particulier, et une huile aromatique qui l'aromatise et en protége jusqu'à un certain point la conservation.

Pour effectuer le houblonnage, on fait bouillir le moût avec du houblon dans des chaudières closes, afin d'éviter la dispersion de l'huile volatile. Un agitateur mécanique renouvelle par son mouvement le contact, et facilite l'aromatisation. La proportion du houblon est environ de 1 kilogramme par hectolitre de bière de table, et 2 kilogrammes par hectolitre de bière de garde.

Le moût houblonné est reçu dans des réservoirs, où il doit refroidir le plus vite possible, de peur qu'il ne s'altère. Ces réservoirs sont ordinairement des bacs, où la couche du liquide n'a pas plus de 0m, 15 de hauteur. Dans ces circonstances, outre que le refroidissement n'est pas assez rapide, le moût, présentant à l'air une grande surface, peut subir des altérations qu'on a tout intérêt à éviter. Aussi l'usage des réfrigérants, par circulation d'eau et par vaporisation, semble-t-il se généraliser.

Ces appareils sont formés de conduits concentriques ou doubles, dans lesquels l'eau froide circule en sens inverse du liquide chaud, de manière à donner lieu à un échange méthodique de température.

15. **Fermentation.** — Le moût refroidi est versé dans une cuve appelée *guilloire ;* ensuite, suivant sa densité et suivant la saison, on y ajoute 2 à 4 kilogrammes de levûre par 1000 litres. Si la température de l'atelier est à peu près de 20°, bientôt la fermentation se manifeste et dure de 24 à 48 heures. Pendant ce laps de temps, il se produit une grande quantité de gaz acide carbonique et d'écume ; le gaz est expulsé de l'atelier, à la faveur d'une bonne ventilation, pour éviter l'asphyxie des ouvriers ; les écumes, qui débordent, sont conduites, au moyen d'une rigole, dans un réservoir spécial. Les cuves doivent être entretenues pleines.

On soutire le liquide pour le faire passer dans des quarts, où la fermentation reparaît bientôt, et il s'en écoule alors une mousse abondante et épaisse qui, exprimée dans des sacs, constitue la *levûre de bière*. Dès que la fermentation se ralentit (ce qui a lieu quelque temps après que l'écume est devenue blanche et légère), on clarifie la bière avec de la colle de poisson.

16. **Liqueurs alcooliques.** — Pour obtenir des produits plus riches en alcool, on soumet à la distillation les liquides fermentés. L'alcool, plus volatil, distille en entier, entraînant avec lui divers principes aromatiques suivant son origine; l'eau, moins volatile, ne passe qu'en partie. On obtient de la sorte de l'alcool plus ou moins étendu d'eau et doué de propriétés sapides différentes suivant sa provenance, propriétés qui en changent la valeur vénale. On distille non-seulement les vins, les bières, les cidres, mais encore les sirops de fécule, les mélasses, le jus de cannes avariées, une fois que ces matières ont subi la fermentation alcoolique. Du reste, une foule de fruits, de tubercules, de racines, renfermant soit du sucre, soit de la fécule, donnent lieu à une fabrication plus ou moins importante de liqueurs alcooliques.

On appelle *eau-de-vie de Cognac*, le produit de la distillation des vins du Midi; *rhum* celui qui provient de la fermentation des mélasses et des écumes du suc de cannes à sucre; *kirsch* celui que fournissent les merises écrasées et fermentées avec leurs noyaux. Les Kalmoucks obtiennent leur *arki* par la fermentation du lait de jument; le *genièvre*, dans les contrées septentrionales de l'Europe, est préparé avec des baies de genévrier; le *wisky*, de l'Écosse et de l'Irlande, s'obtient avec de l'orge, du seigle ou des pommes de terre et addition de prunelles sauvages; le *marasquin* des Dalmates provient des pêches et des prunes; la Chine prépare de l'eau-de-vie de riz et de l'eau-de-vie de sorgho; l'*aqua-ardiente* des Mexicains est donnée par la séve de l'agave, comme le *rhum* de l'Amérique du Nord est donné par la séve de l'érable à sucre, et le *rak* de l'Égypte par la séve des palmiers.

La richesse alcoolique des divers liquides fermentés est extrêmement variable. En se bornant aux liquides principaux, vins, bières et cidres, on trouve que sur 100 litres la proportion d'alcool est la suivante :

NOMS ET PROVENANCE.	QUANTITÉ D'ALCOOL pour 100 litres de liquide.
Porto et Madère	20 litres.
Xérès	17
Malaga	15
Rhin	11 à 12
Tokai	9
Vins de l'Yonne	10 à 13
Vins rouges de la Gironde	9 à 10
Vins blancs de la Gironde	9 à 15
Vins de Bourgogne	9 à 14
Cidre	4 à 9
Bière de Strasbourg	3,5 à 4,5
Bière de Lille	3
Bière de Paris	1 à 2,5
Burton ale	8,2
Edinburgh ale	5,7
Porter	4 à 4,5
Petite bière anglaise	1,2

RÉSUMÉ.

1. On nomme *ferments* ou *levûres* des êtres organisés qui se développent aux dépens de certaines substances organiques, qu'ils métamorphosent en d'autres principes. Chaque espèce de ferment donne lieu à une fermentation particulière.

2. Sous l'influence du *ferment alcoolique*, le glucose se dédouble en alcool et en acide carbonique, avec formation d'une petite quantité de produits secondaires, dont quelques-uns servent au développement du ferment.

3. Le vin résulte de la fermentation du moût de raisin. Quatre opérations sont nécessaires : le *foulage*, qui a pour but d'écraser les grappes et d'exposer le jus à l'action de l'air ; la *fermentation*, par laquelle le glucose devient alcool ; le *décuvage*, qui complète la vinification dans des tonneaux ; le *collage*, qui a pour objet la conservation du vin.

4. On colle les vins avec du blanc d'œuf, ou de la gélatine, qui forment avec le tannin du liquide un composé insoluble, et précipitent ainsi les diverses matières en suspension.

5. Le vin de Champagne diffère des autres vins parce qu'il est mousseux ; il doit cette propriété à ce qu'il a été renfermé dans les bouteilles avant l'achèvement de la fermentation.

6. Le passage du moût à l'état de vin ne dépend pas seulement de la transformation du glucose en alcool, mais de l'ensemble des modifications très-complexes que les principes du moût éprouvent.

7. Les altérations que le vin peut éprouver sont : l'*acidité*, la *graisse*, le *bleuissement*, le *goût de fût*, le *vin tourné*.

8. Le cidre est le produit de la fermentation du jus de pommes.

9. L'une des causes qui font noircir ou aigrir le cidre, c'est son contact prolongé avec l'air.

10. Le poiré est du jus fermenté de poires.

11. La bière s'obtient par la fermentation de l'orge germée. Sa fabrication comprend le *maltage*, la *saccharification*, le *houblonnage* et la *fermentation*.

12. Le maltage, ou germination de l'orge, a pour objet la formation de la diastase.

13. La saccharification ou brassage transforme en glucose, au moyen de la diastase, la matière amylacée de l'orge.

14. Le houblonnage consiste à introduire du houblon dans le moût, soit pour lui communiquer le goût amer caractéristique de la bière, soit pour en assurer plus tard la conservation.

15. La fermentation du moût convertit finalement le glucose en alcool.

16. Tous les liquides sucrés qui ont subi la fermentation donnent de l'alcool lorsqu'on les soumet à la distillation.

CHAPITRE X

PANIFICATION.

1. Froment. — A cause de la forte proportion de son gluten, le froment est la céréale la plus importante pour l'alimentation de l'homme. Au point de vue de la consommation, les diverses variétés de froment se divisent en trois catégories : les *blés durs*, les *blés tendres* et les *blés demi-durs* ou *mitadins*. Les blés durs sont fauves à l'intérieur, lourds, compactes et peu hygroscopiques. Ils donnent une farine grisâtre et peu de son. Leur cassure est cornée, jaune et demi-transparente. Les blés tendres sont blancs et farineux à l'intérieur. Ils donnent une farine blanche. Les miladins, généralement employés à la panification, sont intermédiaires par leurs propriétés entre les deux autres. La proportion des matières azotées varie de 15 à 20 pour 100 dans les blés durs, et de 10 à 12 pour 100 dans les blés tendres.

2. **Farines.** — Par la *mouture*, suivie du *blutage* dans le but de séparer la partie nutritive de l'enveloppe corticale ou *son*, le blé est converti en *farine*, dont les principes essentiels sont l'amidon et le gluten. Elle renferme en outre de l'eau hygroscopique, de la dextrine, du glucose, dans des proportions variables. Le tableau suivant donne les proportions de ces diverses substances dans les farines des boulangeries de Paris.

	1re qualité.	2e qualité.	3e qualité.
Eau	10,0	8,0	12,0
Gluten	10,2	10,3	9,0
Amidon	72,8	71,2	67,8
Glucose	4,2	4,8	4,8
Dextrine	2,8	3,6	4,6
Son	0,0	0,0	2,0
	100,0	97,9	100,2

Pour apprécier la qualité d'une farine, il est souvent très-utile d'examiner les caractères de son gluten. Nous avons déjà indiqué comment on isole le gluten en malaxant la pâte sous un filet d'eau, qui dissout les matières solubles et entraîne l'amidon. Le gluten d'une farine de bonne qualité est d'un blanc grisâtre, souple, tenace et très-élastique. Il se gonfle beaucoup quand on le dessèche dans un tube. S'il provient d'une farine altérée, le gluten s'étend difficilement en membrane, il manque d'élasticité et d'adhérence; au lieu de se boursoufler par la chaleur, il devient visqueux et répand une odeur désagréable.

La farine renferme en moyenne 12 pour 100 d'eau. La proportion d'humidité ne doit pas dépasser 18 pour 100, sinon elle exerce de fâcheuses influences en favorisant l'altération du gluten et le développement de végétations cryptogamiques. Le pain d'une farine trop humide est mal levé, d'une nuance grisâtre, d'une odeur plus ou moins désagréable.

Une farine de qualité irréprochable doit être douce et sèche au toucher, d'une odeur agréable; sa pâte doit être élastique, ferme, susceptible de s'étendre et de s'allonger sans engluer les doigts. Une pâte qui se déchire facilement, qui s'attache aux doigts est le signe presque certain d'une farine de qualité inférieure.

3. **Gluten.** — Le gluten est un mélange de plusieurs matières azotées. Soumis à l'action réitérée de l'alcool bouillant, il lui abandonne plusieurs substances, et ce qui résiste à la dissolution est une matière fibreuse et grisâtre dont la composition et les propriétés chimiques sont les mêmes que celles du principe de la chair, de la fibrine animale. C'est de la *fibrine végétale*.

L'alcool, en se refroidissant, laisse déposer une matière blanchâtre qui a le caractère de l'un des principes immédiats du lait, de la *caséine*, autre matière azotée ayant même composition chimique que la fibrine.

Après ce dépôt, l'alcool renferme encore en dissolution une troisième substance azotée, la *glutine*, dont les propriétés sont celles de l'*albumine* ou du blanc d'œuf.

On trouve donc dans le gluten trois principes azotés identiques chimiquement à ceux qui remplissent un si grand rôle dans l'organisation animale : la fibrine, l'albumine et la caséine; et ainsi s'explique la haute propriété nutritive du gluten. L'animal ne crée pas les espèces chimiques qui servent de matériaux à ses organes; il les trouve toutes formées dans la plante, qui seule peut les créer avec des substances empruntées au règne minéral, eau, gaz carbonique, ammoniaque.

Considéré en son ensemble, le gluten est une matière molle, élastique, tenace, d'une odeur particulière, d'une couleur grisâtre. Desséché, il est dur, sonore, cassant, imputrescible, translucide et d'un jaune foncé; frais et humide, il éprouve rapidement la décomposition putride, se réduit en une sorte de bouillie, et répand une odeur de vieux fromage. Il est insoluble dans l'éther, les huiles grasses, les huiles essentielles, l'eau. Il se dissout en partie dans l'alcool, les alcalis, les acides faibles.

4. **Pâtes alimentaires.** — Les pâtes alimentaires, c'est-à-dire les *vermicelli*, *macaroni*, etc., se préparent avec la farine de blés durs, très-riches en gluten, notamment des blés d'Asie, de Sicile, d'Afrique. La farine est pétrie avec 25 pour 100 de son poids d'eau chaude, et la pâte est introduite dans une caisse en bronze dont le fond est percé de trous ronds, annulaires, étoilés, suivant la forme que l'on veut donner au produit. Une presse mue à bras d'homme chasse la pâte chaude à travers ces ouvertures et lui fait prendre la forme voulue. S'il s'agit d'obtenir des étoiles, des croix, etc., un couteau circulaire tournant avec rapidité coupe la pâte en menus tronçons à mesure qu'elle sort par les orifices du fond du pressoir.

5. **Gluten granulé.** — Le gluten obtenu dans les amidonneries qui suivent le procédé par malaxage, est mélangé avec deux fois son poids de farine et introduit dans un cylindre tournant dont l'intérieur est hérissé de chevilles de fer et muni d'un agitateur concentrique. La pâte se trouve ainsi divisée en granules que l'on dessèche à l'étuve. Le gluten granulé constitue une matière alimentaire très-nourrissante, car il représente une farine dont la proportion en gluten dépasse de beaucoup celle des farines les plus riches.

Le gluten des amidonneries par malaxage fournit également ce qu'on nomme le *pain de gluten*, c'est-à-dire un pain où n'entrent pas les matières amylacées, matières dont la médecine proscrit l'usage dans certaines affections, notamment dans un trouble profond de l'organisme caractérisé par la présence du glucose dans les urines.

6. **Pain. Préparation du levain.** — La farine de froment, pétrie simplement avec de l'eau, donne une pâte compacte et un pain lourd, de digestion laborieuse. En ajou-

tant du *levain* à la pâte, on provoque la fermentation alcoolique de la dextrine et du glucose contenus dans la farine. Il se produit ainsi du gaz carbonique, qui reste emprisonné dans la masse, car le gluten se gonfle sous l'expansion du gaz, s'étend en membranes et forme une foule de cavités sans issue. De la sorte, la pâte se gonfle et devient poreuse. La cuisson ultérieure augmente encore la porosité, car le gaz carbonique, se trouvant retenu par des parois capables de se distendre, se dilate et rend plus spacieuses les cavités primitives. L'effet du levain est donc de produire un pain très-poreux, léger et par suite de digestion facile.

Le levain est une pâte fermentée mise en réserve dans une opération précédente. Mélangé avec une pâte fraîche, il communique à celle-ci la fermentation dont il est lui-même le siége. On nomme *levain jeune* celui dont la fermentation est peu avancée; *levain fort*, celui dont la fermentation est arrivée à son extrême limite. Un bon levain est tiède au toucher à cause du travail chimique qui s'y accomplit; il est bombé et très-élastique à cause du gaz carbonique emprisonné dans sa masse; enfin, il a une odeur vive, agréable et vineuse. Quelquefois, on remplace le levain de pâte par de la levûre de bière, qui donne des pâtes très-légères et un pain agréable si elle est employée en proportion convenable, mais communique au pain une saveur amère quand elle est en quantité trop forte.

7. **Pétrissage.** — Dans les boulangeries, on appelle *levain de chef* le levain qui est préparé avec de la pâte déjà panifiée. Il devient du *levain de première*, si on le pétrit avec une quantité d'eau et de farine suffisante pour doubler son volume, tout en conservant le mélange à l'état d'une pâte assez ferme. Si, après six heures, on renouvelle une addition semblable, en ajoutant toutefois un peu plus d'eau pour avoir une pâte plus molle, on a un *levain de seconde :* enfin une troisième addition donne le *levain de tous points*. En hiver, son volume doit être égal environ à la moitié de la pâte nécessaire pour une fournée; en été, au

tiers seulement. Pendant sa préparation, on y ajoute un peu de sel, destiné à relever plus tard le goût du pain.

Voici comment on procède au *pétrissage* : on ajoute d'abord au *levain de tous points*, la quantité d'eau nécessaire à la préparation de toute la pâte, et on fait un mélange homogène, dans lequel on introduit ensuite la quantité voulue de farine. Cette opération est appelée la *frase*. La masse est réunie dans le pétrin, où elle est travaillée et retournée de droite à gauche, de gauche à droite; elle est successivement soulevée et abandonnée à son propre poids, afin d'y introduire de l'air. C'est ce que l'on appelle la *contre-frase*.

La pâte, ainsi préparée, est divisée en pâtons qu'on place ensuite entre les plis d'une longue toile, ou dans une corbeille garnie d'un tissu, ou dans une timbale de tôle, appareils que l'on dispose en avant du four pour leur ménager une bonne température. Dans ces circonstances, la fermentation s'active et les pâtons se gonflent : c'est à ce moment qu'il faut avoir assez d'habitude et d'expérience pour ne pas laisser faire trop de progrès à la fermentation, car elle changerait de nature : d'abord alcoolique, elle deviendrait acétique; or, l'acide acétique pourrait liquéfier le gluten : dès lors, la masse perdrait de sa ténacité, les gaz qu'elle emprisonne trouveraient une issue, et il y aurait affaissement; bref, la panification serait manquée. Cette dernière phase de la *fermentation panaire* est appelée l'*apprêt*. Les pâtons *apprêtés* n'ont plus qu'à être enfournés et cuits.

8. **Caractères du pain.** — Convenablement préparé, le pain doit avoir une croûte dorée, bien cuite, unie et adhérente à la mie. Son odeur est agréable, sa saveur un peu sucrée. La mie est légère, spongieuse, élastique, d'un blanc jaunâtre et se gonfle beaucoup dans l'eau. Si le pain est mal cuit, la mie est pâteuse et sans élasticité; elle est compacte et pesante comme celle d'une galette si la fermentation a été poussée trop loin.

Le pain de bonne qualité renferme de 33 à 36 pour 100

d'eau, distribuée inégalement dans la croûte et dans la mie. La proportion pour la croûte est de 18 à 20, et celle pour la mie de 42 à 46 pour 100. La quantité de pain obtenue avec un poids déterminé de farine est variable suivant la qualité du blé, le pétrissage, le degré de cuisson. En moyenne, on obtient de 130 à 140 kilogrammes de pain avec 100 kilogrammes de farine.

9. **Altération spontanée du pain.** — A l'air humide, le pain se couvre souvent de végétations cryptogamiques d'un vert foncé, formées de filaments dont l'extrémité supérieure se termine en globule où sont contenus les germes de la plante. Ces moisissures apparaissent surtout dans le pain fait avec un excès d'eau. D'autres fois, mais plus rarement, le pain devient rougeâtre et répand une odeur nauséabonde. La coloration rouge est due encore au développement d'un cryptogame, d'une espèce de moisissure. On remédie à ces altérations en introduisant moins d'eau et plus de sel dans la pâte, et surtout en ne laissant pas le pain vieillir trop longtemps. Le pain moisi peut amener l'empoisonnement; on doit le rejeter de la consommation.

RÉSUMÉ.

1. On divise les blés en *blés durs*, *blés tendres*, et blés *demi-durs* ou *mitadins*. Les premiers renferment le plus de gluten.

2. La farine comprend du *gluten*, de l'*amidon*, de la *dextrine*, du *glucose*, de l'*eau*, et quelques traces de *son*.

3. Le gluten est un mélange de principes azotés qui sont : la *fibrine*, la *caséine* et l'*albumine*, chimiquement identiques à la fibrine, à la caséine et à l'albumine de l'organisation animale. L'animal ne crée pas les matériaux chimiques de ses organes; il les trouve tout formés dans la plante, où il les puise directement s'il est herbivore, indirectement s'il est carnivore.

4. Les pâtes alimentaires, macaroni, vermicelli, etc., se fabriquent avec des farines de blés durs, riches en gluten.

5. Le *gluten granulé* et le *pain de gluten* se préparent avec le gluten des amidonneries par malaxage.

6. Le *levain* est de la pâte fermentée. Ajouté à de la pâte fraîche, il provoque la fermentation alcoolique du glucose et fait dégager du gaz

carbonique, qui gonfle la pâte. Le pain doit sa porosité à ce gaz carbonique retenu par le gluten.

7. Si la fermentation panaire dure trop longtemps, il se développe de l'acide acétique et de l'acide lactique, le gluten commence à se liquéfier, et la panification est manquée.

8. Un pain bien préparé renferme environ un tiers de son poids d'eau. On obtient en moyenne de 130 à 140 kilogrammes de pain avec 100 kilogrammes de farine.

9. Le pain moisi est vénéneux.

CHAPITRE XI

ALCOOLS EN GÉNÉRAL.

1. **Radicaux.** — Pour coordonner les faits si nombreux et si importants de l'histoire des alcools et en même temps venir en aide à la mémoire, nous accorderons quelques instants à des vues théoriques, aussi fécondes dans les applications que lucides dans l'interprétation des métamorphoses chimiques. Nous avons déjà reconnu dans la chimie minérale que certains groupes composés ont toutes les allures d'un corps simple et fonctionnent soit comme un métalloïde, tel est le cyanogène, soit comme un métal, tel est l'ammonium. Il y a des métalloïdes simples et des métalloïdes composés, des métaux simples et des métaux composés. Tantôt le groupe complexe, fonctionnant à la manière d'un corps simple, a une existence propre et peut réellement être isolé, c'est le cas du cyanogène; tantôt il n'a qu'une existence théorique en ce sens qu'il a résisté jusqu'ici aux tentatives faites pour l'obtenir isolément, en dehors de toute association, c'est le cas de l'ammonium. Mais, isolable ou non isolable, le groupe n'est pas moins caractérisé par une propriété fondamentale : la propriété de se déplacer tout d'une pièce d'une combinaison à

l'autre, comme si réellement c'était un corps simple. Nous appellerons *radicaux* ces groupes d'éléments qui remplissent les fonctions d'un corps simple et peuvent être transportés tout d'une pièce d'un composé dans un autre, sans nous préoccuper s'il est possible ou non de les isoler.

2. **Radicaux alcooliques.** — On connaît une série de carbures d'hydrogène qui remplissent en chimie organique les fonctions d'un métal composé et qu'on nomme *radicaux alcooliques*, parce qu'ils constituent l'édifice chimique primordial des alcools et de leurs innombrables dérivés. Ils sont composés d'un nombre pair d'équivalents de carbone et du nombre impair immédiatement supérieur d'équivalents d'hydrogène. Leur formule générale est donc $C^{2n}H^{2n+1}$, formule où il suffit de remplacer *n* par la suite naturelle des nombres pour obtenir la série des radicaux alcooliques. Voici du reste les premiers termes de cette série avec les noms en usage.

C^2H^3...............	méthyllum ou méthyle.
C^4H^5...............	éthylium ou éthyle.
C^6H^7...............	propylium ou propyle.
C^8H^9...............	butylium ou butyle.
$C^{10}H^{11}$...............	amylium ou amyle.

3. **Éthers simples.** — Un des caractères des métaux ordinaires, c'est de pouvoir se combiner avec l'oxygène, le chlore, l'iode, etc.; et de produire ainsi un oxyde, un chlorure, un iodure, etc. Les métaux théoriques, méthyle, éthyle et les autres, se comportent absolument de la même manière; chacun a son oxyde, son chlorure, son iodure, etc. Ces divers composés prennent le nom d'*éthers simples*. En employant les dénominations rationnelles, on a ainsi pour la nomenclature des éthers simples :

C^2H^3O	C^2H^3Cl	C^2H^3Io
Oxyde de méthyle	Chlorure de méthyle	Iodure de méthyle
C^4H^5O	C^4H^5Cl	C^4H^5Io
Oxyde d'éthyle	Chlorure d'éthyle	Iodure d'éthyle
$C^{10}H^{11}O$	$C^{10}H^{11}Cl$	$C^{10}H^{11}Io$
Oxyde d'amyle	Chlorure d'amyle	Iodure d'amyle

4. **Alcools.** — Les oxydes métalliques ordinaires se combinent avec un équivalent d'eau faisant fonction d'acide, et donnent ainsi des composés qui prennent le nom d'*hydrates*. Les oxydes de méthyle, d'éthyle, de propyle, etc., en font autant; leurs hydrates sont désignés par l'expression générique d'alcool. A chaque radical correspond donc un alcool particulier, dont voici la composition et le nom :

C^2H^3O, HO......	alcool méthylique ou hydrate de méthyle.
C^4H^5O, HO......	alcool éthylique ou hydrate d'éthyle.
C^6H^7O, HO......	alcool propylique ou hydrate de propyle.
C^8H^9O, HO......	alcool butylique ou hydrate de butyle.
$C^{10}H^{11}O, HO$.....	alcool amylique ou hydrate d'amyle.

L'alcool éthylique est l'alcool ordinaire ou l'alcool du vin. Le liquide inflammable dont nous avons déjà parlé sous le nom d'*esprit de bois* et qu'on retire du bois par la distillation en vase clos, n'est autre que l'alcool méthylique. L'alcool amylique est un produit secondaire d'une odeur désagréable qui prend spécialement naissance dans la fabrication de l'alcool ordinaire avec la fécule de pomme de terre. A cause de son aspect huileux et de son origine, on lui donne vulgairement le nom d'*huile* ou d'*essence de pommes de terre*.

5. **Éthers composés.** — Si l'oxyde de méthyle, d'éthyle, d'amyle, etc., au lieu de se combiner avec un équivalent d'eau, se combine avec un équivalent d'un acide quelconque de manière à donner un composé comparable aux

oxysels, ce produit prend le nom *d'éther composé.* Ainsi avec l'acide acétique on a les éthers composés suivants :

$C^4H^3O^3, C^2H^3O$......... acétate de méthyle.
$C^4H^3O^3, C^4H^5O$......... acétate d'éthyle.
$C^4H^3O^3, C^{10}H^{11}O$........ acétate d'amyle.
etc. etc.

Avec l'acide sulfurique, on obtient :

SO^3, C^2H^3O............. sulfate de méthyle.
SO^3, C^4H^5O............. sulfate d'éthyle.
$SO^3, C^{10}H^{11}O$........... sulfate d'amyle.
etc. etc.

6. Acides viniques et leurs analogues. — La chimie minérale a des exemples d'associations salines où, pour deux équivalents d'acide, il entre un équivalent d'une base métallique et un équivalent d'eau faisant fonction de base. C'est ainsi que le sulfate acide de potasse renferme deux équivalents d'acide sulfurique dont la moitié est saturée par un équivalent de potasse et l'autre moitié par un équivalent d'eau.

$2SO^3 (KO + HO)$ = sulfate acide de potasse.

Si, dans cette combinaison, le métal K est remplacé par un équivalent de méthyle, d'éthyle, d'amyle, etc., on obtient des sulfates acides analogues qu'on est dans l'usage d'appeler *acide sulfométhylique, acide sulfovinique, acide sulfamylique* :

$2SO^3 (C^2H^3O + HO)$ = acide sulfométhylique.
$2SO^3 (C^4H^5O + HO)$ = acide sulfovinique ou sulféthylique.
$2SO^3 (C^{10}H^{11}O + HO)$ = acide sulfamylique.

Ces composés, dont le nom rationnel serait sulfate double de méthyle et d'hydrogène pour le premier, et ainsi de suite, sont appelés acides parce qu'ils ont la réaction caractéristique des acides et qu'ils peuvent échanger leur eau basique pour un équivalent d'une autre base. Ainsi l'acide sulfovinique donne avec la baryte du sulfovinate de baryte ou sulfate double d'éthyle et de baryte :

$$2SO^3 (C^4H^5O + BaO).$$

Les acides polybasiques donnent lieu à des remarques analogues. Ainsi l'acide phosphorique $PhO^5, 3HO$ peut avoir ses trois équivalents d'eau basique remplacés en totalité ou en partie par une base métallique. Si cette substitution porte sur un seul équivalent d'eau, on obtient ce qu'on nomme un phosphate acide. Tel est le phosphate acide de chaux :

$$PHO^5 (CaO + 2HO).$$

Au calcium Ca substituons l'éthyle par exemple et nous aurons un phosphate acide d'éthyle :

$$PHO^5 (C^4H^5O + 2HO),$$

auquel on donne ordinairement le nom d'acide phosphovinique.

7. **Zinc-éthyle**, etc. — Sans poursuivre plus loin ces comparaisons, on voit que les métaux théoriques, que les radicaux méthyle, éthyle, etc., ont avec les métaux simples la plus étroite similitude d'allures chimiques. A chaque combinaison de ces derniers, si complexe qu'elle soit, oxyde, hydrate, chlorure, sel double, sel acide, il correspond une combinaison semblable des premiers. La ressemblance se poursuit jusque dans l'association des métaux entre eux pour former des alliages. De même que le zinc, l'étain, le bismuth, l'antimoine se combinent avec d'autres métaux et donnent ce qu'on nomme des alliages, de même le méthyle, l'éthyle se combinent, s'allient pour ainsi dire, au zinc, à l'étain, à l'antimoine. Le zinc-éthyle, en particulier, ou combinaison de zinc et d'éthyle, s'obtient quand

on chauffe dans un tube fermé un mélange d'iodure d'éthyle et de limaille de zinc :

$$\underbrace{2Zn}_{\text{Zinc}} + \underbrace{C^4H^5Io}_{\text{Iodure d'éthyle}} = \underbrace{C^4H^5Zn}_{\text{Zinc-éthyle}} + \underbrace{ZnIo}_{\text{Iodure de zinc}}.$$

C'est un liquide limpide spontanément inflammable à l'air.

8. **Aldéhydes.** — De la série des alcools dérivent des composés dont nous nous bornerons à montrer la filiation si remarquable de simplicité. Si de chaque alcool on élimine 2 équivalents d'hydrogène, on a ce qu'on nomme un *aldéhyde*. Cette expression, dérivée des mots *alcool déshydrogéné,* rappelle cette filiation.

$C^2H^4O^2 - 2H = C^2H^2O^2$.......... aldéhyde méthylique (inconnu).
$C^4H^6O^2 - 2H = C^4H^4O^2$.......... aldéhyde éthylique.
$C^6H^8O^2 - 2H = C^6H^6O^2$.......... aldéhyde propylique.
$C^8H^{10}O^2 - 2H = C^8H^8O^2$.... ..... aldéhyde butylique.
$C^{10}H^{12}O^2 - 2H = C^{10}H^{10}O^2$.. ..... aldéhyde amylique.
etc. etc. etc.

9. **Acides correspondants.** — A chaque alcool correspond un acide qui diffère de l'aldéhyde par 2 équivalents d'oxygène en plus.

$C^2H^2O^2 + 2O = C^2H^2O^4$.... acide formique, de la série méthylique.
$C^4H^4O^2 + 2O = C^4H^4O^4$.... acide acétique, de la série éthylique.
$C^6H^6O^2 + 2O = C^6H^6O^4$. ... acide propionique, de la série propylique.
$C^8H^8O^2 + 2O = C^8H^8O^4$..... acide butyrique, de la série butylique.
$C^{10}H^{10}O^2 + 2O = C^{10}H^{10}O^4$.. acide valérique, de la série amylique.

10. **Carbures d'hydrogène.** — Des divers alcools dérivent des carbures d'hydrogène, tous isomères entre eux et qui prennent notamment naissance lorsqu'on fait agir sur les alcools des corps très-avides d'eau, l'acide sulfurique concentré et le chlorure de zinc, par exemple. Ces hydrocarbures sont :

C^2H^2.................. méthylène (inconnu).
C^4H^4.................. éthylène.
C^6H^6.................. propylène.
C^8H^8.................. butylène.
$C^{10}H^{10}$............... amylène.

11. **Synthèse des alcools.** — Si incomplètes qu'elles soient, ces notions théoriques peuvent nous faire entrevoir comment la chimie ne poursuit pas un problème insoluble quand elle se propose de réaliser de toutes pièces des produits du domaine organique, ainsi que nous l'avons annoncé dans le premier chapitre. Prenons comme exemple la synthèse de l'alcool ordinaire, de celui dont la source principale est le vin et par suite la grappe de raisin.

L'éthylène C^4H^4 n'est autre chose que ce que nous avons nommé bicarbure d'hydrogène, hydrogène bicarboné, dans le volume des métalloïdes. C'est un des principes du gaz de l'éclairage; on l'obtient par la distillation d'une matière minérale, la houille. Or si l'on chauffe dans un ballon fermé du bicarbure d'hydrogène avec une dissolution aqueuse d'acide iodhydrique, on obtient de l'iodure d'éthyle :

$$\underbrace{C^4H^4}_{\text{Éthylène}} + \underbrace{HIo}_{\text{Acide iodhydrique}} = \underbrace{H^4H^5Io.}_{\text{Iodure d'étyle.}}$$

Il suffit de traiter par la potasse l'iodure d'éthyle ainsi obtenu pour arriver à l'alcool, ne différant en rien de celui du vin :

$$\underbrace{C^4H^5Io}_{\text{Iodure d'éthyle}} + \underbrace{KO, HO}_{\text{Hydrate de potasse}} = \underbrace{C^4H^5O, HO}_{\text{alcool}} + \underbrace{KIo.}_{\text{Iodure de potassium.}}$$

Un autre procédé a été employé en grand pour la préparation de l'alcool artificiel, mais sans pouvoir soutenir la concurrence avec l'alcool ordinaire sous le rapport du prix de revient. L'acide sulfurique concentré peut, par l'agitation, dissoudre un volume considérable de bicarbure d'hydrogène ou d'éthylène. L'absorption faite, on étend le liquide et on distille. Il passe de l'alcool et il reste de l'acide sulfurique dans l'appareil distillatoire. L'action de l'acide sulfurique concentré est de fixer d'abord un équivalent d'eau sur l'éthylène, l'addition d'eau en fixe un second, et le résultat final est de l'alcool :

$$\underbrace{C^4H^4}_{\text{Éthylène}} + \underbrace{2HO}_{\text{Eau}} = \underbrace{C^4H^6O^2.}_{\text{Alcool.}}$$

Les autres carbures sont également aptes à se dissoudre dans l'acide sulfurique concentré, sous l'influence d'une agitation prolongée. On peut donc régénérer les divers alcools quand on est en possession des carbures correspondants. — Nous avons admis que l'éthylène, pour la formation de l'alcool ordinaire, était extrait de la houille. Bien que la houille soit classée parmi les substances minérales, elle est en réalité d'origine organique, puisqu'elle provient de l'antique végétation de la terre. Mais on peut obtenir l'éthylène avec des matières premières de nature incontestablement minérale. Ainsi le sulfure de carbone est un produit minéral, qu'on obtient directement par l'association du soufre au carbone ; l'acide sulfhydrique est de même un produit minéral, qui résulte de la réaction de l'acide chlorhydrique sur le sulfure d'antimoine. Or, en faisant passer sur du cuivre chauffé au rouge un mélange de sulfure de carbone et d'acide sulfhydrique, au nombre des produits se trouve l'éthylène :

$$\underbrace{4CS^2}_{\text{Sulfure de carbone}} + \underbrace{4HS}_{\text{Acide sulfhydrique}} + \underbrace{12Cu}_{\text{Cuivre}} = \underbrace{C^4H^4}_{\text{Éthylène}} + \underbrace{12CuS.}_{\text{Sulfure de cuivre.}}$$

Il est donc possible de préparer l'alcool de toutes pièces avec des éléments empruntés au règne minéral. Une fois en possession de cet alcool artificiel on en fait dériver par des métamorphoses l'acide acétique, les divers éthers et une foule de composés organiques.

Nous mentionnerons encore un exemple de ces admirables synthèses organiques. Les fourmis sécrètent dans leur organisation un liquide d'une odeur pénétrante, d'une saveur piquante, l'acide formique, qui leur sert pour leur défense et pour l'assainissement de leurs demeures. Les premiers chimistes obtenaient l'acide formique en soumettant à la distillation les fourmis triturées. Aujourd'hui, au lieu de broyer dans un mortier la population d'une fourmilière, on fait dériver l'acide formique de divers composés organiques, en particulier du sucre ; on sait l'obtenir même avec des produits minéraux. Si on laisse en présence dans un ballon de l'oxyde de carbone, de l'eau et de la potasse, il finit par se produire du formiate de potasse :

$$\underbrace{2CO}_{\text{Oxyde de carbone}} + \underbrace{2HO}_{\text{Eau}} = \underbrace{C^2H^2O^4}_{\text{Acide formique.}}$$

La fixation des deux équivalents d'eau sur les deux équivalents d'oxyde de carbone se fait à la faveur de la potasse, dont la puissante basicité provoque l'association acide. Du formiate de potasse ainsi obtenu artificiellement, il est aisé de retirer l'acide formique, produit organique qui existe non-seulement dans certaines espèces de fourmis, mais encore dans les orties, les feuilles des pins. D'autre part, en soumettant des formiates à la distillation, on obtient des carbures d'hydrogène qui peuvent servir à régénérer leurs alcools respectifs ainsi que les innombrables dérivés de ces alcools.

RÉSUMÉ.

1. Les groupes d'éléments qui remplissent les fonctions de corps simples, et peuvent être transportés tout d'une pièce d'un composé dans un autre, portent le nom de *radicaux*, qu'ils soient isolables ou non.

2. Les radicaux alcooliques sont des carbures d'hydrogène de la formule $C^{2n}H^{2n+1}$. Les cinq premiers sont le *méthyle*, l'*éthyle*, le *propyle*, le *butyle* et l'*amyle*.

3. La combinaison d'un métalloïde, oxygène, chlore, soufre, iode, etc., avec ces radicaux, porte le nom d'*éther simple*. Exemples : *chlorure de méthyle*, *oxyde d'éthyle*, *iodure d'amyle*.

4. Les *alcools* sont les hydrates des oxydes de ces radicaux. L'alcool du vin est l'hydrate d'oxyde d'éthyle; l'esprit de bois ou alcool méthylique est l'hydrate d'oxyde de méthyle; l'alcool amylique est l'hydrate d'oxyde d'amyle.

5. Les oxydes de ces radicaux, en se combinant avec un acide, donnent les éthers composés. Sulfate de méthyle, acétate d'éthyle, etc.

6. L'acide *sulfovinique* est un sulfate double d'éthyle et d'eau. L'acide *sulfamylique* est un sulfate double d'amyle et d'eau. Ces composés sont comparables au sulfate double de potasse et d'eau, ou sulfate acide de potasse.

7. Les radicaux alcooliques peuvent se combiner avec certains métaux, notamment le zinc. Exemple : *zinc-éthyle*.

8. Un *aldéhyde* dérive de l'alcool correspondant par l'élimination de 2 équivalents d'eau.

9. A chaque alcool correspond un acide, qui dérive de l'aldéhyde de la série par l'adjonction de 2 équivalents d'oxygène. A l'esprit de bois ou alcool méthylique correspond l'acide formique; à l'alcool de vin ou alcool éthylique correspond l'acide acétique; à l'alcool amylique correspond l'acide valérique.

10. Des divers alcools dérivent des carbures d'hydrogène, tous isomères entre eux, et dont la formule générale est $C^{2n}H^{2n}$.

11. De ces carbures, que l'on sait en partie obtenir artificiellement avec des éléments minéraux, on peut remonter aux alcools correspondants, ainsi qu'à leurs nombreux dérivés.

CHAPITRE XII

ALCOOL ÉTHYLIQUE.

1. **Essais alcoométriques.** — Quelles que soient la perfection des appareils distillatoires et la richesse alcoolique des liquides fermentés, l'alcool obtenu directement est toujours accompagné d'eau ; le plus concentré en ren-

ferme encore 10 à 15 centièmes du volume total. Le produit des distilleries prend le nom d'*eau-de-vie*, lorsqu'il ne contient que 50 à 55 centièmes d'alcool ; s'il en contient davantage, il est appelé *esprit-de-vin*. Pour évaluer la richesse alcoolique d'un liquide, on emploie généralement l'alcoomètre centésimal de Gay-Lussac, dont la graduation indique la quantité d'alcool en centièmes de volume. L'échelle est comprise entre 0°, qui correspond à l'eau pure, et 100°, qui correspond à l'alcool absolu. Les indications de ce dernier aréomètre ne sont exactes qu'autant que le liquide essayé est à la température de 15°. Dans le cas contraire, il faut opérer une correction d'après une table que l'on trouvera dans notre cours de physique.

L'emploi de l'alcoomètre n'est applicable qu'aux mélanges d'alcool et d'eau. Si ces mélanges contiennent du sucre ou d'autres substances, leur densité est modifiée, et dès lors les indications de l'instrument sont fautives. Dans ce cas, on introduit dans un petit appareil distillatoire B (fig. 35) 300 centimètres cubes de la liqueur à essayer, et on la

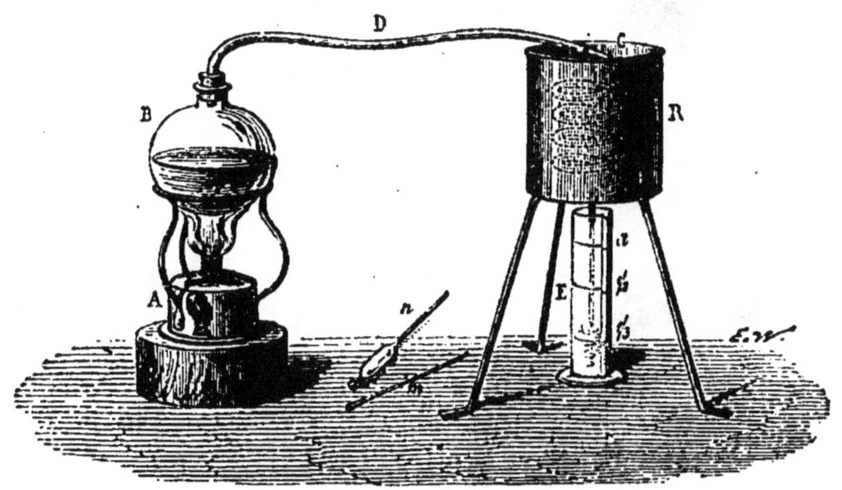

Fig. 35. — Alambic pour l'essai des liquides alcooliques.

chauffe au moyen d'une lampe. Le liquide vaporisé se condense dans le serpentin et tombe dans une éprouvette E graduée en centimètres cubes. On arrête l'opération lorsque le volume du liquide distillé est égal à 100 centimètres cubes. On amène la liqueur à la température de 15° et on l'essaie avec l'alcoomètre de Gay-Lussac. Le nombre indiqué par cet instrument, étant divisé par 3, représente la teneur alcoolique du liquide essayé.

2. Préparation de l'alcool absolu. — Pour enlever à l'alcool ses dernières traces d'eau et l'obtenir *anhydre* ou *absolu*, on emploie la chaux. On laisse digérer pendant 24 heures une certaine quantité d'alcool à 90° centésimaux sur de la chaux vive en petits fragments, puis on distille au bain-marie (fig. 36.) On répète deux à trois fois la

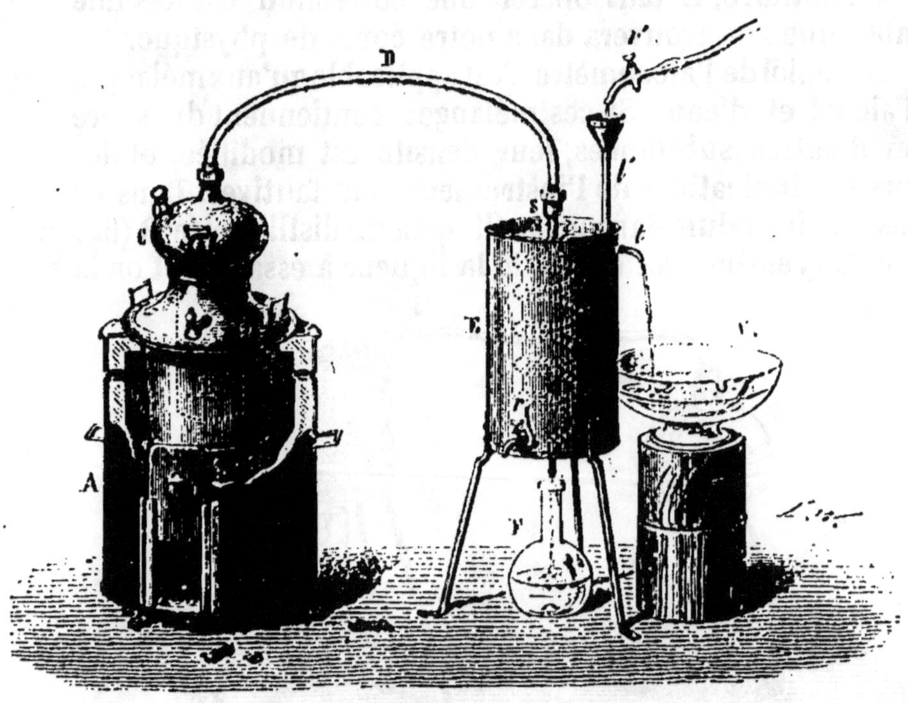

Fig. 36. — Alambic au bain-marie *.

même opération sur l'alcool obtenu. On reconnaît si l'alcool est vraiment anhydre en le mettant en contact avec

* A, fourneau; B, cucurbite plongée dans l'eau et contenant l'alcool; C, chapiteau; S, serpentin; E, réfrigérant; F, récipient de l'alcool condensé.

un fragment de sulfate de cuivre rendu anhydre par l'action de la chaleur. Ce sel, qui est alors blanc, s'hydrate de nouveau et reprend la coloration bleue pour peu que l'alcool renferme de l'eau.

3. **Propriétés de l'alcool.** — L'alcool pur est un liquide transparent, très-fluide, très-mobile, incolore, d'une odeur agréable, d'une saveur brûlante. Sa densité est 0,795 à la température de 15°; il bout à 78°,41 sous la pression normale; jusqu'à présent aucun froid artificiel n'est parvenu à le solidifier.

L'alcool est avide d'eau; lorsqu'on le mêle avec une certaine quantité de ce liquide, la température du mélange s'élève, et le volume diminue. La plus grande contraction a lieu lorsque le volume de l'eau et celui de l'alcool sont dans le rapport de 1000 à 1078. Le volume collectif est égal à 2000.

Mêlé avec de la glace pilée ou de la neige, l'alcool à 0° peut faire descendre le thermomètre jusqu'à — 37°.

L'alcool est le principal dissolvant des substances très-hydrogénées. En effet, il dissout les résines, les corps gras, les essences, les matières colorantes, les alcaloïdes. L'eau, au contraire, dissout de préférence les corps dans lesquels l'hydrogène n'est pas en grand excès sur l'oxygène : ce qui confirme la règle qu'entre le dissolvant et la matière à dissoudre, il existe toujours quelque point de ressemblance.

4. **Action de l'oxygène sur l'alcool.** — L'alcool est très-inflammable; au contact de l'air, il brûle avec une flamme bleue. Sa vapeur, mélangée avec de l'oxygène, détone violemment quand on l'enflamme. Dans les deux cas, la combustion est complète et il se produit uniquement de l'eau et du gaz carbonique :

$$C^4H^6O^2 + 12O = 4CO^2 + 6HO.$$

A froid, l'air n'agit pas sur l'alcool soit anhydre, soit étendu d'eau. Cependant, dans certaines conditions, il s'oxyde et passe à l'état d'acide acétique, mais alors il se trouve en présence de quelques corps qui peuvent condenser l'oxygène et le lui transmettre. Tels sont le platine très-divisé ou noir de platine, et les végétaux microscopiques, les mycodermes, qui provoquent la fermentation. En comparant la composition de l'alcool avec celle de l'acide acétique, on se rend compte de la transformation du premier de ces deux corps dans l'autre, sous l'influence des causes oxydantes :

Alcool....................	$C^4H^6O^2$.
Acide acétique......... ..	$C^4H^4O^4$.

On voit que l'acide acétique dérive de l'alcool par l'élimination de deux équivalents d'hydrogène et la fixation de deux équivalents d'oxygène.

Que l'alcool perde d'abord de l'hydrogène avant de gagner de l'oxygène, on ne pourrait le contester, car, lors-

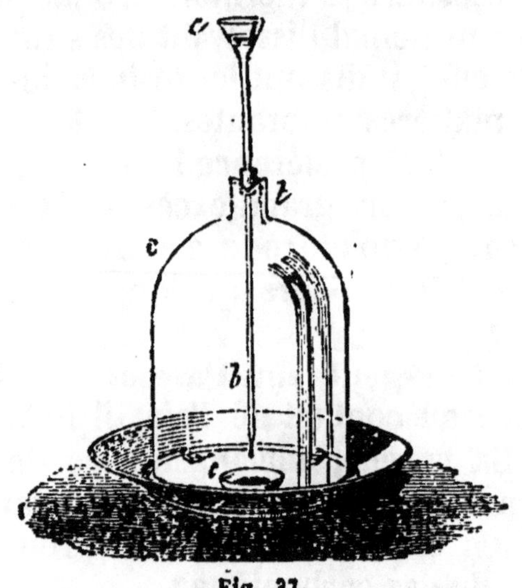

Fig. 37.

qu'on suit pas à pas l'action de certains corps sur l'alcool, on constate la formation d'une substance, l'*aldéhyde*, qui représente, ainsi que nous venons de le voir dans le précédent chapitre, de l'alcool moins deux équivalents d'hydrogène :

$$\underbrace{C^4H^6O^2}_{\text{Alcool}} - 2H = \underbrace{C^4H^4O^2}_{\text{Aldéhyde.}}$$

Ces faits se constatent au moyen d'une expérience dont nous avons déjà parlé. On place sur une assiette une capsule *c* contenant du noir de platine (fig. 37). On recouvre la capsule avec une cloche tubulée et reposant sur l'assiette au moyen de trois cales. A l'aide d'un entonnoir à longue tige effilée *b*, on fait tomber goutte à goutte de l'alcool sur le noir de platine. Il apparaît aussitôt des vapeurs qui se condensent sur les parois de la cloche et ruissellent dans l'assiette. Or le liquide ainsi obtenu est complexe ; on y trouve de l'acide acétique et de l'aldéhyde.

Pareillement un fil spiral de platine, préalablement chauffé et plongé dans de la vapeur d'alcool en présence de l'air, donne naissance à de l'aldéhyde.

5. **Aldéhyde vinique ou éthylique** ($C^4H^4O^2$). — C'est un liquide incolore, doué d'une odeur suffocante et caractéristique. Il est très-inflammable et brûle avec une flamme blanche. Sa propriété fondamentale est d'absorber rapidement l'oxygène de l'air et de passer à l'état d'acide acétique. Il suffit en effet de verser quelques gouttes d'aldéhyde dans un ballon plein d'air humide pour que, à l'instant même, il se transforme en acide acétique. On l'obtient en distillant à une douce chaleur un mélange d'acide sulfurique étendu, d'alcool et de bioxyde de manganèse. La cornue doit être assez grande pour contenir le triple du mélange. On recueille le produit dans un récipient entouré de glace. En même temps que l'aldéhyde, il passe à la distillation de l'alcool, de l'eau, de l'éther acétique et de l'éther formique. En ne tenant compte que de la formation de l'aldéhyde, la réaction est très-simple : le bioxyde de manganèse, sous l'influence de l'acide sulfurique, fournit deux équivalents d'oxygène qui convertis-

sent en eau deux équivalents d'hydrogène de l'alcool, et ce dernier se trouve de la sorte transformé en aldéhyde :

$$\underbrace{C^4H^6O^2}_{\text{Alcool}} + \underbrace{2(SO^3, HO)}_{\text{Acide sulfurique}} + \underbrace{2MnO^2}_{\text{Bioxyde de manganèse}} = \underbrace{C^4H^4O^2}_{\text{Aldéhyde}} + \underbrace{2(SO^3, MnO)}_{\text{Sulfate de manganèse}} + \underbrace{4HO}_{\text{Eau}}.$$

6. **Acide sulfovinique** $(C^4H^5O + HO)2SO^3$. — L'action de l'acide sulfurique sur l'alcool diffère suivant la température. Si l'on verse peu à peu une partie d'alcool absolu sur deux parties d'acide sulfurique concentré en évitant que la température du mélange ne s'élève au-dessus de 70°, si l'on ajoute de l'eau à la masse devenue froide et qu'on sature le liquide avec du carbonate de baryte, il se forme une quantité considérable de sulfate de cette base, que l'on sépare par filtration. La partie liquide, concentrée ensuite à une douce chaleur, donne un sel de baryte cristallisé en belles lames incolores. Ce sel, dissous dans l'eau, puis décomposé avec soin par l'acide sulfurique, fournit du sulfate de baryte et un acide soluble, l'acide *sulfovinique*, dont l'appellation rationnelle serait sulfate double d'éthyle et d'eau, car ce composé est assimilable au sulfate double d'eau et de potasse ou sulfate acide de potasse, et contient deux équivalents d'acide sulfurique pour un équivalent d'eau et un équivalent d'oxyde d'éthyle faisant fonction de base.

7. **Éther ou oxyde d'éthyle** (C^4H^5O). — Si l'on chauffe une cornue contenant un mélange de 100 parties d'acide sulfurique concentré, de 50 parties d'alcool absolu et de 20 parties d'eau ; si en même temps on y fait arriver un filet d'alcool absolu, en prenant toutes les précautions pour que la température du mélange reste toujours à 140°, il distillera simultanément de l'alcool, de l'éther et de l'eau, et le poids collectif de ces deux derniers produits sera égal à celui de l'alcool qui aura disparu pendant l'expérience (fig. 38).

La composition de l'éther ou oxyde d'éthyle étant

C^4H^5O, et celle de l'alcool $C^4H^6O^2$, on voit que dans ces

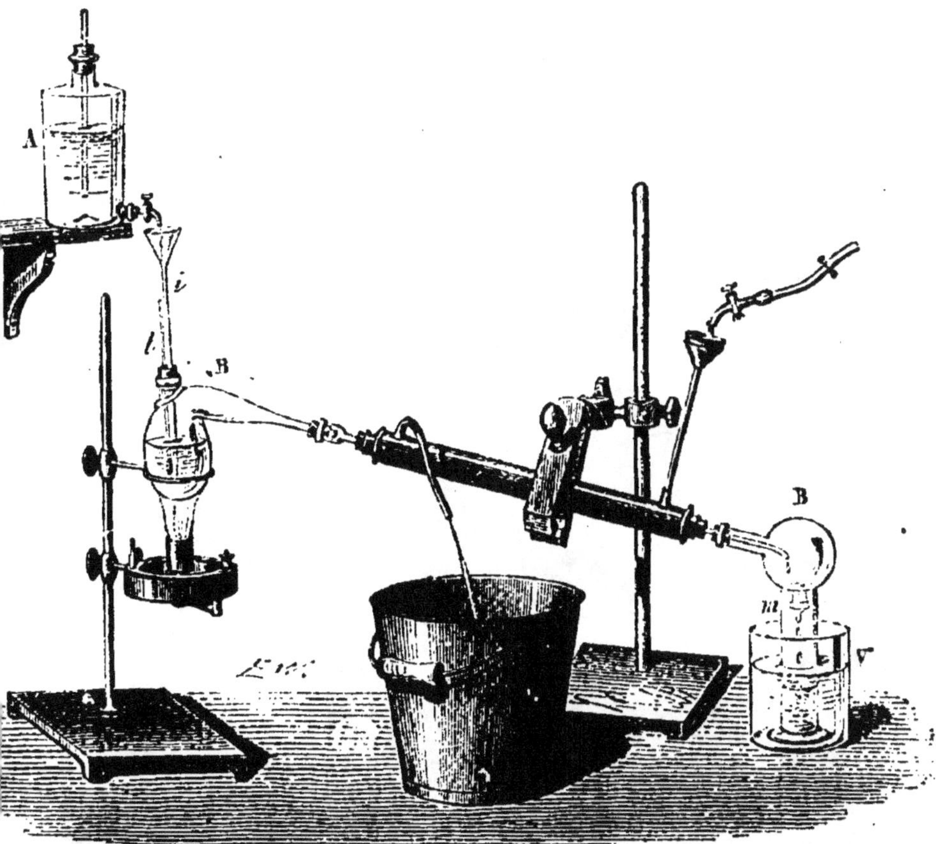

Fig. 38. — Appareil pour montrer la décomposition de l'alcool en eau et en éther *.

circonstances l'acide sulfurique dédouble l'alcool en éther et en eau.

$$\underbrace{C^4H^6O^2}_{\text{Alcool}} = \underbrace{C^4H^5O}_{\text{Éther}} + \underbrace{HO.}_{\text{Eau.}}$$

8. Bicarbure d'hydrogène ou éthylène C^4H^4. — Supposons maintenant un ballon disposé de telle sorte que l'on puisse recueillir les gaz qui s'en dégagent (fig. 39). Si dans ce ballon se trouve un mélange de 10 parties d'acide

* A, vase contenant de l'alcool absolu ; BB, appareil distillatoire, V, vase rempli d'eau froide ; *m*, éprouvette ; *f*, entonnoir à longue tige ; *t*, thermomètre.

sulfurique et de 3 parties d'eau, et si l'on y fait arriver un courant de vapeur d'alcool absolu, en ayant soin d'entretenir la température entre 160° et 165°, il distillera de l'eau et de l'alcool, et il se dégagera en même temps du

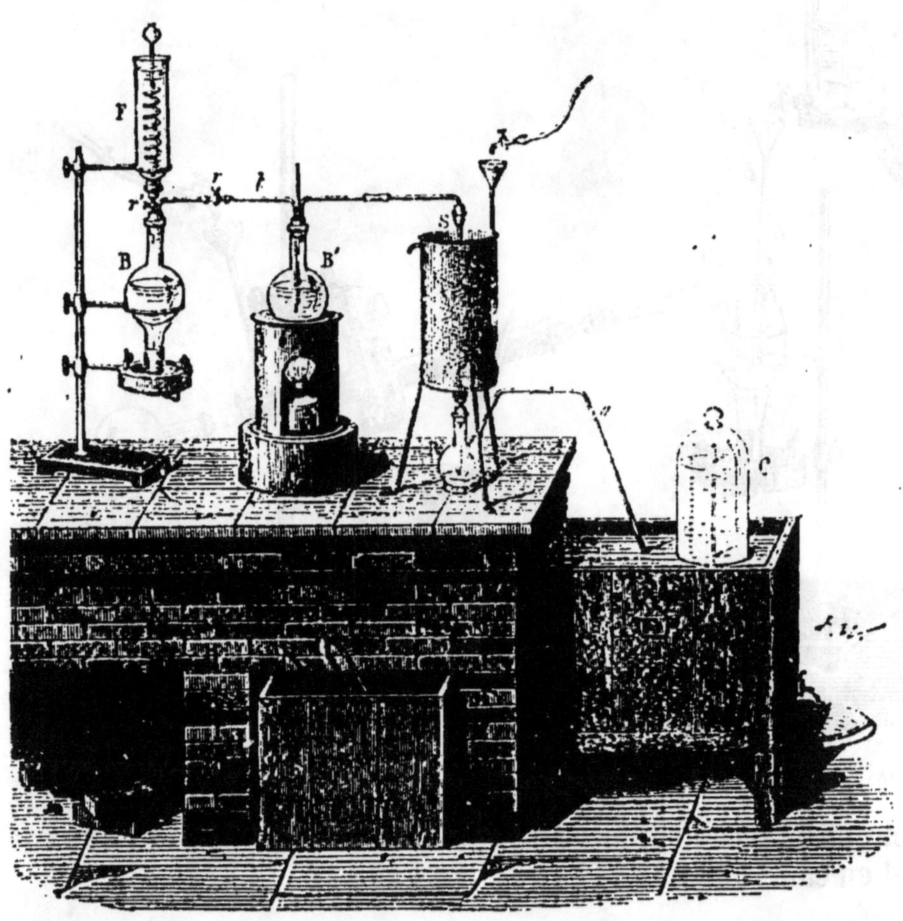

Fig. 39. - Appareil pour montrer la décomposition de l'alcool en eau et en hydrogène bicarboné [1].

bicarbure d'hydrogène ou éthylène. C'est précisément cette réaction que l'on emploie pour obtenir du bicarbure

1 B ballon contenant de l'alcool absolu ; F, serpentin refroidi par un mélange réfrigérant ; B', ballon contenant un mélange d'acide sulfurique et d'eau ; S, serpentin refroidi par de l'eau froide ; R, récipient pour les produits condensés ; C, cloche pour les produits gazeux.

d'hydrogène en chauffant simplement dans une cornue un mélange d'alcool et d'acide sulfurique concentré. Ici, l'appareil est plus compliqué pour recueillir les divers produits et tenir compte de l'alcool décomposé. Eh bien, si l'on défalque l'alcool entraîné et que l'on fasse la somme de l'eau et du gaz obtenus, on trouve que cette somme représente l'alcool disparu. A la température de 160°, la décomposition de l'alcool par l'acide sulfurique est donc plus avancée; au lieu d'un équivalent d'eau, l'acide en élimine deux et le résultat est du bicarbure d'hydrogène :

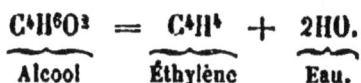

$$\underbrace{C^4H^6O^2}_{\text{Alcool}} = \underbrace{C^4H^4}_{\text{Éthylène}} + \underbrace{2HO.}_{\text{Eau.}}$$

En résumé : à 70°, l'acide sulfurique dédouble l'alcool en eau et en oxyde d'éthyle ou éther, qui restent combinés avec lui et produisent de l'acide sulfovinique ou sulfate double d'eau et d'éthyle ; à 140°, le dédoublement est le même, mais les deux produits se dégagent au lieu de rester combinés avec l'acide sulfovinique ; à 160°, la décomposition est plus profonde et l'alcool se dédouble en éthylène et en deux équivalents d'eau.

9. **Préparation de l'éther.** — L'oxyde d'éthyle C^4H^5O est connu vulgairement sous le nom d'éther. On lui donne encore le nom *d'éther vinique*, parce qu'il appartient à la série de l'alcool vinique, et le nom d'éther sulfurique, parce qu'on l'obtient par la réaction de l'acide sulfurique sur l'alcool. Cette dernière dénomination pourrait induire en erreur en faisant croire que l'acide sulfurique entre dans la composition de l'éther. Il n'en est rien : l'acide sulfurique sert à sa préparation mais n'intervient pas dans sa composition.

Supposons une grande cornue placée dans un bain de sable (fig. 40), et contenant un mélange de 100 parties d'acide sulfurique concentré et 70 parties d'alcool à 32° centésimaux. Elle communique par son col avec le serpentin d'un réfrigérant, par sa tubulure avec un flacon plus

élevé et rempli d'alcool de même densité que celui de l
cornue. On chauffe, et, dès que le mélange est en ébullition
on y fait arriver un filet d'alcool qui, réglé par un robinet

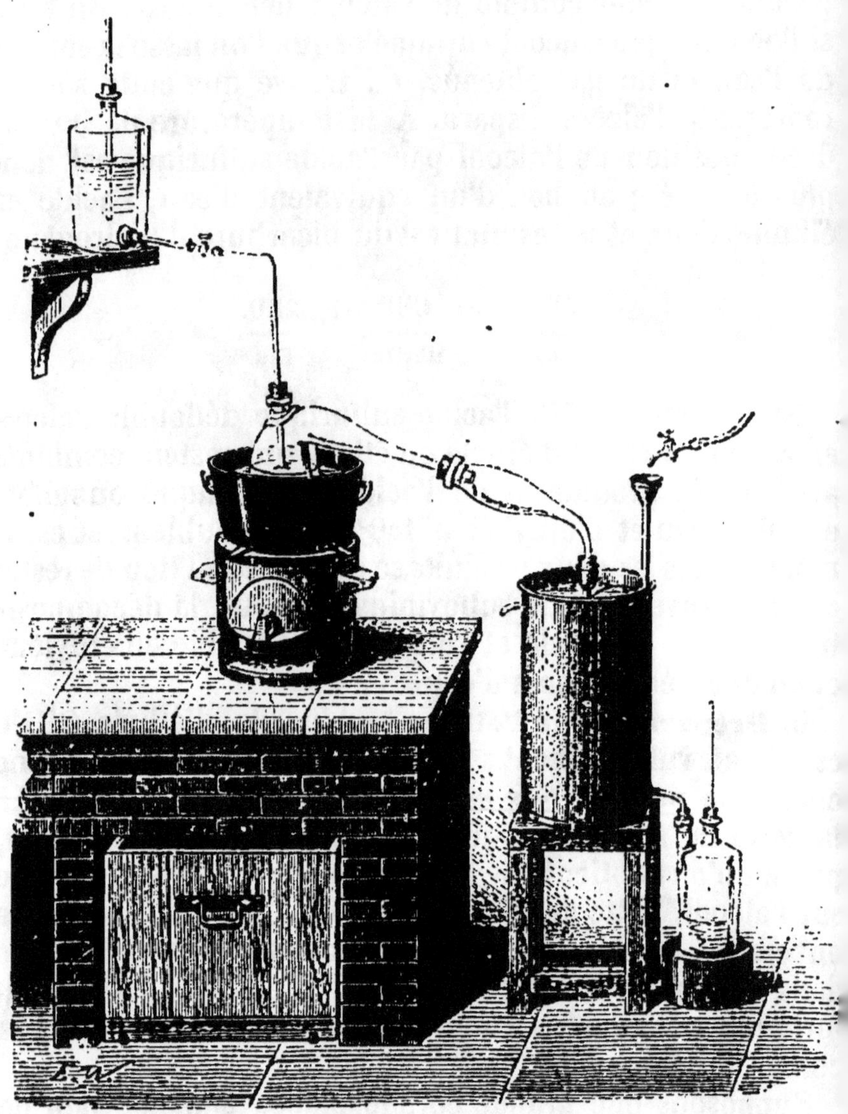

Fig. 40. — Appareil pour la préparation continue de l'éther sulfurique.

doit apporter dans la cornue un volume de liquide égal a
volume de celui qui distille. On s'arrête lorsque le poid

de l'éther obtenu est de 35 à 40 fois plus grand que celui de l'acide sulfurique contenu dans la cornue. Pour purifier l'éther, on l'agite successivement avec de l'eau et du lait de chaux, puis on le distille au bain-marie. Le produit est mis en contact avec du chlorure de calcium et distillé de nouveau.

10. **Fabrication industrielle de l'éther.** — A part la disposition et la capacité des appareils, la fabrication en grand de l'éther est conduite de la même manière. Dans des chaudières en fonte d'une centaine de litres de capacité et que chauffe un courant de vapeur, on dispose des vases de plomb E (fig. 41) que surmonte un dôme, et con-

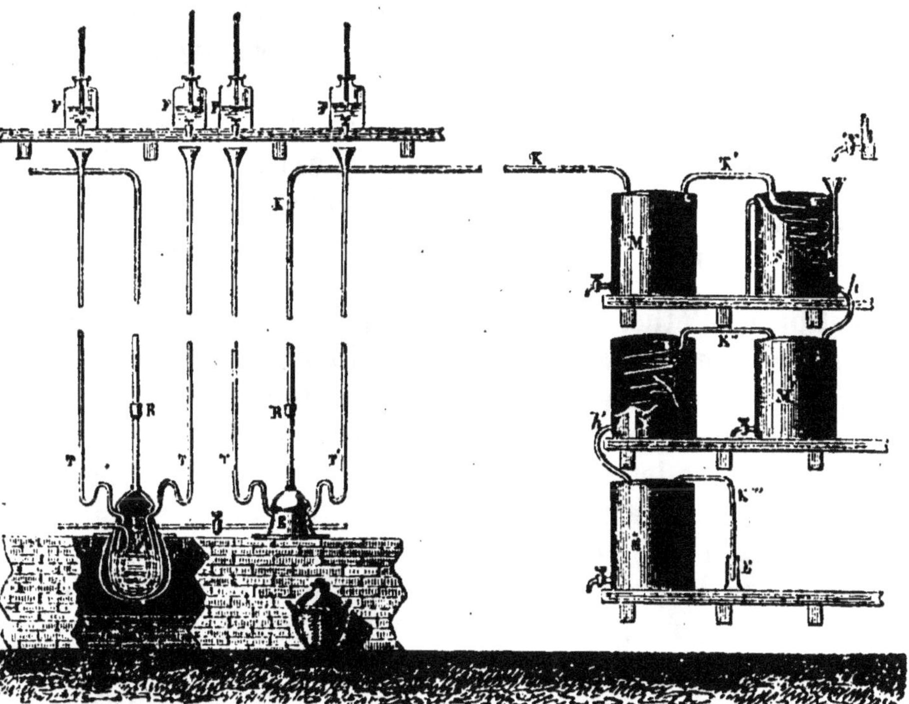

Fig. 41. — Appareil pour la fabrication industrielle de l'éther sulfurique.

tenant de l'acide sulfurique. De la partie supérieure de ce dôme s'élève un tube en plomb RK, qui conduit les vapeurs éthérées à l'appareil condensateur formé d'une série de réfrigérants et de serpentins. L'alcool contenu dans les vases F s'écoule peu à peu et est amené au contact de l'acide par les tubes T.

11. Propriétés de l'éther. — L'éther sulfurique est un liquide incolore, d'une odeur vive et agréable, d'une saveur âcre et brûlante. Sa densité à 0° est 0,736. Sous la pression normale, il bout à 35°,50. L'éther est très-inflammable, il brûle avec une flamme blanche et lumineuse. Sa vapeur peut s'enflammer à distance d'un corps en ignition ; il est donc très-imprudent de tenir à la main des vases ouverts contenant de l'éther dans le voisinage du feu. Il est soluble en toutes proportions dans l'alcool, très-peu soluble dans l'eau. C'est un des meilleurs dissolvants des matières grasses et résineuses. Il dissout également de petites quantités d'iode, de brome, de soufre, de phosphore, beaucoup de chlorures métalliques et quelques sels. Il est difficile de conserver l'éther en présence de l'air, parce qu'il en absorbe l'oxygène et s'acidifie. L'acidification de l'éther est très-prompte sous l'influence du platine. Si l'on suspend au-dessus d'un peu d'éther, contenu dans un verre à expériences, un fil mince en platine contourné en spirale et préalablement chauffé, ce fil se maintient incandescent et il se forme des vapeurs abondantes d'acide acétique et d'aldéhyde (fig. 42).

Fig. 42.

12. Usages de l'éther. — La photographie emploie l'éther pour la préparation du collodion ; la pharmacie et les travaux de laboratoire en consomment abondamment, surtout comme dissolvant.

13. Éther acétique ou acétate d'éthyle $C^4H^3O^3$, C^4H^5O. — L'oxyde d'éthyle C^4H^5O, se comporte comme une base. Combiné avec les oxacides, il donne naissance à ce qu'on nomme les éthers composés. L'un des plus importants est l'acétate d'éthyle, ou éther acétique. Pour le préparer, on chauffe dans une cornue adaptée à un récipient plongé dans l'eau froide, un mélange de 6 parties d'alcool très-concentré, de 4 parties d'acide acétique cristallisable et de 1 partie d'acide sulfurique. Il distille un liquide qui, lavé avec de l'eau, puis desséché par le chlorure de calcium et rectifié, constitue l'acétate d'éthyle. La réaction est des plus simples: l'acide sulfurique élimine un équivalent d'eau de l'alcool et le transforme en oxyde d'éthyle, qui, se trouvant à l'état naissant, se combine avec l'acide acétique.

On peut remplacer l'acide acétique cristallisable par de l'acétate de soude :

$$\underbrace{C^4H^6O^2}_{\text{Alcool}} + \underbrace{NaO, C^4H^3O^3}_{\text{Acétate de soude}} + HO, SO^3 = \underbrace{C^4H^3O^3, C^4H^5O}_{\text{Acétate d'éthyle}} + \underbrace{NaO, SO^3}_{\text{Sulfate de soude.}} + 2HO,$$

L'éther acétique est un liquide incolore, d'une odeur agréable. Il brûle avec une flamme d'un blanc jaunâtre. Il bout à 74°. Il est peu soluble dans l'eau, très-soluble dans l'alcool et l'éther.

14. **Éther oxalique ou oxalate d'éthyle** $C^4H^6, 2C^4H^5O$. — L'acide oxalique, étant bibasique, se combine avec deux équivalents d'oxyde d'éthyle pour former l'éther oxalique. Pour obtenir ce composé, on distille un mélange de 4 parties de sel d'oseille, bioxalate de potasse, de 4 parties d'alcool, et de 5 parties d'acide sulfurique concentré. Le liquide qui passe à la distillation contient de l'éther oxalique, de l'eau, de l'alcool et de l'éther ordinaire. En ajoutant de l'eau à ce liquide, on met en liberté un liquide huileux et lourd qu'on chauffe dans une capsule à 100° pour le débarrasser de l'éther sulfurique qui l'accompagne. Enfin, on le fait digérer sur du chlorure de calcium, et on le rectifie en ne recueillant le produit que lorsqu'il a atteint la température de 184°.

L'éther oxalique est un liquide incolore, limpide, un peu aromatique et d'aspect huileux. Il est plus lourd que l'eau. Sa densité est 1,093. Il bout à 184°.

RÉSUMÉ

1. La richesse alcoolique d'un liquide se mesure au moyen de l'alcoomètre centésimal de Gay-Lussac. L'emploi de l'alcoomètre doit être précédé de la distillation si le liquide renferme d'autres substances que l'alcool et l'eau.

2. On obtient l'*alcool absolu* ou *anhydre* en distillant sur de la chaux vive de l'alcool concentré.

3. L'alcool est le principal dissolvant des substances très-hydrogénées, résines, corps gras, essences.

4. L'alcool brûle en produisant de l'eau et de l'acide carbonique. Si l'oxydation est incomplète, comme en présence du noir de platine, il se forme de l'aldéhyde et de l'acide acétique.

5. L'aldéhyde est de l'alcool moins deux équivalents d'hydrogène. C'est un liquide inflammable, d'une odeur suffocante. Il absorbe rapidement l'oxygène de l'air et devient acide acétique.

6. L'acide sulfovinique s'obtient par l'action à froid de l'acide sulfurique sur l'alcool. C'est un sulfate double d'eau et d'oxyde d'éthyle.

7. Si le mélange d'alcool et d'acide sulfurique est chauffé à 140°, il se forme de l'éther ou oxyde d'éthyle, qui dérive de l'alcool par l'élimination d'un équivalent d'eau.

8. Si la température s'élève davantage, l'acide sulfurique enlève deux équivalents d'eau à l'alcool, et il se dégage de l'éthylène ou bicarbure d'hydrogène.

9. L'éther ordinaire, éther sulfurique, oxyde d'éthyle, s'obtient par la réaction de l'acide sulfurique sur l'alcool.

10. La fabrication industrielle de l'éther est basée sur la même réaction.

11. L'éther est un liquide très-volatil, très-inflammable, d'une odeur vive et agréable. C'est un des meilleurs dissolvants des matières grasses et résineuses.

12. L'éther sert à la préparation du collodion des photographes.

13. L'éther acétique ou acétate d'éthyle s'obtient en distillant un mélange d'acétate de soude, d'alcool et d'acide sulfurique.

14. L'éther oxalique ou oxalate d'éthyle se prépare en distillant un mélange d'oxalate de potasse, d'alcool et d'acide sulfurique. C'est un liquide un peu aromatique, plus lourd que l'eau, d'aspect huileux.

CHAPITRE XIII

ALCOOL MÉTHYLIQUE.

$C^2H^4O^2$.

1. **Esprit de bois.** — Au nombre des produits de la distillation du bois en vase clos, se trouve un liquide qui présente avec l'alcool vinique les analogies chimiques les plus étroites et qu'on nomme *esprit de bois*. Il se trouve en dissolution dans la partie aqueuse, en même temps que l'acide pyroligneux, mais en très-faible proportion, un centième environ. Cette partie aqueuse est séparée du goudron par décantation, puis distillée. Pour chaque hectolitre de liquide, on ne recueille que les dix premiers litres qui passent. Le produit ainsi obtenu est impur : il renferme toujours des matières goudronneuses, des huiles, des carbures d'hydrogène, dont on le débarrasse par le traitement suivant.

2. **Préparation de l'alcool méthylique.** — On mélange l'esprit de bois du commerce avec le double de son poids de chlorure de calcium fondu et pulvérisé. L'alcool méthylique forme, avec ce corps, une combinaison cristalline qui résiste à une température de 100°, sans se décomposer. On chauffe donc cette combinaison au bain-marie, pour vaporiser la majeure partie des produits étrangers à l'alcool méthylique. Le résidu mêlé avec de l'eau se décompose. En distillant le mélange aqueux, on obtient l'acool méthylique, que l'on traite par de la chaux vive pour l'avoir anhydre. Enfin on l'agite avec de l'huile d'olive qui dissout les faibles quantités d'huiles empyreumatiques accompagnant l'alcool méthylique, et celui-ci devient parfaitement pur.

3. **Propriétés de l'alcool méthylique.** — C'est un

liquide incolore, doué d'une odeur à la fois éthérée et alcoolique ; sa saveur rappelle celle de l'alcool, mais elle est plus brûlante. Sa densité est 0,798; il bout à 66°. Il brûle avec une flamme bleue.

De même que l'alcool ordinaire, soumis à l'influence des actions oxydantes, se transforme en acide acétique, de même l'esprit de bois se transforme en acide formique. Dans les deux cas, l'acide résulte de l'élimination de deux équivalents d'hydrogène et de la fixation de deux équivalents d'oxygène:

$$\underbrace{C^4H^6O^2}_{\text{Alcool éthylique.}} - 2H + 2O = \underbrace{C^4H^4O^4}_{\text{Acide acétique.}}$$

$$\underbrace{C^2H^4O^2}_{\text{Alcool méthylique.}} - 2H + 2O = \underbrace{C^2H^2O^4}_{\text{Acide formique.}}$$

L'histoire chimique de l'alcool méthylique est de tous points la même que celle de l'alcool ordinaire. Dans la série des dérivés de l'alcool ordinaire, remplaçons le radical C^4H^5 par le radical C^2H^3, et nous aurons terme pour terme les dérivés de l'alcool méthylique.

L'alcool méthylique dissout en général les mêmes corps que l'alcool ordinaire, aussi peut-il remplacer ce dernier dans la plupart des usages industriels, notamment dans la fabrication des vernis; mais il ne peut en aucune manière le suppléer comme boisson.

4. Éther méthylique ou oxyde de méthyle C^2H^3O. — Quand on traite de l'alcool ordinaire par de l'acide sulfurique, un équivalent d'eau est éliminé par l'acide, et il se forme de l'éther ordinaire ou oxyde d'éthyle. Une réaction absolument du même ordre s'accomplit avec l'alcool méthylique. Lorsqu'on distille un mélange d'une partie d'esprit de bois et de quatre parties d'acide sulfurique concentré, l'acide enlève un équivalent d'eau à l'alcool méthylique, et il se dégage de l'éther méthylique :

$$\underbrace{C^2H^4O^2}_{\text{Alcool méthylique.}} - HO = \underbrace{C^2H^3O}_{\text{Oxyde de méthyle.}}$$

L'éther méthylique est un gaz qui ne se liquéfie pas à la température de — 16°. Il est très-inflammable et brûle avec une flamme pâle. L'eau en dissout 37 fois son volume et acquiert ainsi une saveur poivrée et une odeur éthérée. Le gaz éther méthylique est isomère de l'alcool ordinaire. En doublant sa formule, on trouve en effet $C^4H^6O^2$, c'est-à-dire la composition de l'alcool.

5. **Éther oxalo-méthylique ou oxalate de méthyle.** — Son mode de préparation est le même que pour l'oxalate d'éthyle. On distille un mélange de sel d'oseille, d'alcool méthylique et d'acide sulfurique. On obtient dans le récipient une liqueur spiritueuse qui s'évapore à l'air et laisse un résidu cristallisé en belles lames et possédant une odeur éthérée. Ces lames cristallines sont l'oxalate de méthyle.

ALCOOL AMYLIQUE.

$C^{10}H^{12}O^2$.

6. **Préparation et propriétés de l'alcool amylique.** — Cet alcool se rencontre dans les eaux-de-vie communes fabriquées avec les pommes de terre, les céréales, la mélasse des betteraves et le marc des raisins. On l'extrait en soumettant à la distillation les eaux-de-vie de ces provenances, et en recueillant à part les dernières portions dès qu'elles passent laiteuses. Le produit brut renferme beaucoup d'eau et d'alcool ordinaire. Après l'avoir agité avec de l'eau, on décante l'huile surnageante, on la dessèche à l'aide du chlorure de calcium, et on la rectifie autant de

fois qu'il est nécessaire pour que son point d'ébullition se fixe à 132°.

L'alcool amylique est un liquide huileux, incolore, d'une odeur désagréable, d'une saveur âcre et brûlante. Sa densité est 0,818. L'alcool amylique est inflammable et brûle avec une flamme blanche. Son histoire chimique est identiquement la même que celle de l'alcool ordinaire.

7. Éther amylique ou oxyde d'amyle $C^{10}H^{11}O$. — Traité par l'acide sulfurique, l'acool amylique perd un équivalent d'eau et donne de l'oxyde d'amyle, liquide incolore, d'une odeur très-suave :

$$\underbrace{C^{10}H^{12}O^{2}}_{\text{Alcool amylique.}} - HO = \underbrace{C^{10}H^{11}O}_{\text{Oxyde d'amyle.}}$$

RÉSUMÉ.

1. L'esprit de bois est un des produits de la distillation du bois ou de sa carbonisation en vase clos.

2. On obtient l'alcool méthylique en rectifiant l'esprit de bois commercial.

3. L'alcool méthylique est un liquide volatil, inflammable, dont l'odeur et la saveur rappellent celles de l'alcool ordinaire. Il peut remplacer l'alcool ordinaire dans les applications industrielles. Son histoire chimique est la même que celle de l'alcool vinique.

4. L'ether méthylique ou oxyde de méthyle s'obtient par un procédé de tous points semblable à celui qu'on emploie pour préparer l'éther ordinaire. L'oxyde de méthyle est gazeux.

5. L'oxalate de méthyle s'obtient de la même manière que l'oxalate d'éthyle. C'est un corps solide, cristallisant en lames incolores douées d'une odeur éthérée.

6. L'alcool amylique est d'aspect huileux, d'odeur désagréable, de saveur âcre. Il accompagne l'alcool ordinaire dans les eaux-de-vie communes.

7. Son histoire chimique est pareille à celle de l'alcool vinique. L'oxyde d'amyle s'obtient par la réaction de l'acide sulfurique sur l'alcool amylique. C'est un liquide d'une odeur suave.

CHAPITRE XIV

CORPS GRAS.

1. **Caractères généraux.** — Les corps gras, huiles, graisse, suif, sont abondamment répandus dans l'organisation animale et dans l'organisation végétale. A l'état pur, tous sont incolores, sans odeur et sans saveur. Ils sont plus légers que l'eau et inattaquables par ce dissolvant. Ils sont onctueux au toucher, ils font sur le papier une tache translucide que la chaleur ne dissipe pas. A une température élevée, ils s'enflamment. L'alcool en dissout quelques-uns, l'éther les dissout facilement tous. Aucun n'est volatil; à une température de 300° environ, ils se décomposent. Leur caractère chimique fondamental, c'est de se *saponifier* ou de se convertir en savon quand on les traite par un alcali. Ils fixent alors une certaine quantité d'eau et se dédoublent en *glycérine* et en *acide gras*, qui se combine avec l'alcali pour constituer un composé salin, dont le savon ordinaire est un exemple familier. Les corps gras sont des mélanges d'un certain nombre de principes immédiats, dont nous allons étudier les quatre plus importants, savoir : l'*oléine*, la *margarine*, l'*élaïne* et la *stéarine*.

2. **Huile d'olive.** — L'huile d'olive, la plus importante de toutes, se retire de la partie charnue des fruits de l'olivier parvenus à maturité. Ces fruits, alors de couleur noire, sont écrasés sous des meules verticales (fig. 43), et pressés à froid. Par cette première opération, on obtient l'huile *fine* ou *vierge*. Soumises à l'action de l'eau chaude, et pressées une seconde fois, les olives fournissent une huile de deuxième qualité. L'huile d'olive n'est autre chose que la dissolution d'une substance grasse solide, la margarine, dans une autre substance grasse liquide, l'oléine.

Si, en effet, on expose l'huile à une basse température, la masse se remplit de lamelles nacrées, que l'on peut séparer par filtration au travers d'une toile. Plusieurs opérations semblables et des pressions entre des feuilles de

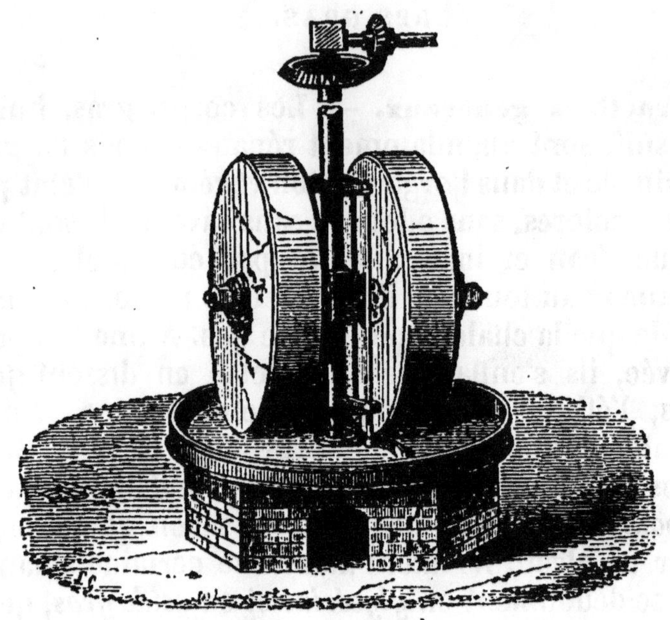

Fig. 43. — Moulin à huile.

papier sans colle, amènent une séparation plus ou moins complète des deux principes. Sur 100 parties d'huile, il y a 72 parties de margarine pour 28 parties d'oléine.

3. **Margarine.** — La margarine est blanche, solide, d'un aspect un peu nacré qui rappelle celui des perles. Son nom de margarine, signifiant perle, fait allusion à ces apparences. Elle est fusible à 47°. On trouve de la margarine, identique à celle de l'huile d'olive, dans la plupart des corps gras, aussi bien dans les huiles végétales que dans la graisse et le beurre provenant des animaux. Sous l'influence des alcalis, elle se dédouble en glycérine et en acide margarique après avoir fixé six équivalents d'eau.

4. **Oléine.** — La partie de l'huile d'olive qui reste liquide quand on abaisse la température à 0°, est de l'oléine, ren-

fermant une petite quantité de margarine, dont il est très-difficile de la débarrasser. C'est la partie la plus abondante des diverses huiles. On la retrouve encore, mais en moins grande quantité, dans la graisse et le suif, enfin dans les corps gras solides. Les alcalis la dédoublent en glycérine et en acide oléique, après fixation d'eau.

5. **Élaïne.** — L'huile d'olive exposée à l'action de l'air s'altère en absorbant de l'oxygène, qui convertit son oléine en un acide à odeur rance, mais elle ne s'épaissit pas ; au contraire, les huiles de lin, de pavot, de noix, sous l'influence oxydante de l'air, se dessèchent peu à peu et forment une matière résineuse solide. D'autre part l'huile d'olive se solidifie en quelques instants par l'action d'une petite quantité d'acide hypoazotique, qui transforme l'oléine en un principe isomère, l'élaïdine, ayant la consistance et l'aspect du suif ; mais les huiles de lin, de pavot et de noix ne sont pas solidifiées par l'acide hypoazotique. On est donc conduit à diviser les huiles en deux catégories : les huiles siccatives, qui se résinifient à l'air, et les huiles non siccatives, qui rancissent sans devenir solides. Le principe immédiat qui, dans les huiles siccatives, remplace l'oléine, s'appelle élaïne. L'acide qui lui correspond est l'acide élaïque, tellement altérable à l'air qu'on n'a pu encore en déterminer exactement la composition.

TABLEAU DES HUILES LES PLUS COMMUNES, DIVISÉES EN SICCATIVES ET EN NON SICCATIVES.

	HUILES SICCATIVES ET LEUR USAGE.		HUILES NON SICCATIVES ET LEUR USAGE.
Huile de lin......	Peinture et vernis typographiques.	Huile d'olive.....	Alimentaire ; éclairage, confection des savons.
— de noix.....	Alimentaire ; peinture et éclairage.	— d'amandes...	Médicament.
— de chènevis..	Confection de savons verts et peinture.	— de navette...	Éclairage.
		— de cameline.	Éclairage.
		— de colza.....	Éclairage.
— d'œillette....	Alimentaire ; peinture, confection des savons.	— de faînes....	Alimentaire ; peinture, confection des savons.
— de raisin....	Médicament.	— de noisettes.	Parfumerie.
— de croton...	Médicament.	— de madia...	Alimentaire ; confection des savons.
— de ricin.....	Médicament.		

6. **Stéarine.** — Le suif est un mélange d'oléine et de stéarine. Pour isoler cette dernière, on dissout à chaud du suif dans de l'essence de térébenthine. La dissolution décantée abandonne, par le refroidissement, une matière solide, que l'on soumet à la presse entre des feuilles de papier sans colle. Après plusieurs traitements pareils, la matière est dissoute à chaud dans l'éther, qui en abandonne la plus grande partie en se refroidissant.

La stéarine ainsi obtenue est en petites lamelles blanches d'un éclat nacré, fusibles à 60°. Elle est peu soluble dans l'alcool froid, très-soluble dans 8 parties d'alcool bouillant. Les alcalis la dédoublent en glycérine et en acide stéarique, après fixation de six équivalents d'eau.

Composition immédiate de plusieurs graisses animales :

	STÉARINE et margarine	OLÉINE.
Suif ou graisse de mouton	80	20
Moelle de mouton	26	74
— de bœuf	76	24
Suif ou graisse de bœuf	70	30
Graisse de porc	38	62
— d'oie	32	68
— de canard	28	62
— de dindon	26	74

7. **Saponification.** — Soumis à l'action des alcalis, les principes immédiats des corps gras fixent une certaine quantité d'eau et se dédoublent en glycérine et en acides gras, acide stéarique, acide margarique, acide oléique, qui se combinent avec l'alcali pour constituer un sel, stéarate, margarate, oléate, qui prend le nom générique de savon. Ce dédoublement est ce qu'on nomme saponification. Pour le produire, il suffit de chauffer un corps gras dans une dissolution alcaline. On l'obtient encore par d'autres moyens, en particulier par l'action sur les corps gras de la vapeur d'eau surchauffée.

8. **Glycérine $C^6H^8O^6$.** — Suivant la nature du corps gras saponifié, l'acide obtenu est de l'acide stéarique, ou margarique, ou oléique, ou un mélange de ces produits; mais

dans tous les cas, il y a formation de glycérine après fixation des équivalents d'eau :

$$\underbrace{C^{114}H^{110}O^{12}}_{\text{Stéarine}} + 6HO = \underbrace{3(C^{36}H^{36}O^{4})}_{\text{Acide stéarique}} + \underbrace{C^{6}H^{8}O^{6}}_{\text{Glycérine}}.$$

$$\underbrace{C^{108}H^{104}O^{12}}_{\text{Margarine}} + 6HO = \underbrace{3(C^{34}H^{34}O^{4})}_{\text{Acide margarique}} + \underbrace{C^{6}H^{8}O^{6}}_{\text{Glycérine}}.$$

Dans les usines de bougies stéariques, il se produit des quantités énormes de glycérine qu'on isole et qu'on purifie par le procédé suivant. Les eaux qui ont servi à la saponification du suif, à l'aide de la chaux, sont évaporées à consistance sirupeuse, sans dépasser, vers la fin, la température de 130°. Après le refroidissement, on dissout le résidu dans 4 à 5 fois son poids d'alcool très-concentré, et on abandonne la dissolution au repos jusqu'à ce qu'elle se soit éclaircie. On filtre la partie liquide, on chasse l'alcool par la distillation, puis on dissout le sirop brun dans l'eau, et l'on fait digérer la solution avec de l'oxyde de plomb en poudre. On filtre encore et l'on traite par l'hydrogène sulfuré la liqueur filtrée. Ce dernier traitement donne naissance à du sulfure de plomb qui, en se déposant, décolore notablement la masse liquide, en lui laissant toutefois une teinte jaunâtre qu'on fait disparaître au moyen du noir animal. Pour avoir la glycérine pure, il n'y a plus qu'à concentrer dans le vide de la machine pneumatique le liquide ainsi obtenu. — On prépare en Angleterre des quantités considérables de glycérine pure et parfaitement incolore, en concentrant la partie aqueuse du produit qui distille lorsqu'on saponifie les corps gras dans des alambics, en les soumettant à l'action de la vapeur d'eau surchauffée à une température de 240 à 250°.

La glycérine est un liquide sirupeux, incolore, incristallisable, inodore et d'une saveur franchement sucrée. Cette saveur douce lui a valu de la part des premiers chimistes le nom de *principe doux des huiles*. Du reste, son nom actuel de glycérine rappelle encore sa saveur sucrée. Sa densité est 1,280. Elle est soluble en toute proportion dans l'eau et l'alcool, mais elle n'est pas soluble dans l'éther.

9. **Acide margarique.** $C^{34}H^{34}O^4$. — C'est une substance cristalline, soluble dans l'alcool bouillant, très-peu soluble dans l'alcool froid, et complétement insoluble dans l'eau. Son point de fusion est à 60°. Il a une réaction faiblement acide ; il forme avec les bases des sels ou margarates. Pour ses propriétés physiques, il ressemble aux corps gras solides.

10. **Acide oléique.** $C^{36}H^{36}O^4$. — Cet acide est liquide à la température ordinaire et se solidifie à + 4°. Pur, c'est un liquide d'apparence huileuse, incolore, sans odeur, plus léger que l'eau. Il forme avec les bases des oléates.

11. **Acide stéarique.** $C^{36}H^{36}O^4$. — Les bougies ordinaires nous donnent une idée suffisante de l'acide stéarique, car elles sont formées presque en entier de cette substance. C'est un corps solide, blanc, sans odeur, sans saveur, soluble dans l'alcool et dans l'éther chaud, qui le laissent cristalliser en aiguilles brillantes. Il fond à 70°.

12. **Extraction du suif.** — Le suif, ou graisse des herbivores, est renfermé dans des cellules à parois très-minces, qui, en se desséchant à l'air, s'affaissent et prennent des formes polyédriques : si elles sont mouillées, elles ont l'aspect de vésicules plus ou moins ovoïdales.

Le suif, abandonné dans son état normal à l'action de l'air, humide et sous l'influence d'une certaine température, subit un commencement de décomposition à cause du tissu cellulaire qui l'accompagne, et du sang dont il est imprégné. Il importe donc que le suif soit retiré le plus tôt possible des cellules où il est emprisonné. On y parvient principalement au moyen de la chaleur. La température élevée fond la graisse et la dilate, tandis qu'elle crispe les cellules qui la renferment : ces deux effets contraires déterminent la rupture des cellules, et en même temps l'exsudation de la graisse fluide.

Lorsque cette sorte de séparation est suffisamment

opérée, on soutire le suif en le faisant passer au travers d'un tamis, et, avant qu'il se fige, on y ajoute 4 à 5 millièmes d'alun qui doivent faire déposer quelques débris membraneux restés en suspension.

Cette méthode est appelée *méthode au creton*, parce que tous les débris sont pressés et réunis en gros pains, que l'on utilise, sous le nom de *pain au creton*, pour la nourriture des porcs ou comme engrais.

On facilite quelquefois l'action de .a cna.eur par celle de l'acide sulfurique. A cet effet, le suif normal est maintenu, pendant deux heures et demie, dans de l'eau acidulée par deux centièmes et demi d'acide sulfurique, et chauffée de 105 à 110°. De cette manière, les membranes se désagrégent ou se dissolvent : on décante le suif liquide, on y ajoute 1 1/2 à 2 millièmes d'alun dissous dans l'eau, et, après 10 heures de repos, on le décante et on le laisse refroidir.

Par ce moyen on obtient un suif plus blanc et plus dur, mais qui n'est pas préféré au précédent, surtout pendant l'été, attendu que, tout en ayant plus de dureté, il est onctueux au toucher. Aussi n'emploie-t-on l'acide sulfurique que pour le suif de bœuf, qui est destiné à faire de la *bougie stéarique*, et, par conséquent, à être saponifié.

Ces deux procédés sont rangés parmi les procédés insalubres et incommodes, à cause de la mauvaise odeur qu'ils occasionnent et du danger d'incendie qu'ils impliquent.

L'emploi des alcalis fait de la préparation du suif une opération facile et dépourvue d'inconvénients.

Dans une chaudière cylindrique garnie d'un double fond percé de trous, on place 150 kilogrammes de suif naturel, et l'on y verse un hectolitre d'eau alcalisée par 500 grammes de carbonate de soude rendu préalablement caustique au moyen de la chaux. Un jet de vapeur, introduit sous le double fond, porte le liquide à l'ébullition. Le tissu adipeux se gonfle, la matière grasse se sépare et vient nager à la surface du bain, d'où on l'enlève très-aisément. Il suffit alors de la laver à l'eau chaude, et de la maintenir liquide pendant 7 à 8 heures pour l'avoir très-limpide.

13. **Bougie stéarique.** — La fabrication de la bougie stéarique est fondée sur la saponification du suif de bœuf. Les acides stéarique et margarique qui en résultent, ayant un point de fusion qui se rapproche de celui de la cire et partageant d'ailleurs plusieurs des qualités de cette dernière substance, ont pu la remplacer pour l'éclairage de luxe. C'est ainsi que les classes moyennement aisées ont été mises à la portée d'une jouissance qui était jadis réservée à la classe riche.

Le procédé pour préparer la bougie stéarique se résume en quatre opérations : *la saponification du suif à l'aide de la chaux; la décomposition du savon calcaire; la séparation des acides gras; le coulage.*

Fig. 44. — Cuves pour la saponification du suif au moyen de la chaux.

14. **Saponification du suif.** — Pour saponifier le suif, on introduit dans une cuve en bois doublée en plomb et

de la capacité de 2 000 litres, 500 kilogrammes de suif et 8 hectolitres d'eau : on chauffe ces matières au moyen d'un tube circulaire placé dans le fond de la cuve et qui lance de la vapeur par un grand nombre d'orifices (fig. 44). Quand le suif est fondu, on ajoute peu à peu 6 hectolitres de bouillie de chaux contenant 70 kilogrammes de cette base ; on agite le mélange soit à bras, soit mécaniquement. Après sept heures, on soutire la partie liquide, qui tient en dissolution la glycérine; puis on extrait de la cuve le savon calcaire, que l'on pulvérise et qu'on transporte dans d'autres cuves, où il est décomposé par l'acide sulfurique.

15. **Décomposition du savon calcaire, et séparation des acides gras.**— Les cuves à décomposition sont à peu près pareilles à celles qui servent à la saponification. Bien que le calcul indique 122 kilogrammes d'acide sulfurique normal, comme étant la proportion nécessaire pour saturer 70 kilogrammes de chaux, toutefois on en met d'ordinaire 133 à 134 kilogrammes. Lorsque la décomposition des savons est terminée (ce qui arrive à peu près au bout de trois heures), on laisse reposer la masse : alors les acides gras viennent surnager, le sulfate de chaux se dépose au fond de la cuve, et le liquide acide reste interposé sous la couche oléagineuse. Au moyen d'un robinet convenablement disposé, on fait passer les acides gras liquides dans une cuve semblable aux précédentes, chauffée également à la vapeur. Ici, les dernières traces de chaux sont enlevées au

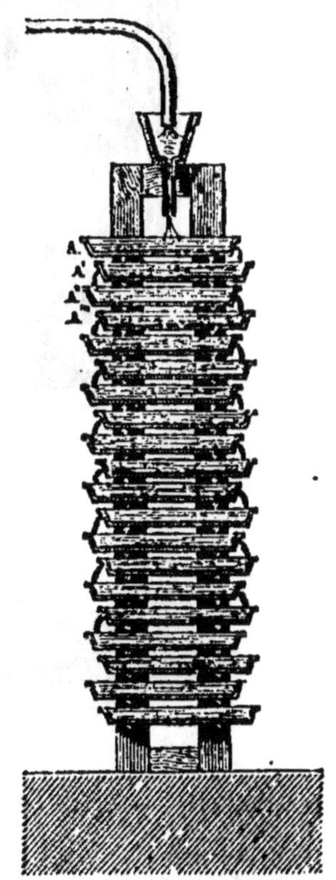

Fig. 45. — Appareil pour le coulage des acides gras en pains.

moyen d'acide sulfurique étendu; les acides gras, ainsi épurés, sont encore conduits dans une nouvelle cuve où on les lave à l'eau chaude. Enfin, on les coule dans des moules en fer où ils cristallisent (fig. 45), puis on les enveloppe dans une serge et on les soumet à la presse hydraulique

Fig. 46. — Presse pour séparer l'acide oléique de l'acide stéarique.

pour en séparer l'acide oléique (fig. 46), qui s'écoule puisqu'il est liquide à la température ordinaire, tandis que l'acide stéarique, solide, reste dans l'enveloppe de serge.

16. Coulage. — Les moules dans lesquels on coule les bougies sont faits avec un alliage d'un tiers d'étain et deux tiers de plomb. Ils sont réunis de telle sorte que leur base débouche dans le fond d'une caisse qui leur sert d'entonnoir commun (fig. 47).

Chaque moule porte dans son axe une mèche qui est fixée en bas par une cheville en bois, ou par une espèce de petit robinet en laiton; en haut, par un nœud qui s'appuie sur la petite ouverture centrale d'un disque évidé. Les mèches sont tressées et *boracisées*. En vertu du tressage, la mèche, à mesure que la bougie brûle, recourbe légèrement son extrémité qui déborde la flamme, plonge dans l'air et s'y incinère. L'acide borique vitrifie les cendres de la mèche et empêche qu'elles ne salissent la bougie : en effet, cet acide forme, avec la chaux, la potasse et la silice des cendres du coton, un verre fusible qu'on voit briller, sous forme d'un globule, à l'extrémité de la mèche.

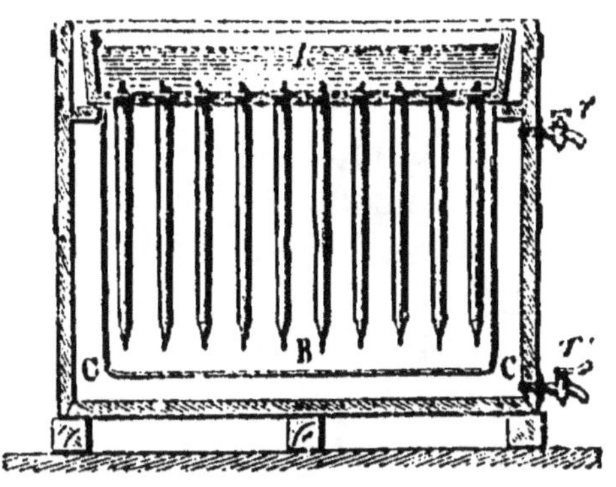

Fig. 47. — Moules pour le coulage des bougies stéariques.

Les moules, ainsi apprêtés et rangés par vingt-quatre ou trente au fond de l'entonnoir commun AB, sont adaptés à un chauffoir CC où arrive de la vapeur; les deux robinets *r*, *r'* servent, l'un à laisser échapper l'air, l'autre à laisser écouler l'eau de condensation.

Dès que la température des moules est environ à 45°, on les porte près de la *chaudière de fusion* et on les remplit avec de l'acide stéarique encore liquide, mais qui est très-près de son point de figement : ces précautions sont nécessaires afin que l'acide gras puisse couler, remplir les moules et se figer ensuite avec assez de rapidité pour prendre une texture confuse et à grains fins.

Il ne reste plus qu'à blanchir et à polir les bougies pour que la fabrication soit achevée. On les blanchit, en les exposant quelque temps à la lumière et à l'humidité; on les polit, en les plongeant d'abord dans une dissolution faible de carbonate de soude, ensuite en les frottant avec du drap.

Cette industrie a pris un développement considérable. La seule ville de Paris fabrique annuellement environ 200 000 kilogrammes de bougie stéarique.

17. Bougie stéarique de qualité inférieure. — On fait une autre bougie stéarique inférieure à la précédente, mais de beaucoup supérieure à la chandelle ordinaire. Sa confection est fondée sur la saponification par l'acide sulfurique, et sur la distillation des acides gras au milieu de vapeur surchauffée et à faible tension. Son grand avantage consiste en ce qu'elle facilite l'emploi d'une foule de résidus et de matières grasses infectes : de plus, elle augmente la consommation de l'huile de palme et d'autres matières grasses végétales tirées d'Afrique et des colonies.

Les graisses [1], placées dans des chaudières métalliques chauffées à la vapeur, sont traitées par de l'acide sulfurique dont la proportion varie entre 8 et 16 centièmes, selon la nature des matières. On porte la température jusqu'à 100°, et on la maintient, pendant quinze à vingt heures, en brassant sans cesse le mélange : d'abord, l'acide sulfurique se combine avec la matière grasse entière (stéarine, margarine, oléine); en isolant ensuite la glycérine à l'état d'acide sulfoglycérique, il forme avec les acides gras

[1] Voici la liste des principales matières grasses employées à la fabrication de cette sorte de bougie stéarique :

1° Graisses de Reims et de Turcoing, extraites des eaux savonneuses;

2° Résidus du graissage et dégraissage des laines;

3° Graisses d'os;

4° Graisses vertes, mélange des matières grasses, résidus des cuisines;

5° Graisses de boyaux, provenant de raclures des intestins;

6° Résidus et dépôts d'huile d'olive;

7° Dépôts des huiles de baleine et de foie de morue;

8° Huile de palme;

9° Huiles brunes extraites des graines du cotonnier;

10° Résidus savonneux.

des composés doubles (acides sulfoléique, sulfomargarique, sulfostéarique) que l'eau décompose sous l'influence de la chaleur. Les matières étrangères se détruisent en grande partie par l'action de l'acide sulfurique, en donnant des résidus charbonneux et des produits solubles dans l'eau.

Les acides gras devenus libres sont lavés, puis placés dans un appareil distillatoire dans lequel on fait passer de la vapeur d'eau chauffée à 300 ou à 400° et avec une force élastique moindre que celle de l'atmosphère. C'est ainsi que les acides gras distillent avec de l'eau, dont on les sépare pour les soumettre à la presse. On procède ensuite au coulage, et, afin de mieux éviter toute apparence cristalline à l'extérieur des bougies, et souvent aussi pour masquer une légère couleur jaunâtre, on les recouvre d'une pellicule plus blanche au moyen d'acide stéarique pur mêlé avec $\frac{3}{100}$ de cire.

18. Savons en général. — Le savon ordinaire est la combinaison d'un acide gras, acide oléique, margarique ou stéarique, avec une base alcaline, soude ou potasse. Comme le corps gras employé à la fabrication du savon est un mélange d'oléine et de margarine si c'est de l'huile, d'oléine et de stéarine si c'est du suif, le savon est lui-même un mélange d'oléate et de margarate, ou d'oléate et de stéarate, suivant qu'il a été fabriqué avec de l'huile ou avec du suif. Généralisant l'expression vulgaire, la chimie donne le nom de *savon* à toute combinaison d'un oxyde métallique avec un acide gras. Il y a donc autant d'espèces de savons que de bases; mais comme les savons alcalins sont les seuls solubles dans l'eau et par cela même seuls aptes aux usages ordinaires de la vie, leur production exclusive est le but de l'industrie des savons.

Rien n'est plus simple d'ailleurs que d'obtenir les savons insolubles non usuels : ils se forment instantanément par double échange quand on mélange une dissolution saline avec une dissolution de savon vulgaire. Si, par exemple, l'on verse dans une dissolution de sulfate de cuivre une dissolution de savon ordinaire, on obtient un précipité vert, onctueux, gluant, qui est le savon d'oxyde de cuivre. On obtiendrait de même un savon de chaux versant dans une dissolution de chlorure de calcium en une dissolution de savon vulgaire. Dans ce cas, le précipité serait blanc.

La saponification directe, c'est-à-dire le dédoublement de l'oléine, de la margarine et de la stéarine en glycérine et en acides gras, peut être obtenue avec les alcalis, les terres alcalines et les oxydes de plomb et de zinc ; mais les oxydes des autres métaux sont sans action sur les corps gras.

La potasse forme en général des savons mous, tandis que les savons qui renferment de la soude sont durs. Les huiles siccatives, toutes choses égales d'ailleurs, donnent des savons moins fermes que les huiles non siccatives. D'un autre côté, les caractères spéciaux de chaque savon se rattachant à ceux de la matière grasse avec laquelle le savon même a été préparé, on conçoit que chaque matière grasse produise des savons doués de caractères propres.

Ainsi le suif, qui est riche en stéarine, formera avec la soude un savon plus dur que celui qui est formé par l'huile d'olive dans laquelle l'oléine prédomine. D'où il résulte qu'en associant convenablement les différentes matières premières, on peut obtenir des savons qui rappellent une provenance à laquelle ils sont réellement étrangers. C'est ainsi que, malgré la ressemblance des produits, dans le midi de la France on se sert principalement d'huile d'olive, et dans le nord presque toujours de suif ; mais comme les savons préparés avec cette dernière substance sont trop durs, on les mitige en y faisant entrer de l'huile de graine. Cette huile, étant siccative, amoindrit la dureté qui est due à l'emploi du suif.

19. **Phases principales de la fabrication des savons.** — Les opérations fondamentales de la fabrication du savon sont : l'*empâtage*, le *relargage*, la *coction*.

Lorsque l'on fait bouillir un mélange d'huile et de dissolution aqueuse de soude, il se forme d'abord une espèce d'émulsion dense, d'aspect homogène, où il n'y a qu'une petite quantité de savon. Voilà l'*empâtage :* dénomination assez bien choisie, parce qu'elle exprime l'état de *mélange intime*, qui précède la saponification complète.

La matière *empâtée* renferme une quantité d'eau trop grande pour que les opérations ultérieures n'en soient pas entravées. On en élimine une bonne partie par un moyen très-curieux, qui consiste à mettre cette espèce de pâte en contact avec de la lessive de soude tenant en dissolution une assez grande quantité de sel marin : après plusieurs heures, la pâte se crevasse, durcit, et le liquide augmente de volume.

Il arrive donc que le sel marin enlève à la pâte une grande partie de son eau. C'est en cela que consiste l'opération du *relargage*.

Nous allons voir que le sel marin joue encore un grand rôle pendant la *coction*.

Pour que la pâte *relargie* puisse être cuite et devenir du savon, il faut non-seulement qu'elle éprouve l'action d'une certaine température, mais aussi qu'elle trouve la quantité d'alcali qui lui est nécessaire pour sa complète saponification. A cet effet, on la suspend dans la lessive alcaline très-salée et bouillante : elle y trouve une température supérieure à 100° et l'alcali dont elle a besoin, tandis que la présence du sel marin l'empêche de prendre de l'eau. Quoique plongée dans un milieu aqueux, la pâte se saponifie sans s'y délayer. C'est, sans contredit, un des traits les plus piquants de cette industrie.

Après cet aperçu, nous tâcherons de nous faire une idée sommaire de la marche pratique de la fabrication.

20. **Marche pratique de la fabrication des savons.** — *Préparation des lessives caustiques.* — La préparation des lessives caustiques se fait dans des cuviers à double fond en bois ou en fonte. Après avoir éteint la chaux et l'avoir amenée à l'état de masse pâteuse, on la mêle avec de la soude ou de la potasse du commerce, on introduit ensuite

le tout sur le double fond du cuvier préalablement recouvert d'un lit de paille, puis on y verse de l'eau. Après quelques heures de repos, on fait, au moyen d'un robinet, écouler lentement la liqueur dans une cuve en bois, d'où on la retire à l'aide d'une pompe, pour la remettre sur la chaux. On réitère cette opération jusqu'à ce que l'alcali soit entièrement décarbonaté.

Saponification. La *saponification* s'exécute dans des chaudières qui ont la forme d'un tronc de cône renversé, terminé par un fond hémisphérique à sa partie inférieure. Dans la chaudière, au quart remplie de lessive faible, on verse peu à peu l'huile et l'on fait bouillir le mélange : on ajoute successivement de la lessive et de l'huile, mais avec assez de ménagement pour qu'on n'aperçoive jamais de la lessive au fond, ou de l'huile à la surface. Quand la totalité de l'huile est entrée dans la chaudière, on ajoute en plusieurs fois de la lessive forte, qui en dernier lieu doit être mélangée de sel marin. A ce moment, le savon vient nager à la surface ; on laisse tomber le feu, et on retire la liqueur par un tuyau (*épine*) placé au fond de la chaudière. On ajoute alors de nouvelle lessive caustique et concentrée ; on rallume le feu, et l'on fait bouillir jusqu'à ce que la lessive ait acquis une densité de 1,15 à 1,20. Dans quelques cas, cette dernière opération est faite avec de la lessive salée : cela dépend de la qualité de l'empâtage et de la nature du savon.

Comment on obtient à volonté le savon blanc ou le savon marbré. — Le savon, préparé comme nous venons de le dire, est noir[1], et ne contient plus que 16 p. 100 d'eau. On le traite différemment, selon qu'on le veut *blanc ou marbré*. Dans le premier cas, on le délaye à une douce chaleur dans des lessives faibles et on laisse reposer le liquide, pour que les matières colorantes se déposent.

[1] Il doit cette teinte à un savon d'alumine et de fer, qui se colore par l'action qu'exerce sur lui le sulfure de sodium des lessives. On doit se souvenir que les soudes du commerce, provenant des cendres, renferment toujours des sulfures alcalins.

Une fois la masse refroidie, on enlève le savon qui surnage, on le coule dans des moules (*mises*) et, après qu'il s'est pris en masse, on le divise en prismes de dimension convenable. Dans le second cas, on ajoute la quantité d'eau qui doit être nécessaire pour que les matières colorantes (savon d'alumine et de fer, sulfure de fer) se séparent en veines bleues et donnent ainsi à la masse l'aspect marbré. Aussitôt que l'eau s'est incorporée, on coule le savon dans les *mises*.

Le *savon marbré* renferme environ 30 p. 100 d'eau, il est plus dur que le *savon blanc*, mais moins pur ; cependant, il est préféré au savon blanc, parce que ce dernier renferme ordinairement presque la moitié de son poids d'eau.

21. **Préparation des savons mous.** — Les *savons mous*, dits *savons noirs* ou *savons verts*, sont fabriqués avec les huiles les moins chères, telles que celles des graines, et ils sont toujours à base de potasse. L'*empâtage* et la *coction* se font, comme pour les savons à base de soude, par l'emploi des lessives de plus en plus fortes, à mesure que la saponification avance. Lorsque celle-ci est terminée, et que le savon est devenu transparent, on l'amène à une consistance convenable au moyen de l'évaporation, puis on le coule dans des tonneaux.

Dans la préparation des *savons mous*, il n'y a donc que deux phases : l'*empâtage* et la *coction*.

22. **Préparations de savons divers.** — *Savon transparent.* On fait aussi un savon qui se distingue par sa transparence, et qui nous venait autrefois d'Angleterre. Aujourd'hui sa fabrication s'est tellement perfectionnée chez nous, qu'on en exporte tous les ans des quantités considérables. On le prépare en fondant à chaud une partie de savon de suif raclé et bien sec, dans son poids d'alcool. La dissolution refroidie et rendue limpide par le repos est versée dans des moules. Le savon ne devient transparent qu'après trois à quatre semaines.

Savon de résine. Enfin, on fabrique un savon dans lequel entre de la *résine*. Ce savon, étant très-soluble, est propre à certains usages particuliers, et sa consommation est très-considérable. On le prépare en ajoutant à la pâte de savon de suif 50 à 60 p. 100 de belle résine en menus fragments. Lorsqu'il est bien fabriqué, il possède la couleur de la cire jaune, et les bords de ses pains sont transparents. Il doit se dissoudre facilement dans l'eau et produire beaucoup de mousse.

RÉSUMÉ

1. On appelle *corps gras* tout corps neutre, insoluble dans l'eau, onctueux et *saponifiable*.

2. L'huile d'olive est retirée par pression des fruits mûrs de l'olivier. Elle renferme deux principes immédiats : l'oléine et la margarine.

3. La margarine est solide, blanche, d'un aspect nacré.

4. L'oléine est liquide à la température ordinaire. Elle a l'aspect d'une huile incolore.

5. L'élaïne remplace l'oléine dans les huiles dites *siccatives*, c'est-à-dire dans les huiles qui se résinifient et deviennent solides par l'action prolongée de l'air. L'acide hypoazotique durcit les huiles renfermant de l'oléine ou les huiles non siccatives, et ne durcit pas les huiles renfermant de l'élaïne ou les huiles siccatives.

6. Le suif ou graisse des herbivores est composé d'oléine et de stéarine. La stéarine est blanche et solide.

7. Sous l'influence des alcalis, l'oléine, la margarine et la stéarine fixent une certaine quantité d'eau, et se dédoublent en glycérine et en un acide gras : acide oléique, acide margarique, acide stéarique. Ce dédoublement porte le nom de saponification.

8. La glycérine est un liquide d'apparence huileuse, de saveur sucrée, soluble dans l'eau en toutes proportions. Il s'en produit des quantités énormes dans les fabriques de savon.

9. L'acide margarique est solide, blanc, cristallin.

10. L'acide oléique est liquide, incolore.

11. L'acide stéarique est solide, blanc, cristallin. Il constitue les bougies stéariques.

12. On extrait le suif des cellules, où il se trouve naturellement emprisonné, au moyen de la fusion aidée souvent par un peu d'acide sulfurique, et quelquefois par les alcalis.

13. Les bougies stéariques se fabriquent avec du suif, préalablement saponifié.

14. La saponification se fait au moyen de la chaux.

15. Le savon calcaire est décomposé au moyen de l'acide sulfurique. Il se forme du sulfate de chaux, et les acides gras du savon deviennent libres. Ceux-ci, soumis à la presse hydraulique, se séparent en acide oléique qui, étant liquide, s'écoule, et en acide stéarique.

16. Le coulage des bougies se fait dans des moules dont l'axe est occupé par la mèche.

17. On fabrique aussi des bougies stéariques en utilisant toute sorte de graisses même fétides, qu'on saponifie par l'acide sulfurique, et dont les acides devenus libres sont distillés au milieu de vapeur surchauffée et à faible tension.

18. Les savons sont des sels à acides gras. Il y a autant de savons que de bases. Les seuls solubles dans l'eau et les seuls usités sont les savons alcalins. Les savons à base de potasse sont généralement mous; ceux à base de soude sont durs.

19. Les opérations fondamentales de la fabrication des savons sont l'*empâtage*, le *relargage* et la *coction*.

L'empâtage est l'état émulsif des matières saponifiables; le relargage est l'opération par laquelle on soutire à la masse émulsionnée une grande partie de son eau; la coction est l'opération qui termine la formation du savon.

20. Le *savon marbré* est du savon dont les matières étrangères sont répandues inégalement dans toute la masse. Le *savon blanc* est dépourvu de toute matière étrangère, mais il contient plus d'eau que le savon marbré.

21. Les savons mous sont tous à base de potasse. Leur préparation implique seulement l'empâtage et la coction.

22. Les *savons transparents* ne sont que des dissolutions alcooliques concentrées de savon bien sec, faites à chaud, et que le temps durcit en une masse transparente. Le *savon de résine* est du savon de suif auquel on a ajouté de la résine.

CHAPITRE XV

HUILES VOLATILES.

1. **Généralités.** — On nomme *huiles volatiles*, *huiles essentielles*, *essences*, les principes odorants des végétaux. Ces substances sont tantôt solides (camphre), tantôt liquides (essence de térébenthine). Dans ce dernier cas, elles ont un aspect huileux qui leur a valu la dénomination vulgaire qu'elles portent, mais elles ne sont pas onctueuses au toucher et grasses comme les véritables huiles; en

outre, la tache translucide qu'elles font sur le papier se dissipe plus ou moins rapidement par l'évaporation. Cette propriété leur a fait donner le nom d'*huiles volatiles*, par opposition avec le terme d'*huiles fixes*, désignant les corps gras huileux, corps non volatilisables. Enfin les huiles volatiles ne possèdent nullement la propriété caractéristique des huiles de la série des corps gras, c'est-à-dire la propriété de se saponifier. L'expression d'*huiles* employée pour désigner les corps dont nous allons nous occuper est donc très-vicieuse ; elle est, il est vrai, consacrée par l'usage, mais il importe de ne pas se méprendre sur sa valeur.

Les huiles essentielles sont contenues, toujours en proportions assez faibles, dans les diverses parties des plantes, feuilles, fleurs, fruits, graines, d'où on les retire par la distillation, en présence de l'eau. Bien que ces substances soient moins volatiles que l'eau, elles sont entraînées mécaniquement par les vapeurs de celle-ci et forment une couche huileuse à la surface du liquide distillé, parce qu'elles sont très-peu solubles dans l'eau. Si, par exemple, on soumet à la distillation dans un alambic des fleurs d'oranger et de l'eau, on obtient une mince couche d'essence qui surnage le liquide distillé. Celui-ci toutefois dissout une très-faible quantité d'essence et en possède l'arome. On lui donne le nom d'eau de fleurs d'oranger. Pour les essences très-fugaces, facilement altérables, comme celles de la violette, du jasmin, de la tubéreuse, on a recours à un procédé particulier. On dispose des couches alternes de fleurs fraîches et d'ouate imbibée d'une huile grasse pure et inodore. Dès que les fleurs ont abandonné leur essence à l'huile grasse, on les remplace par d'autres, et l'on continue ainsi jusqu'à ce que cette dernière soit saturée. Par la distillation, on sépare ensuite l'essence de l'huile grasse, qui lui a servi d'excipient.

Les essences sont très-peu solubles dans l'eau, très-solubles dans l'alcool et l'éther. Elles possèdent une odeur forte, variable de l'une à l'autre ; elles sont combustibles et brûlent avec une flamme fuligineuse. Exposées pendant longtemps à l'air, elles absorbent de l'oxygène, se foncent en couleur, perdent peu à peu leur odeur, s'épaississent, et enfin se transforment en une résine solide. Aussi celles qui ont subi l'action de l'air laissent-elles toujours, quand on les distille, un résidu résineux.

Les essences ont une assez grande importance commerciale à cause de leurs différents usages dans les arts et la médecine. Elles servent à préparer les vernis, elles entrent dans la préparation des eaux aromatiques, des pommades, des savons parfumés. La médecine les emploie comme excitants. La chaleur et la sécheresse sont favorables à la formation des essences; c'est dans le midi de la France, en Espagne, en Italie, en Orient, que les végétaux en produisent le plus. Sur les montagnes de la Provence, s'établissent dans la belle saison des distilleries ambulantes, dont les produits vont se verser dans les grandes parfumeries de Grasse.

2. **Térébenthine.** — La matière plus ou moins liquide qui s'écoule des entailles faites à divers arbres de la famille des conifères prend le nom de térébenthine. C'est un mélange d'essence et de résine. Les forêts de *pins maritimes* qui s'étendent de Bordeaux à Bayonne sont, pour la France, la source la plus importante de cette substance. Au commencement du printemps, on pratique à la hache une incision sur le tronc des pins; bientôt il s'écoule peu à peu de la blessure une matière résineuse que l'on reçoit dans une cavité pratiquée en terre. L'incision est renouvelée tous les dix jours, jusqu'au milieu de l'automne. Si l'opération est bien conduite, l'arbre peut résister une soixantaine d'années et davantage à ce traitement. Enfin l'arbre est abattu quand il est épuisé.

3. **Essence de térébenthine.** — $C^{20}H^{16}$. Soumise à la distillation, la matière ainsi obtenue donne un produit volatil, l'essence de térébenthine, et laisse pour résidu une résine appelée *brai sec*, *arcanson* ou *colophane*.

L'essence de térébenthine du commerce renferme toujours une certaine quantité de résine, due à l'action de l'air sur l'essence elle-même. Pour la purifier, on la distille avec de l'eau et on la dessèche sur du chlorure de calcium. Alors elle est incolore, très-fluide, d'une odeur caractéristique, d'une saveur âcre et brûlante. Sa densité est 0,87 ; elle bout vers 155°.

L'essence de térébenthine est employée en peinture pour étendre le vernis à l'huile. On s'en sert pour dissoudre le copal et le caoutchouc. On a constaté que la vapeur d'essence de térébenthine produit des effets morbides, de véritables empoisonnements ; aussi est-il dangereux d'habiter des appartements fraîchement peints à l'essence et surtout d'y coucher.

4. Autres essences hydrocarbonées. — On connaît beaucoup d'autres essences composées, comme celle de térébenthine, uniquement d'hydrogène et de carbone ; plusieurs d'entre elles sont même isomères. Telles sont l'essence de citron, l'essence d'orange, l'essence de girofle, l'essence de thym, l'essence de camomille, l'essence de houblon, et bien d'autres, qui toutes ont la même composition chimique de l'essence de térébenthine, sans avoir toutefois les mêmes propriétés.

5. Camphre. — $C^{20}H^{16}O^2$. Le camphre est la plus importante des essences renfermant de l'oxygène dans leur composition. On le retire du laurier-camphre, qui vient en abondance en Chine et au Japon. Lorsqu'on fend le tronc et les branches de cet arbre, on trouve des grains de camphre dans le canal médullaire. Pour extraire cette substance, on coupe le bois en petits morceaux que l'on distille avec de l'eau. L'alambic est recouvert d'un chapiteau rempli de paille et de branchages, sur lesquels le camphre vient se déposer. Pour purifier le produit brut, on le mélange avec un peu de chaux vive et de charbon et on chauffe le tout dans des fioles en verre à fond plat. Le camphre affiné se condense dans la partie froide de l'appareil.

Le camphre est une matière blanche, transparente, flexible, d'une odeur et d'une saveur spéciales. A cause de sa flexibilité, on ne peut le pulvériser qu'en le broyant après l'avoir humecté avec une petite quantité d'alcool. Lorsqu'on le conserve dans un flacon fermé, sa vapeur se condense sur les parties supérieures des parois et y forme des cristaux très-nets. Il fond à 175°, bout à 204° et brûle avec une flamme brillante et fuligineuse. Il est très-peu soluble dans l'eau, mais il se dissout aisément dans l'alcool et dans l'éther. Il flotte sur l'eau, sur laquelle on peut l'enflammer ; s'il est en petits fragments, il tournoie sur ce liquide.

6. **Essence d'amandes amères.** — $C^{14}H^6O^2$. On l'obtient en distillant avec de l'eau soit des tourteaux d'amandes amères, soit des feuilles du laurier-cerise. C'est un liquide incolore, transparent, d'une saveur brûlante et d'une odeur analogue à celle de l'acide cyanhydrique. Pure, elle n'est pas vénéneuse, mais les essences commerciales le sont extrêmement à cause de l'acide cyanhydrique qu'elles contiennent et qui distille en même temps que l'essence quand on traite les tourteaux d'amandes amères ou les feuilles de laurier-cerise.

7. **Amygdaline.** — $C^{40}H^{27}AzO^{22}$. L'essence d'amandes amères ne préexiste pas dans les amandes d'où on la retire, comme l'essence de citron préexiste dans l'écorce de ce fruit. Elle résulte de la décomposition d'un principe immédiat, l'amygdaline, que l'on trouve non-seulement dans les amandes amères, mais encore dans les noyaux des cerises, des abricots et des pêches. Pour obtenir l'amygdaline, on soumet à la pression les amandes amères pour en extraire la majeure partie de l'huile grasse, et l'on traite le résidu par l'alcool. La dissolution alcoolique, abandonnée à elle-même pendant quelques jours dans un lieu froid, laisse déposer des cristaux d'amygdaline.

L'amygdaline est sous forme de paillettes soyeuses, d'un éclat nacré, sans odeur, d'une saveur faiblement amère, peu solubles dans l'alcool froid, solubles dans l'alcool bouillant, et dans l'eau. Sa dissolution dans l'eau froide étant additionnée d'une émulsion d'amandes, soit amères, soit douces, donne naissance à de l'acide cyanhydrique, du glucose et de l'essence d'amandes amères :

$$\underbrace{C^{40}H^{27}AzO^{22}}_{\text{Amygdaline}} = \underbrace{C^{2}AzH}_{\text{Acide cyanhydrique}} + \underbrace{2(C^{14}H^{6}O^{2})}_{\text{Essence d'amandes amères}} + \underbrace{2(C^{12}H^{12}O^{12})}_{\text{Glucose}}.$$

On attribue cette métamorphose à la présence de la matière albuminoïde de l'émulsion d'amandes, matière appelée *synaptase* ou *émulsine*.

8. **Synaptase.** — La synaptase est une de ces matières éminemment altérables sur la véritable composition desquelles on ne sait rien de positif. Pour la préparer, on traite par l'eau les tourteaux d'amandes douces, qui ne contiennent pas de l'amygdaline, et l'on verse dans le liquide d'abord de l'acétate de plomb, pour précipiter une matière gommeuse, puis de l'acide acétique pour coaguler la caséine. Enfin, après avoir précipité l'excès de plomb par l'acide sulfurique, on ajoute à la liqueur une grande quantité d'alcool. La synaptase se dépose alors sous forme de flocons. La synaptase est soluble dans l'eau, et sa dissolution se coagule à 60°. Une fois coagulée, elle n'est plus apte à transformer l'amygdaline en essence. Par conséquent, pour bien préparer l'essence d'amandes amères, il faut, avant de distiller, faire digérer pendant quelque temps la poudre de tourteau dans l'eau froide.

9. **Résines.** — Lorsqu'on fait des incisions aux tiges, aux branches et même aux racines de certains végétaux, il en découle un suc plus ou moins visqueux, quelquefois lactescent, qui durcit peu à peu au contact de l'air et finit souvent par devenir tout à fait solide et cassant. Ces exsudations végétales, fréquemment accompagnées d'essence, sont des résines. On les divise en *résines* proprement dites, *gommes-résines* et *baumes*.

A la première classe appartiennent la *sandaraque*, le *mastic*, le *copal*, la *colophane*, le *succin*, la *gomme laque*.

Les gommes-résines sont des mélanges de résines particulières avec des gommes, des matières albuminoïdes, des huiles volatiles. De ce nombre sont la *gomme-gutte* l'*assa-fœtida,* la *gomme d'euphorbe.* Aux propriétés particulières des résines, les baumes joignent celles d'être aromatiques et de laisser sublimer par la chaleur un acide odorant et cristallisable en petites aiguilles. Tels sont le *styrax*, le *baume de Pérou*, le *baume de Tolu.*

10. **Colophane.** — Lorsqu'on distille dans un alambic la térébenthine brute obtenue des pins, on recueille environ 18 pour 100 d'essence de térébenthine; le résidu sec de cette distillation est la *colophane,* ou *arcanson,* ou *brai sec.* La colophane est une matière solide, jaunâtre, fusible, inflammable, à cassure vitreuse. Elle est insoluble dans l'eau et se combine avec les alcalis pour former ce qu'on appelle improprement le *savon de résine.* Elle entre dans la fabrication du papier pour rendre la pâte imperméable à l'écriture; elle sert au calfatage des navires et à la préparation du mastic des fontainiers. Ce mastic se compose d'une partie de résine et de deux parties de brique finement pulvérisée, fondues ensemble.

11. **Succin.** — Le *succin* ou *ambre jaune* est une résine fossile qu'on récolte spécialement sur les bords de la Baltique. On le trouve aussi dans les couches de lignite. Il paraît provenir des conifères qui l'accompagnent dans ses gisements. On croit que dans le principe, alors qu'il découlait des arbres dont on trouve les restes dans les entrailles du sol, il n'était qu'une résine dissoute dans une essence, comme la térébenthine des conifères actuels. En effet, le succin présente parfois l'empreinte des branches et de l'écorce sur lesquelles il s'est fixé. Il renferme souvent dans sa masse des insectes admirablement conservés et qui font nécessairement supposer que la substance où ils se sont englués était jadis liquide.

Le succin est jaune, translucide, assez semblable à la gomme arabique. Il fond à 287°, il brûle en répandant une odeur aromatique et laisse un résidu charbonneux.

Après avoir été fondu, il devient complétement soluble dans l'alcool.

12. **Mastic.** — Cette résine affecte la forme de grains jaunâtres, translucides, fragiles, à cassure vitreuse, d'une odeur douce et aromatique. On la retire du pistachier lentisque, notamment dans l'île de Chio.

13. **Sandaraque.** — La sandaraque s'écoule d'un conifère du nord de l'Afrique, le thuya articulé. Elle est sous forme de larmes allongées, d'un blanc jaunâtre, insipides, sans odeur, fragiles. On l'emploie pour empêcher le papier de boire.

14. **Copal.** — La résine copal est fournie par un arbre de la famille des cœsalpiniées, l'*Hymenœa verrucosa* ou *courbaril*. On distingue dans le commerce trois variétés principales de copal : le *dur*, le *demi-dur* et le *tendre*. Les deux premières sont réservées à la fabrication des vernis gras, la dernière est destinée aux vernis fins qui ne peuvent servir qu'à l'intérieur. Le copal dur vient de Calcutta et de Bombay, le copal demi-dur vient d'Afrique.

On ne connaît aucun dissolvant des copals durs, et l'on n'a d'autre moyen de les dissoudre dans le mélange d'essence de térébenthine et d'huile de lin siccative, qui est le véhicule employé dans la fabrication des vernis, qu'en décomposant préalablement ces résines par la chaleur, à la température de 360°.

Le copal tendre se ramollit dans l'alcool bouillant et finit par y devenir soluble, après avoir éprouvé l'action de la vapeur de l'alcool lui-même. Il se gonfle dans l'éther et s'y dissout ensuite.

15. **Gomme laque.** — La gomme laque nous arrive de l'Inde. C'est le produit des exsudations résineuses qu'un insecte hémiptère, la cochenille de la laque, provoque par ses piqûres sur divers arbres, en particulier le *figuier des pagodes*. On connaît dans le commerce trois espèces de laque : la *laque en bâtons*, enduit rougeâtre couvrant l'extrémité des branches de l'arbre ; la *laque en grains*, c'est-à-dire la laque détachée des branches qui

l'ont produite; la *laque en écailles*, qui n'est autre que la laque en grains fondue et coulée en plaques.

C'est la gomme laque qui, sous forme de petits bâtons ou d'écailles, sert à souder les pièces de terre et de faïence. Elle entre aussi dans la fabrication de la cire à cacheter. Celle-ci est formée de 48 parties de laque en écailles, de 12 parties de térébenthine, de 1 partie de baume du Pérou et de 36 parties de vermillon. On remplace le vermillon par du vert-de-gris quand on veut de la cire verte, ou par du noir de fumée quand on en veut de la noire.

16. **Vernis.** — Les vernis sont des dissolutions de résines ou de baumes dans l'alcool, les essences, les huiles grasses siccatives. Les vernis à l'alcool sèchent rapidement; on les emploie surtout pour les meubles. Les vernis à l'essence et à l'huile sèchent avec plus de lenteur, mais ils sont plus solides. On applique les vernis à l'essence sur les peintures; les vernis gras ou à l'huile sont appliqués sur les métaux, les objets de carrosserie. Voici un exemple pour chacun de ces trois genres de vernis.

VERNIS A L'ALCOOL POUR MEUBLES.

Copal tendre	90
Sandaraque	180
Mastic	90
Térébenthine	128
Alcool	1000

VERNIS A L'ESSENCE POUR TABLEAUX.

Mastic	360
Térébenthine	45
Camphre	15
Essence de térébenthine	1000

VERNIS GRAS AU COPAL.

Copal fondu	600
Mastic	18
Oliban	30
Huile d'aspic	23
Huile de lin cuite	1000

17. Caoutchouc. — On trouve le caoutchouc ou gomme élastique dans le suc de plusieurs euphorbiacées. Il provient de Java, du Brésil, de la Guyane. Les arbres qui le fournissent le plus abondamment sont le *Siphonia cahuchu* et le *Ficus elastica.*

Pour obtenir le caoutchouc, on pratique aux arbres des incisions par lesquelles s'écoule un suc qu'on reçoit sur des moules en argile sèche, ayant la forme de bouteilles arrondies ou elliptiques. Le liquide s'épaissit à l'air et forme des couches qui se soudent en se superposant. Lorsque l'épaisseur du suc concrété a atteint de 4 à 5 millimètres, et que la solidification est suffisante, on brise la terre, on la fait sortir par le goulot de l'enveloppe solidifiée et l'on obtient ainsi le caoutchouc brut en forme de poires creuses. Quelquefois le moulage se fait sur une plaque de terre que le suc enveloppe.

Le caoutchouc est solide, translucide. A une température douce, il est souple, extensible, élastique. Les surfaces exemptes de tout corps étranger et coupées récemment, adhèrent et se soudent entre elles dès qu'on les met en contact les unes avec les autres, même sous une faible pression. A la température de 0° et audessous, il subit une contraction notable, devient dur, très-peu adhésif, à peine extensible. Il ne reprend ses caractères primitifs que vers 40°.

Le caoutchouc perd beaucoup de sa tenacité, et se ramollit lorsqu'il est exposé à la vapeur d'eau. Vers 200° il entre en fusion et forme un liquide huileux. Il est combustible et brûle avec une flamme lumineuse produisant beaucoup de fumée. Il est soluble dans l'essence de térébenthine, la benzine et surtout dans le sulfure de carbone.

18. Vulcanisation du caoutchouc. — Le soufre se combine à froid avec le caoutchouc par l'intermédiaire de certains dissolvants. Suivant les conditions de la combinaison, le caoutchouc, en s'associant au soufre, peut debenir sec, très-dur, fragile, ou au contraire acquérir une souplesse et une élasticité que les différentes températures ne changent plus désormais. Dans ce dernier cas il porte le nom de *caoutchouc vulcanisé.* C'est sous cette forme que l'industrie le fait servir à une multitude d'usages. On vulcanise le caoutchouc en le plongeant une minute dans un liquide formé de sulfure de carbone et de protochlorure de soufre. Son imperméabilité, sa souplesse, son inaltérabilité, sa facilité à prendre toutes les formes, le rendent très-précieux pour une foule d'usages. On en fait des appareils chirurgicaux, des coussins électriques, des courroies, des ressorts, des tubes, des rouleaux, des chaussures, des vêtements. Incorporé avec une quantité considérable de soufre, il devient assez dur pour pouvoir servir à la fabrication d'objets d'ébénisterie.

19. **Gutta-percha.** — Cette substance est très-voisine du caoutchouc par ses propriétés et sa composition chimique. L'un et l'autre sont des carbures d'hydrogène et correspondent à peu près à la formule C^8H^7. La gutta-percha nous vient de la Malaisie, elle est produite par un arbre de la famille des sapotées, l'*Isonandra percha*. A la température ordinaire elle est dure, à peine élastique ; en la chauffant, elle devient molle et apte à prendre telle forme que l'on veut. Elle sert à confectionner les objets auxquels conviennent une fermeté plus grande et une élasticité moindre que celle du caoutchouc. On en fait des courroies pour les transmissions de mouvement, des moules pour la galvanoplastie.

RÉSUMÉ.

1. Les *huiles volatiles, huiles essentielles, essences,* sont les principes odorants des végétaux. On les obtient en distillant en présence de l'eau les parties végétales qui les contiennent.

2. La *térébenthine* est la matière fluide qui s'écoule des entailles faites à divers conifères, notamment au pin maritime. C'est un mélange d'essence et de résine.

3. On retire l'essence en distillant la térébenthine brute.

4. L'essence de térébenthine est isomère avec diverses autres es-

sences, en particulier avec l'essence d'orange, de girofle, de thym. Toutes ces essences sont des carbures d'oxygène.

5. Le camphre est une essence oxygénée. On le retire du laurier-camphre.

6. L'essence d'amandes amères se retire soit des amandes amères, soit des feuilles du laurier-cerise. Celle du commerce est très-vénéneuse à cause de l'acide cyanhydrique qui l'accompagne.

7. Cette essence ne préexiste pas dans les amandes amères. Elle provient de la métamorphose d'un principe immédiat azoté, l'*amygdaline*.

8. L'amygdaline, sous l'influence de la *synaptase*, matière albuminoïde des amandes, se transforme en essence d'amandes amères, acide cyanhydrique et glucose.

9. On divise les résines en *résines* proprement dites, *gommes-résines* et *baumes*.

10. La *colophane* est le résidu résineux de la distillation de la térébenthine.

11. Le *succin* est une résine fossile, attribuée à des conifères qui n'existent plus aujourd'hui. On le trouve dans les alluvions de la Baltique, dans les couches de lignite.

12. Le *mastic* découle du pistachier lentisque.

13. La *sandaraque* est fournie par le thuya articulé.

14. Le *copal*, une des plus importantes résines pour la fabrication des vernis, n'est soluble dans l'alcool, les essences, les huiles siccatives, qu'après l'action de la chaleur.

15. La *gomme laque*, employée pour la fabrication de la cire à cacheter, résulte des exsudations provoquées sur divers arbres par la piqûre d'un insecte.

16. Les vernis sont des dissolutions de résines, de gommes-résines, de baumes, dans l'alcool, les essences, l'huile siccative.

17. Le *caoutchouc* est fourni par le figuier élastique.

18. On *vulcanise* le caoutchouc, c'est-à-dire on l'imprègne de soufre, pour lui conserver sa souplesse malgré les variations de température.

19. La gutta-percha a beaucoup d'analogie avec le caoutchouc. Elle est plus ferme et moins élastique. Tous les deux sont des carbures d'hydrogène.

CHAPITRE XVI

ALCALOÏDES.

1. **Généralités.** — On nomme *alcaloïdes* ou *alcalis organiques* les composés organiques qui saturent les acides à la manière des bases. Ces substances se trouvent combinées avec les acides végétaux, dans diverses plantes, dont elles constituent le principe toxique ou médical. Elles sont toutes azotées, presque toujours fixes et solides. Quelquefois elles sont volatiles; alors elles ne contiennent pas d'oxygène et sont liquides.

Tous les alcaloïdes ont une grande ressemblance chimique avec l'ammoniaque; ils se combinent directement avec les acides sans qu'il y ait élimination d'eau. Les sels alcaloïdiques obéissent aux mêmes lois que les sels ammoniacaux, et leurs bases ne peuvent être réellement considérées comme telles que lorsqu'elles sont associées aux éléments de l'eau. Ils donnent avec le chlorure de platine un précipité de tout point comparable à celui que produit un sel ammoniacal ordinaire.

On sait aujourd'hui produire artificiellement des corps doués de toutes les propriétés fondamentales des alcaloïdes; c'est même à l'étude de ces produits artificiels qu'on doit quelques notions sur la nature des substances organiques douées de propriétés basiques. Nous parlerons d'abord des alcaloïdes naturels, et nous dirons ensuite quelques mots des alcaloïdes artificiels.

2. **Principaux alcaloïdes naturels.** — Les plantes vénéneuses doivent généralement leurs redoutables propriétés à ces alcaloïdes qui se trouvent à l'état de sels dans leur organisation. Les plantes médicinales, excitantes, agissent encore par leurs alcalis organiques. C'est dire que les végétaux à propriétés énergiques sont la princi-

pale source des alcaloïdes. Voici la liste des plus remarquables de ses composés, avec leur composition et le nom de la plante qui les fournit.

Quinine...........	$C^{40}H^{24}Az^{2}O^{4}$..........	Écorce du quinquina.
Cinchonine.........	$C^{40}H^{24}Az^{2}O^{4}$..........	d° d
Morphine..........	$C^{34}H^{19}AzO^{6}$...........	Suc du pavot.
Codéine............	$C^{36}H^{21}AzO^{6}$...........	d° d°
Narcotine..........	$C^{46}H^{25}AzO^{14}$...........	d° d°
Strychnine.........	$C^{42}H^{22}AzO^{4}$..........	Noix vomique, fruit du strychnos.
Brucine............	$C^{16}H^{26}AzO^{8}$...........	d° d°
Caféine ou théine....	$C^{16}H^{10}Az^{4}O^{4}$...........	Café et thé.
Théobromine.......	$C^{14}H^{8}Az^{4}O^{4}$...........	Fèves de cacao.
Nicotine...........	$C^{20}H^{14}Az^{2}$.............	Tabac.
Conicine...........	$C^{16}H^{16}Az$.............	Ciguë.

3. **Quinquina.** — Les quinquinas sont des arbres de la famille des rubiacées, que l'on trouve sur les flancs de la Cordillère des Andes, notamment dans la république de Bolivie, sur une étendue de près de sept cents lieues. L'écorce, soit du tronc, soit des branches, est la seule partie utilisée. On exploite diverses espèces du même genre; aussi dans le commerce distingue-t-on plusieurs qualités de quinquinas ; le jaune, le gris, le rouge. Tous contiennent plusieurs alcaloïdes, dont les principaux sont la quinine et la cinchonine. Le quinquina jaune est le plus riche en quinine ; et le gris, en cinchonine. Le rouge contient les deux bases en proportions égales.

4. **Extraction de la quinine.** — On réduit en poudre l'écorce de quinquina jaune, on la fait bouillir avec huit fois son poids d'eau aiguisée avec de l'acide chlorhydrique, et on renouvelle les décoctions jusqu'à ce que l'écorce soit complétement épuisée. On verse dans les liqueurs réunies du lait de chaux jusqu'à ce qu'il se manifeste une légère réaction alcaline. Il se forme un dépôt qu'on dessèche, après l'avoir exprimé sous une presse, et que l'on traite ensuite par l'alcool bouillant. On distille les trois quarts de l'alcool, et l'on ajoute de l'acide sulfurique au résidu jusqu'à réaction légèrement acide. On décolore la liqueur

par le noir animal, et on la fait cristalliser, on obtient ainsi du sulfate de quinine qui, décomposé par l'ammoniaque, abandonne la quinine sous forme d'une poudre blanche amorphe.

5. **Propriétés chimiques de la quinine.**— La quinine a une saveur très-amère ; elle se dissout dans 400 parties d'eau froide et dans 250 parties d'eau bouillante ; elle est beaucoup plus soluble dans l'alcool et dans l'éther. Elle forme, avec les acides, des sels cristallisables, tous doués d'une saveur extrêmement amère. Ces sels sont décomposés par les alcalis, qui mettent en liberté la quinine, très-peu soluble dans l'eau ; par le chlorure de platine, qui donne un précipité jaune analogue à celui qu'on obtient avec les sels ammoniacaux. La quinine a des propriétés médicinales d'une haute importance ; elle est employée, surtout à l'état de sulfate, pour combattre les fièvres et les maladies intermittentes. On emploie dans le même but l'écorce de quinquina, mais la quinine, renfermant sous un très-petit volume le principe actif de l'écorce, est bien plus convenable.

6. **Sulfate de quinine.** — Nous venons de voir comment on le prépare avec l'écorce de quinquina. C'est un sel blanc ayant la forme de fines aiguilles, soyeuses et flexibles. Il est soluble dans 740 parties d'eau froide et dans 30 parties d'eau bouillante. La dissolution est troublée par l'acide oxalique, l'acide gallique, l'acide tannique, à cause du peu de solubilité des sels de quinine correspondants. La fabrication du sulfate de quinine est devenue pour la France une industrie assez importante ; elle en expédie jusqu'en Amérique, d'où elle tire pourtant l'écorce de quinquina.

7. **Cinchonine.** — Dans les eaux mères du sulfate de quinine, on trouve le sulfate de cinchonine. On pourrait donc préparer ces deux alcaloïdes à la fois; mais lorsqu'on veut des quantités assez fortes de cinchonine, on traite le quinquina gris au lieu du quinquina jaune. Cependant, comme la première de ces deux espèces renferme un peu de quinine, on obtiendrait toujours un mélange des deux

alcaloïdes si l'on n'avait dans l'éther, qui dissout facilement la quinine et à peine des traces de cinchonine, un moyen facile de séparation.

La cinchonine cristallise en prismes quadrilatères qui réfractent fortement la lumière; elle est d'abord insipide, puis très-amère; elle est peu soluble dans l'eau bouillante, se volatilise par la chaleur sans se décomposer, et cristallise facilement dans l'alcool. Ces caractères la distinguent nettement de la quinine, dont elle ne partage pas, du reste, les propriétés médicales.

8. **Opium.** — L'opium est fourni par une espèce de pavot, le pavot somnifère, que l'on cultive en Égypte, en Turquie. Après la chute des pétales, on fait des incisions aux capsules, qui laissent découler un suc laiteux bientôt concrété en une masse molle, constituant l'opium. C'est une matière brune, d'une saveur âcre et amère, d'une odeur nauséabonde. Ses propriétés toxiques et médicales, si prononcées, sont dues à divers alcaloïdes, dont le plus remarquable est la morphine.

9. **Morphine.** — Pour extraire la morphine, on épuise l'opium avec de l'eau tiède, et l'on ajoute à la liqueur une dissolution concentrée de chlorure de calcium. L'acide végétal, acide *méconique*, avec lequel la morphine était combinée, forme avec la chaux un composé insoluble, qui se précipite, tandis que la morphine passe à l'état de chlorhydrate. Le liquide concentré laisse déposer par le repos des cristaux de chlorhydrate de morphine, que l'on décompose par l'ammoniaque, pour avoir l'alcaloïde libre.

La morphine cristallise en prismes transparents. L'eau froide en dissout à peine un millième, l'eau bouillante un centième, l'alcool chaud un vingtième, l'éther des traces. Ces dissolutions ont une saveur très-amère. Les sels de morphine cristallisent très-nettement. Ils sont en général peu solubles dans l'éther, très-solubles dans l'alcool et dans l'eau. A petite dose, la morphine et ses divers sels exercent des effets narcotiques sur l'économie animale; à haute dose, ce sont de très-violents poisons.

10. **Alcaloïdes naturels volatils.** — Les alcaloïdes précédents sont oxygénés, ils ne peuvent être volatilisés sans altération. Mais on connaît deux alcalis organiques naturels, tous les deux dépourvus d'oxygène, qui peuvent être distillés sans éprouver de décomposition. Ce sont la nicotine ou alcaloïde du tabac, et la conicine ou alcaloïde de la ciguë. Le premier alcaloïde a pour formule $C^{20}H^{14}Az^{2}$, et le second $C^{16}H^{15}Az$.

11. **Nicotine.** — C'est l'alcaloïde auquel le tabac doit ses propriétés. Certaines variétés de tabac en contiennent de 7 à 8 pour 100 de leur poids. La nicotine est un liquide oléagineux, transparent, incolore, assez fluide, d'une odeur âcre, d'une saveur très-brûlante. Elle entre en ébullition et distille sans se décomposer à la température de 250°. Sa vapeur est tellement irritante, qu'on respire à peine dans une pièce où l'on a répandu une goutte de cet alcaloïde. La nicotine est très-soluble dans l'eau, l'alcool et l'éther. Elle se combine directement avec les acides en dégageant de la chaleur. Une baguette de verre humectée de nicotine et exposée aux vapeurs de l'acide chlorhydrique, s'entoure d'un nuage blanc précisément comme s'il était humecté d'ammoniaque. Les sels de cet alcaloïde sont en général très-solubles et cristallisent difficilement. La nicotine est un des poisons les plus violents.

12. **Conicine.** — C'est le principe toxique de la ciguë. On trouve cet alcaloïde dans les semences, la tige, les feuilles de la plante, qui par son odeur vireuse et nauséabonde fait déjà soupçonner ses redoutables propriétés. La conicine est liquide, incolore, d'une odeur pénétrante qui amène aussitôt le malaise. Elle bout à 170°. Elle est peu soluble dans l'eau, très-soluble dans l'alcool et dans l'éther. Ses sels sont déliquescents et difficilement cristallisables. Comme la nicotine, c'est un poison des plus énergiques.

13. **Amines.** — Aucun des alcaloïdes naturels n'a pu encore être obtenu artificiellement, mais on sait composer un grand nombre de bases organiques qui présentent avec

les bases naturelles les analogies les plus manifestes. De ce nombre sont les *amines* ou *ammoniaques composées*. On nomme ainsi des composés qui dérivent de l'ammoniaque AzH^3 par la substitution de radicaux alcooliques à l'hydrogène.

Nous avons appelé méthyle, éthyle, propyle, amyle, etc., les carbures d'hydrogène C^2H^3, C^4H^5, C^6H^7,... $C^{10}H^{11}$, qui fonctionnent à la manière d'un corps simple, à la manière d'un métal, dans chacune des séries alcooliques. Or l'hydrogène, lui-même assimilable à un métal, peut être remplacé, en totalité ou en partie, dans l'ammoniaque ordinaire, par l'un ou l'autre de ces radicaux. De là résultent des composés qui rappellent les propriétés fondamentales de l'ammoniaque, et se rapprochent des alcaloïdes naturels non oxygénés.

Mettons en évidence les trois équivalents d'hydrogène de l'ammoniaque en écrivant la formule AzH^3 sous cette forme :

$$Az\left\{\begin{matrix}H\\H\\H\end{matrix}\right.$$

A la place d'un équivalent d'hydrogène, substituons un équivalent soit de méthyle, soit d'éthyle, soit de propyle, soit d'amyle, etc., nous aurons :

$$Az\left\{\begin{matrix}C^2H^3\\H\\H\end{matrix}\right., \quad Az\left\{\begin{matrix}C^4H^5\\H\\H\end{matrix}\right., \quad Az\left\{\begin{matrix}C^6H^7\\H\\H\end{matrix}\right., \quad Az\left\{\begin{matrix}C^{10}H^{11}\\H\\H\end{matrix}\right.$$

Méthylamine Éthylamine Propylamine Amylamine.

Si la substitution porte sur deux équivalents d'hydrogène, on a les composés :

$$Az\left\{\begin{matrix}C^2H^3\\C^2H^3,\\H\end{matrix}\right. \quad Az\left\{\begin{matrix}C^4H^5\\C^4H^5,\\H\end{matrix}\right. \quad Az\left\{\begin{matrix}C^6H^7\\C^6H^7,\\H\end{matrix}\right. \quad Az\left\{\begin{matrix}C^{10}H^{11}\\C^{10}H^{11}\\H\end{matrix}\right.$$

Diméthylamine Diéthylamine Dipropylamine Diamylamine.

Si les trois équivalents d'hydrogène sont remplacés par des radicaux alcooliques, on obtient :

$$Az\begin{cases}C^2H^3\\C^2H^3,\\C^2H^3\end{cases}\quad Az\begin{cases}C^4H^5\\C^4H^5,\\C^4H^5\end{cases}\quad Az\begin{cases}C^6H^7\\C^6H^7,\\C^6H^7\end{cases}\quad Az\begin{cases}C^{10}H^{11}\\C^{10}H^{11}\\C^{10}H^{11}\end{cases}$$

Triméthylamine Triéthylamine Tripropylamine Triamylamine.

Des radicaux alcooliques différents peuvent entrer dans la même combinaison, et alors prennent naissance des composés de ce genre :

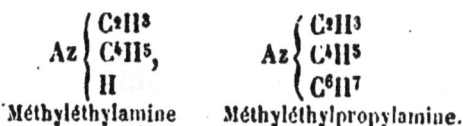

$$Az\begin{cases}C^2H^3\\C^4H^5,\\H\end{cases}\quad Az\begin{cases}C^2H^3\\C^4H^5\\C^6H^7\end{cases}$$

Méthyléthylamine Méthyléthylpropylamine.

Ces exemples suffisent pour montrer quelles variétés de composés peuvent donner les radicaux alcooliques en se substituant un à un, deux à deux, trois à trois, aux équivalents d'hydrogène de l'ammoniaque. Quant à l'analogie de ces composés avec l'ammoniaque, elle est des plus frappantes, comme l'établissent les deux exemples suivants.

14. Éthylamine, méthylamine. — On obtient ces alcaloïdes artificiels en faisant réagir le bromure d'éthyle ou de méthyle sur une dissolution alcoolique d'ammoniaque :

$$\underbrace{AzH^3}_{\text{Ammoniaque}} + \underbrace{C^4H^5Br}_{\text{Bromure d'éthyle}} = \underbrace{C^4H^7Az, HBr.}_{\text{Bromhydrate d'éthylamine.}}$$

Traité par un alcali fixe, le bromhydrate d'éthylamine laisse dégager l'éthylamine.

L'éthylamine est un liquide incolore, très-volatil, d'une odeur vive et pénétrante, presque identique à celle de l'ammoniaque. Elle est soluble dans l'eau en toutes proportions; cette dissolution est caustique à l'égal de celle de potasse; elle bleuit fortement la teinture rouge de tournesol. A l'approche d'une baguette de verre trempée dans l'acide chlorhydrique, l'éthylamine répand d'épaisses vapeurs blanches, comme le fait l'ammoniaque. Comme l'ammoniaque encore, elle s'échauffe en se combinant avec les acides, et produit un sifflement au moment du contact des deux corps. Elle précipite les dissolutions salines à la manière des alcalis; les sels de cuivre notamment sont d'abord précipités en blanc bleuâtre, puis le précipité se dissout dans un excès d'éthylamine et donne une liqueur d'un beau bleu semblable à celui qu'on obtient avec l'ammoniaque.

La méthylamine est gazeuse à la température ordinaire et présente avec le gaz ammoniac une telle ressemblance qu'il est très-facile de les confondre. Les deux gaz, en effet, sont très-solubles dans l'eau, absorbables par le charbon, doués d'une odeur vive qui fait larmoyer; ils répandent des fumées blanches en présence de l'acide chlorhydrique. La dissolution du gaz méthylamine dans l'eau est instantanée, elle se fait dans les proportions de 1040 volumes gaz pour 1 volume d'eau. Pour distinguer ces deux composés, si ressemblants par leurs caractères physiques et chimiques, il faut recourir à la combustion : au contact d'une bougie allumée, le gaz méthylamine s'enflamme et brûle avec une flamme jaunâtre, tandis que le gaz ammoniac ne s'enflamme pas.

15. Aniline. — L'aniline, dont nous nous occuperons plus loin avec quelques détails à cause de son importance industrielle, est un alcaloïde artificiel non oxygéné, dérivant du type ammoniaque par la substitution, à un équivalent d'hydrogène, d'un équivalent du carbure d'hydrogène $C^{12}H^5$, radical qui porte le nom de *phényle*. Sa formule brute est $C^{12}H^7Az$, formule que l'on écrit de la manière suivante pour mettre en évidence la substitution d'un équivalent de phényle à l'un des trois équivalents d'hydrogène de l'ammoniaque :

$$\text{Aniline} = Az\left\{\begin{array}{l} C^{12}H^5 \\ H \\ H \end{array}\right.$$

D'après cette manière de voir, l'aniline devrait porter le nom de *phénylamine*.

Les alcaloïdes naturels non oxygénés, la nicotine, la conicine, paraissent se rapporter à une filiation analogue à celle de l'aniline, du moins on peut les représenter par un équivalent d'ammoniaque dans lequel le tiers de l'hydrogène serait remplacé par un carbure d'hydrogène ou radical spécial.

$$\text{Nicotine} = C^{10}H^{7}Az = Az\begin{cases} C^{10}H^{5} \\ H \\ H \end{cases}$$

$$\text{Conicine} = C^{16}H^{15}Az = Az\begin{cases} C^{16}H^{13} \\ H \\ H \end{cases}$$

RÉSUMÉ

1. Les *alcaloïdes* ou *alcalis organiques* sont des composés organiques qui saturent les acides à la manière des bases. Ces composés ont une grande ressemblance chimique avec l'ammoniaque.

2. Les propriétés énergiques, fréquemment très-vénéneuses de certaines plantes, sont dues à des alcaloïdes.

3. La *quinine* s'extrait de l'écorce des *quinquinas*, arbres de la famille des rubiacées. Ces végétaux se trouvent dans les parties montagneuses de l'Amérique du Sud.

4. La quinine est une poudre blanche, amorphe, très-amère.

5. Ses propriétés médicinales sont d'une haute importance. On l'emploie pour combattre les maladies intermittentes, notamment les fièvres.

6. C'est principalement à l'état de sulfate qu'on en fait usage. Le sulfate de quinine affecte la forme de fines aiguilles, blanches, soyeuses, flexibles, et d'une saveur très-amère.

7. La *cinchonine* accompagne la quinine dans les quinquinas, surtout dans la qualité grise. Elle n'a pas les propriétés médicinales de la quinine.

8. L'*opium* est le suc desséché du pavot somnifère. Ses propriétés narcotiques sont dues à divers alcaloïdes.

9. Le plus important de ces alcaloïdes est la *morphine*, substance très-vénéneuse.

10. Les alcaloïdes non oxygénés sont volatils sans décomposition.

11. L'un d'eux est la *nicotine*, principe actif du tabac.

12. On en trouve un autre, la *conicine*, dans la ciguë.

13. On nomme *amines* ou *ammoniaques composées*, des alcaloïdes qui dérivent de l'ammoniaque par la substitution de radicaux carbures d'hydrogène à l'hydrogène.

14. L'éthylamine et la méthylamine appartiennent à ce groupe de corps. Elles présentent l'une et l'autre une ressemblance très-frappante avec l'ammoniaque.

15. L'*aniline* dérive de l'ammoniaque par la substitution du radical phényle à un équivalent d'hydrogène. Pour cette raison, elle porte le nom de *phénylamine*. Les alcaloïdes naturels volatils peuvent être rapportés aux amines.

CHAPITRE XVII

HOUILLE.

1. Classification des houilles. — Les houilles, d'après leurs applications, peuvent être divisées en quatre groupes :

1° Les houilles *grasses dures;*

2° Les houilles *grasses maréchales ;*

3° Les houilles *grasses à longue flamme;*

4° Les houilles *maigres à longue flamme.*

Les houilles *grasses et dures* sont surtout employées pour la fabrication du *coke*, qui, peu boursouflé, dense et doué d'une forte cohésion, est fort recherché pour les hauts fourneaux. Ces houilles sont les plus estimées pour les opérations métallurgiques qui demandent un feu vif et soutenu.

Les houilles *maréchales* sont d'un beau noir, présentent un éclat gras caractéristique et sont ordinairement fragiles. Elles conviennent surtout pour la forge et pour le chauffage des fours à réverbère à haute température. Leur coke est très-boursouflé et a un aspect métallique.

Les houilles *grasses à longue flamme* conviennent parfaitement pour la fabrication du gaz d'éclairage, parce qu'elles fournissent beaucoup de produits gazeux chargés de carbure d'hydrogène en quantité suffisante pour en assurer le pouvoir éclairant. Elles sont aussi très-recherchées pour les fourneaux à réverbère, quand il faut donner un coup de feu très-vif, et pour le chauffage domestique. Leur coke est très-boursouflé et convient moins pour les applications métallurgiques que le coke compacte et dur.

Les houilles *maigres à longue flamme* ont une température de combustion bien inférieure à celle des groupes précédents. Elles conviennent peu aux opérations métallurgiques, mais elles suffisent pour le chauffage des chaudières à vapeur et pour tous les usages qui n'exigent pas une température très-élevée. Leur coke est à peine fritté, et n'a point de consistance.

Presque toutes les houilles sont associées à de la *pyrite de fer*, matière qui nuit beaucoup à leur qualité. La pyrite se trouve disséminée en petits cristaux entre les feuillets du combustible. Par le contact de l'air humide, elle se change en sulfate de fer, augmente de volume et fait tomber la houille en poussière. Quand ce fait a lieu dans l'intérieur des mines, le dégagement de chaleur, provenant de l'oxydation, peut être tel que la houille prenne feu. Les houilles très-pyriteuses ne peuvent servir qu'à un petit nombre d'usages, car le soufre qu'elles renferment corrode les métaux avec lesquels le combustible est en contact, ou en altère les qualités.

2. **Carbonisation de la houille.** — La carbonisation de la houille exige beaucoup moins de soins que celle du bois, le coke brûlant moins facilement que le charbon ordinaire.

Les procédés employés varient suivant la nature de la houille, et s'exécutent soit en plein air, soit dans les fours.

La carbonisation en plein air rappelle jusqu'à un certain point le *procédé des forêts*, et on la pratique spécialement dans le voisinage des mines. Dans le Staffordshire, par exemple, on érige avec des briques une cheminée ayant une grande quantité de jours et autour de laquelle on entasse de la houille; on a soin de mettre les plus gros morceaux autour de la cheminée même où l'on commence le feu tout d'abord; et, pour que la combustion ne soit pas trop rapide, on recouvre le tas avec du poussier de houille ou de coke : toutefois, on ménage des ouvertures qu'on ferme ou qu'on ouvre à volonté, de manière à ralentir ou à accélérer l'opération. Lorsque la carbonisation est achevée, on éteint le coke avec de l'eau qu'on verse par les trous pratiqués dans la partie supérieure des meules.

Dans le sud du pays de Galles, on construit avec la houille un tas rectangulaire d'une grande longueur, au milieu duquel se trouvent les plus gros morceaux. Le feu est allumé quelquefois à une des extrémités, et souvent dans plusieurs points à la fois. Le tas est recouvert de menue houille, et, lorsqu'il est prêt à être complétement embrasé, on achève de couvrir avec du poussier et des cendres provenant des opérations précédentes, afin que le coke ne continue pas à brûler par le contact de l'air : enfin, on l'éteint tout à fait avec de l'eau.

Dans le bassin de la Loire, on donne ordinairement aux tas la forme prismatique, à peu près comme des piles de boulets, si ce n'est qu'ils sont tronqués au sommet. Dans l'intérieur et dans tous les sens, on ménage des canaux et des cheminées verticales qui servent à la circulation de l'air. Les plus gros morceaux de houille sont placés à l'intérieur, les menus à l'extérieur, le poussier forme la couverture.

Le coke préparé dans le bassin de la Loire est en très-gros morceaux en forme de chou-fleur, d'un gris d'acier métallique et de très-bonne qualité. On évalue à 170 000 quintaux métriques la quantité de coke fabriquée annuellement par cette méthode dans le seul arrondissement de Saint-Étienne.

On fabrique aussi du coke, en soumettant la houille à une combustion incomplète dans des fours où l'on règle l'arrivée de l'air de façon à diminuer la perte du combustible que l'on cherche. C'est ordinairement de la houille menue que l'on carbonise dans des fours qui rappellent ceux des boulangers, à cela près qu'ils ont une cheminée dans l'intérieur.

Dans quelques localités de l'Allemagne, on carbonise la houille dans des fours qui peuvent être comparés à une grande cornue tubulée, dont le ventre, à fond plat, est percé d'ouvreaux et d'une porte pour introduire la houille. La tubulure est une courte cheminée que l'on ferme au besoin avec une plaque métallique; le cou est un tuyau en fonte qui conduit les produits de la distillation à un condensateur en bois ou en maçonnerie. On a soin de mettre au commencement de chaque charge un lit de menu bois dans le fond du fourneau, afin de pouvoir déterminer facilement l'inflammation de la houille.

Enfin, on se procure du coke en chauffant la houille dans des cylindres. Le produit principal que l'on obtient par ce procédé est le gaz d'éclairage; le coke n'est qu'un produit accessoire : il est léger et ne convient que pour le chauffage domestique.

3. **Gaz de l'éclairage.** — En 1799, Lebon, ingénieur français, eut l'idée de faire servir à l'éclairage les gaz inflammables qui se dégagent, pendant la distillation sèche, du bois, de la houille et de plusieurs matières grasses. Cette découverte, n'ayant pas été appréciée en France, tomba dans l'oubli; mais les Anglais s'en emparèrent, et, en 1812, une grande partie de Londres était déjà éclairée par ce moyen. Ce n'est qu'en 1820 que Paris a éclairé un de ses quartiers (celui du Luxembourg) par le gaz extrait de la houille. A partir de cette époque, ce moyen d'éclairage a été adopté successivement par presque toutes les villes.

La houille est, de toutes les matières, celle qui s'emploie le plus avantageusement pour cette fabrication : son prix est modéré ; le coke, qu'elle laisse comme résidu, a presque autant de valeur que la houille elle-même, et les produits ammoniacaux des eaux de condensation payent les frais de l'épuration du gaz.

Les houilles qui conviennent le mieux pour la fabrication du gaz sont les *houilles grasses à longue flamme*. Celles de Mons ou de Commentry, qu'on emploie généralement à Paris, donnent en moyenne 23 mètres cubes de gaz pour 100 kilogrammes. On en obtient un plus grand volume en faisant usage de la houille de Saint-Étienne, mais le gaz est plus sulfuré.

Les *houilles maigres* ne dégagent guère que de l'hydrogène et de l'oxyde de carbone en faible quantité ; la flamme est chaude et courte. Elles sont impropres à la fabrication du gaz d'éclairage.

Les *houilles demi-grasses* donnent une proportion de gaz beaucoup plus grande, mais l'hydrogène domine, et, quoiqu'il y ait une proportion notable de gaz des marais, elles ne sont pas propres au chauffage des fours à réverbère ; le gaz qu'elles produisent n'est pas éclairant.

Avec les *houilles grasses maréchales*, on voit apparaître les gaz polycarbonés et le gaz des marais en forte proportion, mais la quantité de gaz n'est pas considérable. Ces houilles donnent une flamme courte et chaude ; on ne les emploie pas pour la fabrication du gaz d'éclairage.

Les *houilles grasses à longue flamme* sont très-propres à cet usage ainsi qu'au chauffage ; les gaz qu'elles donnent ont une composition très-variable ; ce qui les caractérise, c'est une grande quantité de gaz des marais ; la proportion de gaz polycarbonés varie de 5 à 16 p. 100.

Les *houilles sèches* dégagent plus de vapeur d'eau que les précédentes ; le gaz renferme plus d'hydrogène. Elles sont propres au chauffage des chaudières à vapeur et à la fabrication des gaz d'éclairage.

4. Procédé de préparation du gaz d'éclairage au moyen de la houille. — La distillation de la houille s'opère dans des cornues de fonte ou de terre, placées au nombre de sept, au-dessus d'un seul foyer (fig. 48). Chaque cornue T est surmontée par un tube P qui sert au dégagement du gaz ; l'orifice par lequel on charge la houille se ferme à l'aide d'un obturateur en fonte.

Pour obtenir le maximum du gaz le plus éclairant, il

Fig. 48.

faut que, pendant la durée de la distillation, la température soit régulière et entretenue au rouge cerise clair. Si elle est plus élevée, le gaz qui se forme abandonne une partie de son carbone et devient moins éclairant ; si, au contraire, la température est trop basse, il se produit beaucoup de carbures d'hydrogène condensables qui se mêlent au goudron, et l'on obtient moins de gaz.

Au sortir de la cornue, le gaz se compose d'hydrogène protocarboné et bicarboné, d'oxyde de carbone, d'acide carbonique, d'azote, d'hydrogène, de carbures d'hydrogène condensables, de produits ammoniacaux et sulfurés, de substances goudronneuses, de traces d'acétylène et de sulfure de carbone. Si on le brûlait dans cet état, il répandrait une odeur très-désagréable ; quelques produits de sa combustion seraient même nuisibles. Il importe donc de le purifier. A cet effet, on le dirige dans le *barillet* B (fig. 48), sorte de cylindre contenant de l'eau où les tubes abducteurs plongent jusqu'à la profondeur de 2 à 3 centimètres. Cette disposition a pour objet d'intercepter la communication entre l'intérieur des cornues et le reste de l'appareil. Il s'opère dans le barillet une première condensation d'eau et de goudron : aussi est-il muni d'un *trop-plein* pour maintenir le liquide à un niveau constant, en laissant écouler continuellement l'excès des produits condensés.

Les gaz passent du barillet dans une série de tuyaux verticaux communiquant entre eux par leurs extrémités recourbées; les courbures inférieures ont un prolongement qui plonge dans l'eau et par lequel s'écoulent les matières que le gaz a abandonnées dans son trajet.

En sortant de cette espèce de réfrigérant, le gaz contient encore des vapeurs goudronneuses et ammoniacales, dont on le débarrasse en partie, en le forçant à traverser une longue colonne de coke. Après ce criblage, il ne renferme plus que des sels ammoniacaux, notamment du carbonate et du sulfhydrate d'ammoniaque, parfois de l'acide sulfhydrique. Pour l'épurer de toutes ces matières, on le fait arriver dans des caisses renfermant une dissolution de *chlorure de manganèse ;* ce sel retient l'ammoniaque à l'état de chlorhydrate, tandis qu'il se forme du carbonate ou du sulfate de manganèse. Il reste toujours à enlever au gaz l'hydrogène sulfuré, l'acide carbonique et quelques vapeurs acides : c'est pourquoi on fait succéder à l'action du chlorure de manganèse celle de la chaux caustique hydratée; cette substance décompose l'hydrogène sulfuré, arrête l'acide carbonique et les vapeurs acides, et laisse passer le gaz, qui se rend dans le gazomètre.

Lorsqu'on juge que la distillation est terminée, on ouvre les cylindres et l'on fait tomber dans l'eau le coke incandescent.

Le gaz que l'on obtient pendant une opération est loin d'avoir toujours la même composition. Le meilleur est celui qui se produit pendant les trois à quatre premières heures ; au delà de ce temps, il devient de moins en moins éclairant, et il exige, pour se dégager, une température plus élevée.

On voit par les analyses inscrites au tableau ci-dessous combien peut varier la composition du gaz considéré à différentes périodes de sa production, et par conséquent combien peut différer sa faculté éclairante.

	HYDROGÈNE bicarboné.	HYDROGÈNE protocarboné	HYDROGÈNE	OXYDE de carbone	AZOTE.	RAPPORT de la lumière
Premier gaz	13,00	82,50	0,00	3,20	1,30	54
Deuxième gaz	12,00	72,00	8,80	1,90	5,30	48
Troisième gaz	12,00	58,00	16,00	13,30	1,70	40
Quatrième gaz	7,00	56,00	21,30	11,00	4,70	35
Cinquième gaz	0,00	20,00	60,00	10,00	10,00	10

5. Produits de la distillation de la houille. Gaz. — Ces produits se divisent en trois catégories : les *gaz*, les *eaux ammoniacales*, le *goudron*. Après épuration, le gaz propre à l'éclairage se compose d'après le tableau qui précède : de bicarbure d'hydrogène, de protocarbure ou gaz des marais, d'hydrogène, d'oxyde de carbone, d'azote. Sur ce nombre, l'azote est incombustible ; l'oxyde de carbone, l'hydrogène et le gaz des marais, sont combustibles, mais brûlent avec une flamme dépourvue de pouvoir éclairant ; le bicarbure seul a une flamme éclairante, mais il ne forme qu'une minime fraction du volume total. Il y a donc dans ce mélange gazeux d'autres substances, aptes à lui communiquer le pouvoir éclairant. Et, en effet, le gaz est toujours imprégné de vapeurs de divers hydrocarbures liquides, benzine, toluène, cumène, propylène, butylène, tous riches en carbone et propres à produire une flamme éclairante par suite du charbon incandescent très-divisé qu'ils laissent flotter dans la flamme. Le plus abondant de ces hydrocarbures est la benzine. Nous rappellerons une expérience citée dans le cours de deuxième année.

L'hydrogène brûle avec une flamme totalement dépourvue de pouvoir éclairant, mais en l'imprégnant de benzine on lui fait donner une flamme lumineuse. Dans une éprouvette B (fig. 49), on met une légère couche de

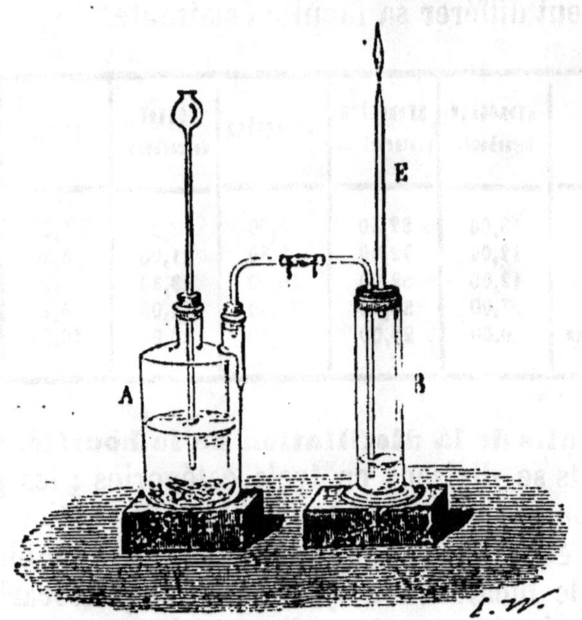

Fig. 49.

benzine, dans laquelle plonge le tube abducteur d'un flacon d'où se dégage de l'hydrogène. Un tube droit et effilé E permet l'écoulement du gaz, chargé de vapeur de benzine en traversant ce liquide. On obtient ainsi une flamme blanche et lumineuse. On peut simplifier l'appareil et se borner à introduire la benzine dans le flacon même où s'engendre l'hydrogène, et enflammer le jet gazeux comme dans l'expérience de la lampe philosophique. Nous rappellerons enfin que, lorsqu'un carbure d'hydrogène brûle, l'hydrogène plus combustible se combine le premier avec l'oxygène de l'air et produit de l'eau, tandis que le carbone est mis en liberté et flotte dans la flamme en particules d'une finesse excessive, qui, devenues incandescentes, forment une poussière lumineuse. On conçoit d'après cela comment l'hydrogène, le gaz des marais, l'oxyde de carbone du gaz de la houille, quoique dépourvus par eux-mêmes de pouvoir éclairant, jouent un grand rôle dans l'éclairage une fois qu'ils sont imprégnés de vapeurs d'hydrocarbures, notamment de benzine, qui apportent dans la flamme la poussière de charbon.

6. **Ammoniaque.** — A l'issue des cornues de distillation, les gaz de la houille passent dans des barillets à demi pleins d'eau, où ils abandonnent la majeure partie

Fig. 50.

de leurs composés ammoniacaux. Les liquides de ces barillets ou *eaux de condensation* sont une des sources d'où l'on retire l'ammoniaque, tant pour les besoins de l'agriculture que de l'industrie. Parmi les appareils employés pour l'extraction de l'ammoniaque, nous mentionnerons le suivant.

Trois chaudières en fonte C, C', C'' (fig. 50), disposées en gradins, reçoivent les eaux ammoniacales et communiquent entre elles par les tubes T, T'. La chaudière C'' communique avec un double serpentin S et S' que refroidit un courant d'eaux de condensation arrivant du bac B. La chaudière C repose sur le foyer F, elle contient des liquides déjà appauvris et qui ont passé par les chaudières C et C'; la chaudière C' est chauffée par la chaleur perdue du foyer, elle est remplie avec le liquide qui a déjà passé par C''; enfin la chaudière C'' n'est pas chauffée, elle reçoit le liquide qui a servi à refroidir les serpentins S' et S'. Les trois chaudières contiennent en outre une certaine quantité de chaux. Le liquide de C porté à l'ébullition laisse dégager ses dernières traces d'ammoniaque sous l'influence de la chaleur et de la chaux, qui décompose les sels ammoniacaux, carbonate et sulfhydrate; le liquide de C', chauffé par la flamme perdue et par la vapeur de la première chaudière, en fait autant; de sorte que les vapeurs ammoniacales remontent de la première chaudière à la seconde, et de la seconde à la troisième, où la réaction se poursuit mais dans un liquide plus riche. Les vapeurs ammoniacales, refroidies en circulant dans les serpentins, traversent un flacon P, contenant un peu de chaux destinée à décomposer les dernières traces de sels ammoniacaux, et se rendent dans le bac R où elles sont absorbées par de l'eau acidulée soit avec de l'acide chlorhydrique, soit avec de l'acide sulfurique. Le liquide saturé est finalement évaporé et soumis à la cristallisation.

7. **Goudron.** — La distillation de la houille produit en abondance un liquide noir, oléagineux, qui se condense dans les canaux d'épuration du gaz et en majeure partie dans les barillets qui reçoivent les matières gazeuses à l'issue des cornues. C'est ce qu'on nomme *goudron de houille*. Le goudron est un mélange d'un grand nombre de substances, que l'on peut isoler par des distillations fraction-

nées. Voici les principales, avec leur composition et leur point d'ébullition.

Benzine	81°	$C^{12}H^{6}$
Toluène	110°	$C^{14}H^{8}$
Cumène	148°	$C^{18}H^{12}$
Cymène	170°	$C^{20}H^{14}$
Naphtaline	212°	$C^{20}H^{8}$
Anthracène	300°	$C^{28}H^{10}$
Chrysène	»	$C^{12}H^{4}$
Pyrène	»	$C^{30}H^{4}$
Phénol	188°	$C^{12}H^{6}O^{2}$
Aniline	182°	$C^{12}H^{7}Az$

Si la distillation est poussée jusqu'à 320° environ, il reste dans la cornue une matière noire, solide, très-cassante.

RÉSUMÉ.

1. On divise les houilles en *grasses dures*, *grasses maréchales*, *grasses à longue flamme*, *maigres à longue flamme*.

2. Le résultat de la carbonisation de la houille porte le nom de *coke*. Cette carbonisation s'effectue soit en plein air, soit dans des fours.

3. Le gaz de l'éclairage s'obtient par la distillation de la houille.

4. A l'issue des cornues, le gaz est soumis à diverses épurations, qui éliminent l'acide sulfhydrique, l'ammoniaque, le sulfure de carbone, le goudron.

5. Après épuration, le gaz est composé de bicarbure d'hydrogène, de gaz des marais, d'hydrogène, d'oxyde de carbone, imprégnés de vapeurs de carbures liquides, notamment de benzine. Ce sont ces vapeurs de carbures liquides qui donnent à la flamme son pouvoir éclairant.

6. Les *eaux de condensation* des usines à gaz contiennent une forte proportion d'ammoniaque, et sont utilisées pour obtenir ce corps à l'état de sel, sulfate ou chlorhydrate.

7. Le goudron des usines à gaz est un mélange d'une foule de corps dont les plus importants sont la benzine, le phenol, la naphtaline.

CHAPITRE XVIII

PRODUITS DU GOUDRON DE HOUILLE.

1. Benzine. $C^{12}H^{6}$.— Soumis à la distillation, le goudron donne des matières huileuses dont la densité va croissant à mesure que le point d'ébullition s'élève. Les premières parties qui passent peuvent flotter sur l'eau et portent les noms d'*huiles légères ;* celles qui viennent après tombent au fond de l'eau et s'appellent *huiles lourdes.* On recueille à part les deux genres de produits.

Les huiles légères sont distillées à diverses reprises au bain-marie, et chaque fois l'on ne recueille que la partie qui distille entre 81° et 86°. On obtient ainsi la benzine du commerce. Pour avoir un produit pur, on soumet la benzine à une température voisine de zéro; la benzine se congèle en une belle masse cristalline, tandis que les corps qui l'accompagnent restent liquides.

La benzine, qu'on nomme aussi *benzol* ou *benzène*, est un liquide incolore, d'une odeur agréable et éthérée; sa densité est 0,85, son point d'ébullition est à 81°. Elle est insoluble dans l'eau, soluble dans l'alcool et dans l'éther. Elle dissout facilement les corps gras, aussi l'emploie-t-on avec succès, sous le nom de *benzine Colas*, pour enlever sur les étoffes les taches graisseuses. C'est un liquide très-inflammable, que l'eau ne peut éteindre parce qu'il vient flotter à la surface et se trouve toujours ainsi en rapport avec l'atmosphère. Sa vapeur mélangée avec l'air est explosive. Pour ces motifs, le maniement de la benzine doit se faire avec prudence.

2. Nitrobenzine. $C^{12}H^{5}(AzO^{4})$. — Lorsqu'on fait agir sur la benzine de l'acide azotique monohydraté, un équivalent d'hydrogène est converti en eau et se trouve remplacé par un équivalent du radical AzO^4, acide hypoazotique.

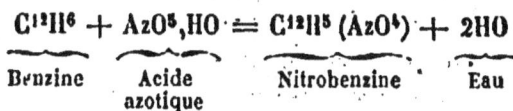

$$\underbrace{C^{12}H^6}_{\text{Benzine}} + \underbrace{AzO^5,HO}_{\text{Acide azotique}} = \underbrace{C^{12}H^5(AzO^4)}_{\text{Nitrobenzine}} + \underbrace{2HO}_{\text{Eau}}$$

Dans les laboratoires, on obtient aisément la nitrobenzine en introduisant par petites portions de la benzine dans de l'acide azotique monohydraté. L'attaque se fait avec violence et avec d'abondantes vapeurs nitreuses. La nitrobenzine tombe au fond du mélange, où elle forme une couche huileuse jaunâtre. On la lave à l'eau et au carbonate de soude pour enlever les traces d'acide dont elle est imprégnée.

La préparation en grand s'effectue de la même manière. La benzine est contenue dans de grands pots en fonte d'environ 1 mètre et demi de profondeur sur autant de largeur. Ces pots sont clos et munis d'agitateurs. On fait arriver peu à peu sur la benzine l'acide concentré.

La nitrobenzine est un liquide jaunâtre, plus lourd que l'eau, insoluble dans ce liquide, soluble dans l'alcool et dans l'éther. Elle bout à 213°. Elle possède une odeur mixte de cannelle et d'amandes amères, propriété qui la fait employer en parfumerie sous le nom d'*essence de Mirbane*. Mais le débouché le plus important de la nitrobenzine est la fabrication de l'aniline.

3. **Fabrication de l'aniline.** — On trouve dans le goudron de houille une petite quantité d'aniline toute formée, mais, comme l'extraction en serait pénible et coûteuse et d'ailleurs insuffisante pour la consommation, on a recours de préférence à la nitrobenzine, qui, sous l'influence des agents réducteurs, se convertit en aniline, par l'élimination de 4 équivalents d'oxygène et la fixation de 2 équivalents d'hydrogène.

$$\underbrace{C^{12}H^5AzO^4}_{\text{Nitrobenzine}} + H^2 - O^4 = \underbrace{C^{12}H^7Az}_{\text{Aniline}}$$

Le réducteur le plus convenable est un mélange de limaille de fer et d'acide acétique. Pour une expérience de laboratoire, on introduit, dans une cornue d'un demi-litre environ de capacité, 50 grammes de nitrobenzine, un poids égal d'acide acétique concentré et 51 grammes de limaille de fer bien décapée. Au bout de quelques minutes, une vive effervescence se produit, et une condensation assez abondante se fait dans le récipient, qu'on doit refroidir. Lorsque l'effervescence est calmée et la cornue refroidie, on remet dans celle-ci le contenu du récipient. On met alors du feu sous l'appareil et on distille à siccité. Le récipient contient un mélange d'eau et d'aniline. On opère la séparation en ajoutant un peu d'éther, qui dissout l'aniline et l'amène à la surface. On décante le liquide surnageant, on le laisse séjourner sur du chlorure de calcium, et enfin on le distille. Une seule rectification suffit pour obtenir l'aniline parfaitement pure.

Ce qui reste dans la cornue contient encore de l'aniline sous la forme d'acétate. Pour l'isoler, le résidu est mêlé avec de la chaux et chauffé dans une cornue en grès au col de laquelle on adapte un récipient. La chaux se combine avec l'acide acétique, tandis que l'aniline est mise en liberté et distille. Un kilogramme de nitro-benzine peut produire 750 grammes d'aniline.

La réaction en feu dans ce procédé peut s'exprimer ainsi :

$$\underbrace{C^{12}H^{5}AzO^{4}}_{\text{Nitrobenzine}} + \underbrace{2HO}_{\text{Eau}} + \underbrace{4Fe}_{\text{Fer}} = \underbrace{2Fe^{2}O^{3}}_{\text{Sesquioxyde de fer}} + \underbrace{C^{12}H^{7}Az}_{\text{Aniline}}$$

Quant à l'acide acétique, il se combine partie avec le sexquioxyde de fer, partie avec l'aniline.

La fabrication industrielle de l'aniline est basée sur le procédé que nous venons de décrire.

4. Propriétés de l'aniline. $C^{12}H^{7}Az$. — L'aniline est un liquide incolore, d'une odeur vineuse et d'une saveur brûlante. Celle du commerce a généralement une couleur cerise pâle. Sa densité est 1,28. Elle est peu soluble dans l'eau, et soluble en toute proportion dans l'éther et dans l'alcool. Elle se combine avec les acides et forme des sels cristallisés, qui jouissent de toutes les propriétés chimiques des sels ammoniacaux. Nous avons déjà établi comment elle constitue une ammoniaque composée ou *amine*, dans laquelle un équivalent d'hydrogène est remplacé par un équivalent du radical phényle $C^{12}H^5$;

$$\text{Ammoniaque} = Az\left\{\begin{matrix} H \\ H \\ H \end{matrix}\right. , \qquad \text{Aniline} = Az\left\{\begin{matrix} C^{12}H^5 \\ H \\ H \end{matrix}\right.$$

Ce qui donne à l'aniline son importance industrielle, c'est la génération de matières tinctoriales admirables de nuance. Le violet, le rouge, le bleu, le vert, le jaune, le noir en dérivent par des traitements très-variés.

5. **Rouge d'aniline. Fuschine.** — On l'obtient en traitant l'aniline par l'acide arsénique. Pour une expérience de laboratoire, on chauffe le mélange dans une capsule jusqu'à ce que la matière se soit convertie en un corps noir, solide, d'aspect goudronneux. L'eau extrait de ce corps une superbe matière colorante rouge qui peut immédiatement servir à la teinture de la soie et de la laine. A l'état solide, la *fuschine* ou rouge d'aniline est une substance cristallisée d'un magnifique vert doré, douée des reflets des élytres des cantharides. La dissolution dans l'eau de cette substance est d'un rouge carmin de toute beauté.

6. **Rosaniline.** — Les différents rouges d'aniline commerciaux ramenés à leur plus grand état de pureté ne sont autre chose que des sels ayant pour base un alcaloïde spécial, la *rosaniline*, dérivé de l'aniline sous l'influence des agents d'oxydation, notamment de l'acide arsénique. La différence de caractère de ces divers rouges tient à la différence de l'acide du sel. Non combinée avec un acide, la rosaniline est incolore, mais elle devient rose par l'action de l'air, puis se fonce de plus en plus. Elle est peu solu-

ble dans l'eau et assez soluble dans l'alcool auquel elle communique une couleur rouge foncée. Elle se combine avec les divers acides en formant des sels, qui à l'état cristallisé ont un reflet vert doré métallique, et se dissolvent en rouge dans l'eau.

7. **Bleu d'aniline.** — On l'obtient en chauffant à 180° dans un ballon un mélange d'un sel de rosaniline et d'un excès d'aniline. Dans cette action, il se dégage de l'ammoniaque, et le produit est un sel dans lequel se trouve de la rosaline modifiée par la substitution de 3 équivalents de phényle à 3 équivalents d'hydrogène. En d'autres termes, le bleu d'aniline est un sel à base de *rosaniline triphénylique.*

8. **Phénol ou acide phénique.** $C^{12}H^6O^2$. — L'*acide phénique* ou *phénol* se retire des huiles lourdes de goudron en recueillant à part ce qui distille entre 180° et 190°. Le liquide est mis en contact avec une dissolution de potasse caustique saturée à chaud, et avec de la potasse en poudre. On obtient de cette manière une masse cristalline, que l'on sépare par décantation de la portion encore fluide. En la dissolvant dans l'eau, il se forme deux couches : l'une huileuse et légère, l'autre dense et aqueuse. On sépare cette dernière et on la neutralise par l'acide chlorhydrique. Aussitôt une huile devient libre, qui est le phénol. Pour avoir cette substance à un très-grand état de pureté, on la fait digérer sur du chlorure de calcium fondu, on la soumet à plusieurs distillations successives, enfin on la refroidit très-lentement, de manière à la solidifier en cristaux, que l'on conserve à l'abri de l'air.

Industriellement, on se borne à agiter les huiles lourdes, et de préférence celles dont le point d'ébullition avoisine 190°, avec une dissolution concentrée de potasse ou de soude caustique. L'acide phénique de ces huiles se combine avec l'alcali et forme une courbe inférieure qui se sépare du reste du liquide. On recueille cette couche inférieure et l'on sature l'alcali par un acide. Le phénol huileur vient surnager.

9. **Propriétés du phénol.** — Le phénol pur est incolore.

Il cristallise en longues aiguilles, qui fondent vers 35°. Son point d'ébullition est à 188°. Il tache le papier comme un corps gras, mais l'empreinte translucide se dissipe par l'évaporation. Il est très-soluble dans l'alcool et dans l'éther mais très-peu soluble dans l'eau, bien que la moindre trace d'humidité le liquéfie. Son odeur est goudronneuse, sa saveur est d'une causticité insupportable ; il attaque fortement la peau des lèvres et les muqueuses qu'il blanchit à l'instant. Il coagule l'albumine, préserve les matières animales de la putréfaction et leur enlève la mauvaise odeur si elles sont déjà putréfiées. On l'utilise comme caustique et antiseptique.

10. **Acide picrique ou acide trinitrophénique.** $C^{12}H^{3}(AzO^{4})^{3}O^{2}$. — L'acide azotique concentré enlève au phénol un ou deux ou trois équivalents d'hydrogène qui sont remplacés par autant d'équivalents d'acide hypoazotique AzO^{4}.

De là résultent trois composés nitrés dont le plus important est l'*acide trinitrophénique*, c'est-à-dire celui où trois équivalents d'acide hypoazotique sont substitués à trois équivalents d'hydrogène. On lui donne encore le nom d'*acide picrique* à cause de sa saveur amère.

Dans une capsule, ayant une capacité triple du volume des matières que l'on veut employer, on verse trois parties d'acide azotique qu'on chauffe à 60°. À l'aide d'un tube effilé plongeant jusqu'au fond de la capsule, on introduit peu à peu une partie d'acide phénique ou tout simplement d'huile de houille dont le point d'ébullition avoisine 188°. A chaque addition, une vive réaction a lieu, la masse s'échauffe, se boursoufle, et il se dégage de l'acide carbonique et du bioxyde d'azote. Lorsqu'on a cessé de verser l'huile, on ajoute encore trois parties d'acide azotique, on porte le liquide à l'ébullition, puis on fait évaporer. Par le refroidissement, le liquide se transforme en une pâte cristalline, qu'on lave à l'eau froide pour éliminer l'excès d'acide azotique.

L'acide picrique est en cristaux d'un jaune citron ; sa saveur est à la fois acide et amère. Il est soluble dans l'eau, mais plus encore dans l'alcool et dans l'éther. Ses dissolutions tachent la peau en jaune. A une douce chaleur, il fond et se sublime sans résidu ; quand on le chauffe brusquement, il se décompose avec explosion. Tous les picrates sont colorés en jaune et plus ou moins explosifs. Au moment où ces lignes sont écrites, un épouvantable accident causé par l'explosion du picrate de potasse vient de jeter la consternation dans Paris. L'acide picrique sert à teindre en jaune la soie et la laine. La couleur obtenue est très-belle et varie depuis la nuance paille faible jusqu'à la nuance citron. Le prix de cette teinture est très-modéré, car un gramme d'acide cristallisé suffit pour teindre en jaune paille un kilogramme de soie. L'acide picrique ne se fixe pas sur les fibres textiles végétales. Cette propriété permet de reconnaître aisément si du coton est introduit dans un tissu de laine ou de soie. Le tissu est plongé dans une dissolution chaude d'acide picrique. Ce qui est laine ou soie se teint en jaune, ce qui est coton reste blanc.

11. **Naphtaline.** $C^{20}H^8$. — Ce magnifique corps n'a pas encore reçu d'applications industrielles remarquables, mais il a été l'objet de savants travaux de chimie. On se procure facilement la naphtaline en distillant une ou deux fois celle que l'on retire des tuyaux de condensation des usines à gaz, et en faisant ensuite cristalliser dans l'alcool. On peut aussi la purifier en faisant passer sa vapeur au travers d'une feuille de papier. A cet effet, on place dans une large capsule en terre ou en fonte une certaine quantité de naphtaline brute, et on recouvre la capsule avec une feuille de papier buvard, dont on colle les bords sur ceux de la capsule. On place sur celle-ci un cône en carton et l'on chauffe au bain de sable pendant plusieurs heures. La vapeur de naphtaline va se condenser en superbes écailles sur les parois intérieures du cône, après avoir traversé le papier qui arrête au passage les matières goudronneuses.

La naphtaline cristallise en belles lames rhomboïdales, incolores, transparentes, d'un éclat chatoyant. Elle possède une odeur forte, particulière, très-persistante. Elle fond à 79°, se volatilise à 212°, et brûle avec une flamme fuligineuse. Elle est très-soluble dans l'alcool et dans l'éther.

Comme la benzine, la naphtaline attaquée par l'acide azotique donne des produits nitrés, dont le plus remarquable est la nitronaphtaline $C^{20}H^7(AzO^4)$. Cette dernière, soumise à l'action d'agents réducteurs, se convertit en un alcaloïde, la naphtylamine, $C^{20}H^9Az$, d'où dérivent des matières colorantes analogues à celles de l'aniline, mais jusqu'ici à peu près sans emploi à cause de leur peu de solidité.

$$\text{Naphtylamine} = Az\begin{cases} C^{20}H^7 = \text{naphtyle} \\ H \\ H \end{cases}$$

RÉSUMÉ

1. L'huile de goudron qui distille vers 80° est formée presque entièrement de *benzine*. La benzine est un liquide incolore, très-inflammable, d'une odeur éthérée. Elle dissout facilement les corps gras.

2. Traitée par l'acide azotique concentré, la benzine échange un équivalent d'hydrogène pour un équivalent d'acide hypoazotique, et devient *nitrobenzine*. C'est un liquide jaunâtre, d'une odeur forte, qui rappelle celle des amandes amères.

3. Réduite par un mélange de limaille de fer et d'acide acétique, la nitrobenzine se convertit en un alcaloïde, *aniline*, substance liquide d'une odeur vineuse.

4. L'analine a les propriétés chimiques de l'ammoniaque, dont elle diffère par la substitution du radical *phényle* $C^{12}H^5$ à un équivalent d'hydrogène.

5. En traitant l'aniline par l'acide arsénique, on obtient une belle matière colorante rouge, connue sous le nom de *fuschine*.

6. Les *rouges d'aniline* sont des combinaisons colorées d'un acide avec une base incolore, la *rosaniline*.

7. Le *bleu d'aniline* est un sel à base de rosaniline, dans laquelle 3 équivalents du radical phényle sont substitués à 3 équivalents d'hydrogène. On l'obtient en faisant agir un excès d'aniline sur un sel de rosaniline.

8. Le *phénol* ou *acide phénique* se retire des huiles de houille distillant vers 188°. La séparation du phénol s'obtient au moyen d'une dissolution concentrée de potasse ou de soude caustique.

9. Le phénol cristallise en longues aiguilles, qui se liquéfient par la

moindre trace d'humidité. Sa saveur est très-caustique. Il agit violemment sur les muqueuses dont il coagule l'albumine. On l'emploie comme caustique et antiseptique.

10. L'*acide picrique* dérive du phénol par la substitution de 3 équivalents d'acide hypoazotique à 3 équivalents d'hydrogène. C'est une matière solide, jaune, d'une saveur amère. Il teint en jaune la peau, la soie, la laine. Les picrates sont des substances explosives.

11. La *naphtaline* est sous forme de belles lames incolores, rhomboïdales. L'acide azotique la convertit en *nitronaphtaline*, substance analogue à la nitrobenzine. De la nitronaphtaline dérive un alcaloïde, la *naphtylamine*, analogue à la *phénylamine* ou aniline.

CHAPITRE XIX

MATIÈRES COLORANTES.

1. **Généralités.** — Les substances colorantes sont répandues indistinctement dans tous les organes des plantes, feuilles, racines, bois, fleurs, fruits. Fréquemment elles ne préexistent pas dans l'organisation végétale, mais dérivent de principes incolores ou peu colorés, modifiés chimiquement, surtout par l'oxygène. Quelques-unes sont solubles dans l'eau, d'autres ne s'y dissolvent qu'à la faveur des acides ou des alcalis, d'autres encore ne sont solubles que dans l'alcool, l'éther, les huiles volatiles. L'oxygène est nécessaire à la formation de beaucoup de substances colorantes, et cependant son action continuée, surtout sous l'influence de la lumière, les altère avec plus ou moins de rapidité, les décolore même par le fait d'une combustion lente. Les matières colorantes qui résistent à la double influence de l'air et de la lumière sont dites *bon teint ;* celles qui n'y résistent pas sont qualifiées de *mauvais teint*.

La lumière seule décompose quelques matières colorantes très-fugaces ; la chaleur les détruit toutes si elle est appliquée sans ménagement. Toutefois l'*alizarine*, principe colorant de la garance, et l'*indigotine*, principe colorant de l'indigo, peuvent être sublimées sans décomposition à une température convenable.

L'acide sulfurique concentré charbonne et détruit la plupart des matières colorantes, il faut en excepter l'alizarine et l'indigotine; l'acide azotique les détruit toutes, ainsi que le chlore. Les acides étendus et les alcalis en modifient la couleur.

Nous avons dit ailleurs quelle est l'action du chlore, de l'acide sulfureux et du charbon sur les substances colorantes. Le chlore les détruit pour toujours en leur enlevant de l'hydrogène ; l'acide sulfureux tantôt leur enlève de l'oxygène, tantôt forme avec elles des combinaisons ; le charbon les condense dans ses pores sans les altérer.

Quelques-unes peuvent être momentanément décolorées par les corps très-avides d'oxygène, tels que l'hydrogène, l'acide sulfhydrique, les sulfures alcalins, le protoxyde de fer; mais une courte exposition à l'air fait reparaître la teinte primitive. La décoloration est donc l'effet de la réduction opérée par ces agents chimiques, et la réapparition de la couleur est l'effet de l'oxydation opérée par l'air.

La teinture de tournesol nous offre un exemple frappant de ce double fait. Abandonnée longtemps dans un vase fermé, elle perd sa teinte bleue; mais elle la reprend si on l'agite en présence de l'air. La cause en est la suivante. Le tournesol renferme du sulfate de chaux, qui sous l'influence de l'eau et des matières organiques se convertit en sulfure de calcium. Celui-ci réduit à son tour la matière colorante en repassant à l'état de sulfate; mais si la teinture, ainsi décolorée, est exposée à l'action de l'air, elle s'oxyde de nouveau et reprend son premier aspect.

2. Laques. Mordants. — Diverses matières colorantes fonctionnent comme des acides faibles, et se combinent avec les bases pour former des composés insolubles colorés, dont la nuance varie pour une même matière colorante suivant la nature de l'oxyde entrant dans la combinaison. Ces composés de matière colorante et d'oxyde métallique portent le nom de *laques*.

Comme exemple, proposons-nous d'obtenir une laque d'alizarine. On traite de la garance épurée ou garancine par une dissolution bouillante d'alun, et l'on filtre. Le liquide est de teinte groseille. On verse dans ce liquide une dissolution de carbonate de soude, qui précipite l'alumine. Celle-ci entraîne l'alizarine, et l'on obtient un corps insoluble plus ou moins rouge, où l'alizarine et l'alumine se trouvent combinées. C'est une *laque* d'alizarine à base d'alumine.

En changeant d'oxyde, on aurait une laque de teinte différente. En employant par exemple une dissolution de sulfate de fer dans laquelle on introduirait de l'alizarine, et, en précipitant par l'ammoniaque, on obtiendrait une laque noire d'alizarine et de sesquioxyde de fer.

Beaucoup de matières colorantes ne se fixent pas directement sur les tissus, notamment sur ceux de coton. On a recours alors au *mordançage*, opération qui consiste à imprégner le tissu d'un oxyde métallique, qui, se combinant avec la matière colorante, forme une laque adhérant aux fibres textiles. Suivant la nature de l'oxyde ou du *mordant* employé, la teinte varie dans un même bain de teinture. Ainsi, un tissu de coton imprégné d'alumine à forte dose en un point, à faible dose à l'autre, imprégné de sesquioxyde de fer à haute dose en un troisième point, à faible dose en un quatrième, prendrait simultanément dans un même bain de garance les quatre teintes rouge, rose, noir et violet à cause des différentes laques formées. Le mordançage à l'alumine et à l'oxyde de fer se fait avec l'acétate d'alumine et l'acétate de fer, sels solubles, dont le tissu s'imbibe aisément, et qui peu à peu, par l'exposition à l'air, laissent dégager l'acide acétique, et pénètrent les fibres de coton d'oxyde métallique désormais insoluble.

3. **Indigo.** — On extrait l'indigo de diverses plantes de

a famille des légumineuses nommées *indigotiers.* On le trouve aussi dans le *pastel*, de la famille des crucifères. Les indigotiers sont cultivés principalement dans les Indes Orientales; le pastel vient dans nos régions.

Après la floraison, on sèche les feuilles des indigotiers au soleil, et on les fait infuser, pendant quelques heures, dans trois fois leur volume d'eau froide. La dissolution filtrée est agitée vivement à l'air, puis mêlée à un demi-litre d'eau de chaux pour chaque kilogramme de feuilles sèches. C'est dans ces conditions que l'indigo se forme, car il ne préexiste pas dans la plante. Bientôt la liqueur bleuit et donne lieu à un dépôt qui, lavé à l'eau bouillante, pressé, séché et coupé en morceaux, constitue l'*indigo du commerce*.

Cette substance se présente sous la forme de morceaux généralement irréguliers, quelquefois cubiques, dont la nuance varie du bleu violet au bleu noirâtre. Ils sont légers, faciles à rompre, n'ont pas de saveur, happent plus ou moins à la langue, en raison de leur degré de dessiccation et de leur porosité, et ils ont une légère odeur, qui devient plus sensible par la chaleur; enfin leur cassure, ordinairement terne, devient brillante et d'un rouge cuivré, lorsqu'on la frotte avec l'ongle ou avec tout autre corps dur. L'indigo le plus estimé est le plus léger, et celui qui donne, par le frottement, la couleur cuivrée la plus brillante.

4. **Indigotine.** ($C^{16}H^5AzO^2$). — L'indigo ordinaire contient 55 p. 100 environ de matières étrangères. Le principe colorant pur porte le nom d'*indigotine*. On l'obtient en chauffant dans un têt des fragments d'indigo. Ceux-ci se recouvrent de nombreuses aiguilles cristallines violacées et brillantes, qui sont de l'indigotine pure. L'indigotine est d'un bleu foncé à reflets pourpres; par le frottement elle acquiert un éclat cuivreux, presque métallique; elle est sans odeur, sans saveur. Elle est insoluble dans l'eau, l'alcool, les acides étendus, les alcalis; sa volatilisation a lieu vers 100°.

5. **Acide sulfindigotique.** — L'acide sulfurique se combine avec l'indigotine, et donne naissance à des acides différents, suivant la proportion de l'acide sulfurique employé. Ces acides produisent avec les bases des sels bleus. On les obtient en dissolvant de l'indigo pulvérisé dans de l'acide sulfurique de Nordhausen. La nuance, d'un rouge pourpre foncé, se dissout dans l'eau avec une teinte bleue intense. Le plus important de ces composés est l'*acide sulfindigotique*, qui forme la base du *bleu de Saxe*, employé en teinture. On prépare ce bleu en versant un kilogramme d'indigo en poudre, dans un mélange formé d'un kilogramme d'acide sulfurique de Nordhausen et d'un kilogramme d'acide sulfurique ordinaire. Après 48 heures de contact, on chauffe la masse au bain-marie. Désormais l'indigotine, associée à l'acide sulfurique, est soluble dans l'eau et peut servir à la teinture.

6. **Isatine.** ($C^{16}H^5AzO^4$). — L'indigotine soumise à une action oxydante, telle que celle de l'acide azotique ou de l'acide chromique, se combine avec deux équivalents d'oxygène, et devient de l'*isatine*. Cette substance se présente sous la forme de cristaux mamelonnés, rougeâtres, neutres, peu solubles dans l'eau froide, très-solubles dans l'eau bouillante et dans l'alcool.

7. **Indigo blanc.** ($C^{16}H^6AzO^2$). — Le principe coloran bleu, l'indigotine, ne préexiste pas dans la plante, il dérive d'un principe incolore, l'indigo blanc; qui bleuit au contact de l'air. Réciproquement on peut revenir du principe coloré au principe incolore, de l'indigo bleu à l'indigo blanc. A cet effet, on remplit un flacon d'un mélange d'indigo en poudre, de chaux, de protosulfate de fer et d'eau. Au bout de quelque temps la teinte bleue a disparu, et se trouve remplacée par une teinte jaunâtre, en même temps il s'est formé du sulfate de sesquioxyde de fer. Si l'on décante la liqueur limpide, on la voit bleuir au premier contact de l'air par le retour de l'indigo incolore à l'état d'indigo bleu. On peut encore saturer la liqueur avec un acide, il se dépose alors des flocons grisâtres qui bleuissent à l'air, sur-

tout lorsqu'ils sont humides. L'indigo incolore, préparé avec tous les soins que nécessite sa prompte métamorphose en indigo bleu, est une poudre blanche cristalline, insoluble dans l'eau, mais soluble dans les liqueurs alcalines qu'elle colore en jaune. C'est sous cette dernière forme que l'indigo sert en teinture. Le bleu d'indigo n'est pas directement fixé sur les tissus; ceux-ci sont d'abord imprégnés d'indigo blanc dissous; exposés à l'air, ils bleuissent ensuite par l'oxydation de l'indigo incolore, qui perd un équivalent d'hydrogène.

8. **Matières colorantes des lichens. Orseille.** — Les matières colorantes des lichens, comme celle des plantes indigofères, ne préexistent pas dans les végétaux qui servent à les préparer. Lorsqu'après avoir écrasé certaines espèces de lichens, notamment celles des genres Lecanore, Rocelle, Variolaire, on les fait macérer avec un mélange d'urine et d'ammoniaque, ou d'urine et de chaux, et une petite quantité d'acide arsénieux et d'alun, et qu'on les brasse souvent, en les entretenant à une température d'une trentaine de degrés, on obtient, au bout de trois à quatre semaines, une matière colorante connue dans le commerce sous le nom d'*orseille en pâte*. La couleur de l'orseille est généralement violette, susceptible d'ailleurs d'être modifiée, comme presque toutes les couleurs végétales, par les alcalis et par les acides. Ses teintes sont vives et éclatantes, mais elles manquent de solidité, et les mordants ne lui en communiquent guère. Jusqu'à présent, cette matière colorante n'a été appliquée avec succès qu'à la laine et à la soie.

9. **Tournesol.** — On connaît deux sortes de tournesol : le *tournesol en pain* et le *tournesol en drapeaux*. Le premier se prépare avec les mêmes lichens qui fournissent l'orseille. Après les avoir séchés et pulvérisés, on les met dans des auges avec la moitié de leurs poids de potasse du commerce et assez d'urine pour en former une pâte molle. Bientôt la masse entre en fermentation. On ajoute de l'urine à mesure que ce liquide est absorbé ou s'évapore, jusqu'à ce que la pâte soit devenue d'un bleu foncé.

On introduit alors assez de craie en poudre pour que la masse prenne une consistance plastique et puisse être moulée en petits pains parallélipipédiques, que l'on fait sécher à l'ombre.

Le tournesol communique à l'eau une teinte bleue violacée, que les acides font virer au rouge et qui revient à sa première nuance par les alcalis. La matière colorante pure est rouge ; combinée avec les bases, elle donne des composés bleus. Tel est le motif du changement de coloration du tournesol, qui apparaît avec sa teinte propre, le rouge, quand la matière colorante est rendue libre par un acide, et revient au bleu quand la matière colorante est de nouveau combinée avec une base. Le tournesol n'est pas employé en teinture, il sert uniquement de réactif aux chimistes.

On appelle *tournesol en drapeaux* des chiffons teints en bleu violet par le suc de la *maurelle*, *crozophora tinctoria*, plante de la famille des Euphorbiacées, assez abondante dans le sud-est de la France, notamment dans le Languedoc et la Provence. On écrase sous le pilon les sommités de la plante, on en extrait le suc au moyen d'une presse et on y trempe des chiffons, qu'on expose ensuite dans des cuves où se trouve un mélange de chaux et d'urine putréfiée ; en d'autres termes on les expose à des émanations ammoniacales. La couleur se développe alors, et les chiffons bleuissent. On l'extrait de ces chiffons pour colorer l'extérieur des fromages de Hollande et pour teindre en bleu les papiers qui servent d'enveloppe aux pains de sucre. Le tournesol en drapeaux est bleu. Les acides lui donnent une teinte rouge que l'ammoniaque ne change pas. Il est sans emploi dans la teinture des tissus.

10. **Garance.** — La garance est la racine d'une plante de même nom, de la famille des rubiacées, dont la culture en France se fait surtout dans le département de Vaucluse et dans l'Alsace. Les manipulations qu'on lui fait subir sont les suivantes. La racine, desséchée à l'étuve, est réduite en poudre sous des meules verticales. Cette poudre

est d'un rouge jaunâtre. Sans autre préparation, elle peut être employée à la teinture des cotons mordancés, mais d'habitude on la soumet à certains traitements qui ont pour but d'éliminer autant que possible les matières étrangères au principe colorant pour concentrer celui-ci sous le plus petit volume et obtenir un produit plus pur, salissant moins les parties du tissu qui doivent rester blanches.

La garance en poudre est lavée sur des filtres en laine avec de l'eau. On élimine ainsi les matières solubles de la racine, notamment le glucose. Les eaux de lavage, riches en principe sucré, sont soumis à la fermentation et distillées. On obtient ainsi l'alcool de garance, identique avec celui du vin, mais imprégné de principes odorants et désagréables dont on le débarrasse par des rectifications. Quant à la matière colorante, comme elle est très-peu soluble dans l'eau, elle n'éprouve pas de déperdition sensible par ce lavage, qui du reste est modéré. Le traitement peut se borner là. La matière pressée à la presse hydraulique et desséchée dans des étuves porte le nom de *fleur de garance*. Par ce traitement très-simple, la garance brute, tout en conservant son pouvoir tinctorial, est réduite à la moitié environ de son poids.

Un second traitement amène la garance à un degré de concentration plus avancée. La matière lavée à l'eau est jetée, encore humide, dans des cuves en bois, et additionnée d'eau et d'acide sulfurique ou chlorhydrique dans la proportion d'un tiers environ du poids de la garance primitive. Un jet de vapeur porte le mélange à l'ébullition. La substance colorante, douée d'une résistance exceptionnelle, n'éprouve aucune altération par ce contact avec l'acide, mais diverses matières qui l'accompagnent deviennent ainsi solubles dans l'eau et peuvent être éliminées par un lavage ultérieur. Après quelques heures de cuite, la matière déversée sur des filtres en laine et lavée avec de l'eau jusqu'à disparition totale de l'acide. On presse le résidu, on le dessèche à l'étuve, on le fait passer sous les meules et l'on obtient ainsi une poudre brune qui représente en poids environ le tiers de la garance brute. Ce produit porte le nom de *garancine*. Sous un poids trois fois moindre, la garancine renferme la substance colorante de la garance non souillée par les matières qui l'accompagnaient d'abord.

11. **Alizarine.** $C^{20}H^6O^6$. — Le principe colorant de la garance porte le nom d'*alizarine*. Il ne forme qu'une minime fraction de la garance, fraction du reste très-difficile à évaluer et pour laquelle on peut à peu près adopter le taux d'un centième. Pour obtenir l'alizarine pure, on fait un extrait alcoolique de garancine, et l'on chauffe le résidu de cet extrait au bain de sable sous un petit cône de carton. L'alizarine se volatilise et vient adhérer en fines aiguilles aux parois du cône.

L'alizarine est sous forme de petites aiguilles d'un rouge orangé. Elle est inodore, insipide, très-peu soluble dans l'eau, assez soluble dans l'alcool et dans l'éther. Elle se dissout en toute proportion dans les liqueurs alcalines, qu'elle colore en teinte pensée d'une grande richesse. Elle colore en jaune faible l'eau distillée, en jaune plus foncé l'eau acidulée, en rose clair l'eau calcaire.

12. **Bois de campêche.** — Le bois de teinture appelé *campêche* nous vient de la baie de Campêche, dans le Mexique, de Saint-Domingue, de la Jamaïque et des autres Antilles. C'est le cœur ou bois parfait d'un grand arbre de la famille des légumineuses, l'*Hematoxylon campechianum*. Ce bois doit ses propriétés tinctoriales à un principe nommé *hématine*. Pour l'extraire, on fait avec de l'eau une décoction de campêche, que l'on évapore à siccité. Le résidu cède à l'alcool l'hématine qui se dépose en cristaux jaunes, d'une saveur douceâtre, solubles dans l'alcool, l'éther et l'eau, qu'elle colore en jaune. L'addition d'un alcali fait tourner au rouge pourpre la dissolution jaune. Aussi emploie-t-on la dissolution de campêche dans l'alcool pour reconnaître la présence du carbonate de chaux dans l'eau ordinaire. Ajoutée à de l'eau distillée, cette

dissolution lui communique sa propre teinte, la teinte jaune ; ajoutée à de l'eau calcaire, elle lui communique une teinte vineuse. Le campêche donne avec les oxydes métalliques des laques violettes, bleuâtres ou noires. La laque est violette, par exemple, avec l'alumine ; elle est noire avec le sesquioxyde de fer.

13. **Bois de Brésil.** — Le bois de Brésil ou de Fernambouc est fourni par divers arbres de la famille des Césalpiniées. Il est employé pour la teinture en rouge, mais la couleur est sans solidité. Sa matière colorante porte le nom de *brésiline*. C'est une substance cristallisable, orangée, soluble dans l'eau, l'alcool et l'éther, et qui prend une teinte pourpre au contact des alcalis.

14. **Carthame et orcanette.** — Les fleurs du carthame renferment une matière colorante rouge, la *carthamine*, qui a l'aspect d'une poudre rouge foncé avec chatoiement verdâtre et dont la dissolution alcoolique est pourpre. La carthamine donne à la soie une teinte rose de la plus grande fraîcheur, mais très-altérable.

L'*orcanette* est employée à colorer en rouge les matières grasses. C'est la racine d'une borraginée, l'*anchusa tinctoria*, qui croît spontanément en Provence et en Languedoc. Le principe tinctorial, insoluble dans l'eau, est retiré de la racine au moyen de l'alcool ou de l'éther.

15. **Cochenille.** — La cochenille (*coccus cacti*) est un petit insecte de l'ordre des hémiptères. Il vit sur les nopals ou cactiers raquettes, vulgairement figuiers de barbarie. C'est le Mexique qui en produit le plus. On récolte l'insecte sur les nopals, on le tue par une courte immersion dans l'eau bouillante, et on le fait sécher au soleil. La cochenille a alors l'aspect d'une petite graine ridée. Il faut environ 140,000 insectes pour 1 kilogramme de cochenille sèche.

La cochenille fournit à la teinture ses plus belles couleurs rouges. Il suffit de la faire bouillir avec de l'eau pour obtenir un liquide rouge qui se trouble par l'addition de l'alun ou du bitartrate de potasse, et laisse déposer la matière colorante connue dans le commerce sous le nom de *carmin*. Si l'on fait bouillir la cochenille avec une dissolution de carbonate de soude, et qu'on ajoute une dissolution d'alun, on obtient un précipité dans lequel l'alumine est combinée avec la matière colorante. Cette combinaison est la *laque carminée*.

La matière colorante de la cochenille s'appelle *carmine*. On l'obtient en traitant la cochenille pulvérisée d'abord par l'éther, qui élimine les matières grasses ; puis par l'alcool bouillant, qui dissout la carmine et la laisse se déposer par le refroidissement. Les acides avivent la couleur rouge de la carmine. Les alcalis la font passer au violet.

16. **Rocou.** — C'est la pulpe gluante, d'un rouge vermillon, qui entoure les graines du rocouyer (*bixa orellana*), arbre de la famille des bixinées, propre aux régions méridionales de l'Amérique. Le rocou sert pour la teinture des soies en aurore et en orangé. Cette couleur résiste peu à l'action de l'air et de la lumière. C'est le mélange du rocou avec un corps gras que les Caraïbes employaient pour se peindre le corps.

17. **Gaude.** — La gaude, plante indigène de la famille des résédacées, contient un principe colorant jaune, la *lutéoline*, remarquable par sa beauté et la solidité des teintes qu'elle donne aux étoffes alunées. La lutéoline est sous forme de paillettes blanches, solubles dans l'eau, l'alcool, l'éther; la saveur en est douceâtre, avec un arrière-goût légèrement amer. Elle est volatile et se sublime en aiguilles d'un jaune d'or. Les alcalis colorent sa solution en beau jaune foncé.

18. **Quercitron. Bois jaune.** — Le quercitron est l'écorce intérieure d'un chêne de l'Amérique du Nord (*quercus tinctoria*). Sa matière colorante porte le nom de *quercitrine*. C'est une substance cristalline, jaune, soluble dans l'eau, l'alcool et l'éther, d'une saveur d'abord sucrée, puis amère. Le quercitron est employé dans la teinture des toiles de coton ; il a sur la gaude l'avantage de ne pas

se fixer d'une manière sensible sur les parties non mordancées de l'étoffe.

Le *bois jaune* provient d'un mûrier, *morus tinctoria*, originaire du Brésil et des Antilles. On le trouve dans le commerce sous la forme de grosses bûches, comme le campêche. Sa décoction a une couleur orange vif tant qu'elle est chaude ; en se refroidissant, elle se trouble et laisse déposer une matière pulvérulente jaune, appelée *morin*.

19. **Substances colorantes brunes ou noires.** — Toutes les substances naturelles renfermant du *tannin* peuvent servir à produire du gris, du brun, du noir, avec le concours du peroxyde de fer. Ces substances sont nombreuses ; nous citerons seulement la *noix de galle* et le *cachou*.

On nomme *noix de galle* des excroissances arrondies, dures, qui se développent sur les rameaux et sur les feuilles des chênes par suite de la piqûre de petits insectes, hyménoptères du genre *cynips*. Celles qu'on emploie proviennent du *quercus infectoria*, chêne arbrisseau du Levant. La noix de galle sert surtout pour teindre en noir et en gris avec les sels de fer et de cuivre. La coloration noire résulte de la combinaison du tannin avec l'oxyde métallique.

En faisant bouillir dans l'eau la partie interne du bois de l'*acacia catechu*, de la famille des légumineuses, et, en évaporant la décoction, on obtient le *cachou*. C'est une substance brune, d'une saveur astringente, suivie d'un arrière-goût sucré. Il est presque entièrement soluble dans l'eau bouillante, dans l'alcool, dans l'acide acétique et dans les liqueurs alcalines qu'il colore en rouge brun. Il contient un tannin particulier nommé *acide cachoutannique*.

20. **Blanchiment des tissus.** — Bien qu'avant de filer et de tisser les fibres textiles, on les ait soumises à des traitements convenables pour les débarrasser des matières étrangères qui les accompagnent, les tissus sont encore imprégnés de divers corps qui en altèrent la pureté et la

blancheur et entraveraient l'opération de la teinture. C'est pourquoi une étoffe ne peut sortir des mains du tisserand pour entrer immédiatement dans celles du teinturier. Il est indispensable qu'elle subisse de nouvelles opérations ; sans cela, les couleurs qu'on y appliquerait se fixeraient mal ou n'auraient pas tout l'éclat désirable. Les matières à blanchir n'étant pas toutes de même nature, les procédés de blanchiment varient.

21. **Blanchiment des matières textiles végétales.** — Le procédé de blanchiment le plus ancien consiste à étendre les tissus sur un pré exposé au soleil, et dont l'herbe soit assez longue pour que l'air puisse librement circuler au-dessous de l'étoffe. Sous l'action simultanée de l'air, de l'humidité et de la lumière, les matières qui colorent les fibres, s'oxydent et se changent en une espèce de résine que l'on enlève par les lessives. On parvient ainsi, par plusieurs expositions sur le pré, et en alternant avec des lessives alcalines, à blanchir suffisamment les tissus.

Aujourd'hui, on abrége l'exposition sur le pré par l'action de l'hypochlorite de chaux dissous. Le chlore agit comme un oxydant énergique, et indépendamment du concours de la lumière; son action étant continue, le résultat est plus prompt. Mais il faut diriger avec beaucoup de soin cette action, qui pourrait ne pas se borner aux matières étrangères et attaquer la substance même du tissu.

Les étoffes de coton, en sortant des ateliers de tissage, sont imprégnées d'une matière résineuse, inhérente aux filaments du coton, de la matière colorante propre à ce végétal, du *parou* du tisserand ou *parement*, préparation où entrent de la colle, de l'amidon, du gluten. Elles contiennent encore des matières grasses, car, lorsque le parou est desséché, le tisserand assouplit les fils de la chaîne en les frottant avec de la graisse ; enfin, elles ont été salies par le contact des mains, par la poussière des ateliers. Une digestion à l'eau bouillante et des lavages réitérés à l'eau froide, enlèvent tout ce qui est soluble dans ce liquide. Après le lavage, on fait bouillir la pièce avec un lait de chaux qui dissout le parou et forme un savon calcaire avec les matières grasses. Ce savon et la partie de matière colorante que les opérations précédentes ont résinifiée sont enlevés par une lessive faible.

A ces opérations succède l'exposition sur le pré ou bien un traitement à l'hypochlorite de chaux. Enfin, on donne le dernier degré de blancheur par un bain acidulé avec de l'acide sulfurique ou chlorhydrique. Ces acides dissolvent les matières ferrugineuses et calcaires restées accidentellement dans le tissu.

Le lin et le chanvre renferment beaucoup plus de matière colorante que le coton, et cette matière ne devient soluble dans les lessives qu'après avoir été résinifiée par l'action de l'oxygène ou du chlore. Pour blanchir suffisamment les tissus de lin ou de chanvre, il faut les soumettre plusieurs fois à l'action des lessives, et, entre chaque lessive, les exposer sur le pré, ou les plonger pendant quelques heures dans un bain d'hypochlorite. Pour se faire une idée de la difficulté qu'on rencontre pour blanchir les toiles de lin et de chanvre, il suffit de savoir que, dans une des meilleures blanchisseries de France, une pièce de toile subit alternativement douze lessives et autant d'expositions sur le pré ; elle passe en outre une fois au chlorure de chaux, et deux fois à l'acide sulfurique étendu. Enfin, elle est lavée au savon noir.

22. **Blanchiment de la soie.** — La soie brute ou *écrue* est recouverte d'un vernis naturel qui lui donne de la roideur et qu'on enlève par l'eau de savon. Cette opération, que l'on nomme *décreusage*, comprend le *dégommage*, la *cuite*, le *blanchiment*.

Le dégommage se fait en maintenant plongée dans un bain de savon la soie en écheveaux supportée par des batons appelés *lissoirs*.

Pour faire la cuite, on renferme la soie dégommée dans des sacs ou poches en gros canevas, qu'on met bouillir pendant une heure et demie dans un bain moins riche en savon que le précédent.

Le blanchiment consiste à plonger la soie dans un bain chauffé à 95°, formé de 300 litres d'eau et de 500 à 750 grammes de savon blanc de Marseille. Les soies qui doivent présenter une blancheur parfaite sont exposées en outre à l'action du gaz acide sulfureux.

23. **Blanchiment de la laine.** — La laine est naturellement recouverte d'un enduit gras particulier qu'on appelle *suint*. L'élimination du suint, ou le désuintage, peut s'effectuer en partie par de simples lavages lorsque la laine est encore sur le dos des moutons. On appelle *laine lavée au dos* celle qui a été traitée de cette sorte, et *laine surge* celle qui provient d'animaux non lavés. Dans tous les cas, on complète le désuintage en plongeant les laines dans de l'eau mêlée d'urine putréfiée, ce qui revient à dire dans de l'eau ammoniacale. L'ammoniaque forme, avec les corps gras du suint, un savon soluble que l'eau entraîne. Après le désuintage, les laines sont soumises au lavage en rivière dans des paniers d'osier; enfin celles qui doivent rester blanches sont exposées encore humides à l'action du gaz sulfureux. Cette opération rend la laine roide et dure au toucher ; on lui rend sa douceur et sa souplesse primitives par un léger bain de savon.

24. **Mordançage.** — Certaines matières tinctoriales se fixent directement sur les tissus, tel est le rouge d'aniline qui teint la laine et la soie sans l'intermédiaire d'une autre substance; mais il ne peut teindre le coton non préparé convenablement. D'autres, en plus grand nombre, ne se fixent sur le tissu qu'autant que celui-ci est d'abord imprégné d'un oxyde métallique destiné à former avec la matière colorante une laque insoluble. Cet oxyde prend le nom de mordant, et l'opération qui a pour but d'en imprégner l'étoffe s'appelle mordançage.

Dans les ateliers de teinture, on n'emploie guère à cet usage que l'alumine et les oxydes de fer, de cuivre, d'étain. Avec l'alumine et les sels d'étain, la laque conserve la nuance propre à la matière colorante ; avec les sels de cuivre et de fer cette nuance est modifiée. C'est ainsi qu'en plongeant dans un bain de quercitron deux mèches de coton, l'une mordancée avec l'alun, l'autre avec un sel de fer, la première se colore en beau jaune, la seconde prend une teinte fauve. Nous avons déjà dit comment une étoffe mordancée avec l'alumine ou l'oxyde de fer en proportion plus ou moins forte prend, dans un même bain de garance, une teinte rouge, ou rose, ou noire, ou violette.

Le mordançage se pratique de diverses manières. Tantôt on fait digérer les tissus à une certaine température dans la dissolution du sel métallique ; puis on les plonge dans le bain de teinture après les avoir bien lavés. Tantôt le mordant épaissi avec des matières gommeuses est appliqué sur le tissu avec des planches d'impression ou des rouleaux. Les parties du tissu atteintes par le mordant se coloreront plus tard par l'immersion dans le bain de teinture; les parties non atteintes ne fixeront pas la matière tinctoriale et resteront blanches. Pour que l'oxyde du sel métallique se fixe avec facilité sur les fibres textiles, il faut que son affinité pour l'acide avec lequel il est combiné soit faible, tel est le motif qui fait ordinairement préférer les acétates aux sulfates. Tantôt enfin on introduit le mordant dans le bain de teinture. Le tissu qu'on plonge dans ce bain s'empare alors à la fois de mordant et de principe colorant. C'est ainsi que l'on pratique souvent la teinture des laines.

Un tissu s'assimile d'autant plus de matière colorante qu'il est plus riche en mordant. Les teinturiers appliquent ce principe pour obtenir des nuances plus ou moins foncées avec la même matière tinctoriale.

25. **Impression.** — L'art de l'*indienneur* ou fabricant de tissus imprimés appelle à son aide les ressources les plus variées de la chimie. Nous ne pouvons qu'indiquer brièvement les principales manipulations de cette merveilleuse industrie qui a pour objet de fixer sur les tissus les dessins coloriés.

Les étoffes de coton destinées à l'impression subissent, avant d'être blanchies, un *flambage* ou un *tondage*. On se propose ainsi d'enlever les filaments ou *peluches* qui dépassent le tissu et nuiraient à la pureté du dessin. Le flambage s'exécute en passant rapidement l'étoffe sur un demi-cylindre en fonte porté au rouge au-dessus d'un courant de gaz enflammé. Le tondage s'opère au moyen de machines appelées *tondeuses*, composées de deux cylindres tournants, dont l'un, garni de brosses, relève les peluches, tandis que l'autre, muni de couteaux disposés en hélice, les coupe.

Sur l'étoffe convenablement préparée, se fait l'impression soit avec des planches gravées, soit avec des rouleaux portant en relief le dessin que l'on veut reproduire. Les manipulations sont variables suivant la matière colorante employée. Dans certains cas, cette matière colorante est mélangée avec le mordant et un *épaississant*, c'est-à-dire une matière gommeuse, dextrine, amidon, gomme qui a pour effet d'empêcher la substance de diffluer sur les parties qui doivent rester blanches ou recevoir d'autres couleurs. Le mélange est appliqué sur l'étoffe, c'est-à-dire imprimé de la même façon que l'encre des typographes est imprimée sur le papier. Après l'application d'une couleur, on peut faire l'application d'une seconde, d'une troisième, etc., jusqu'à ce que le dessin présente l'association et la variété de teintes que l'on désire. Par ce premier travail, la couleur n'a pas encore formé une laque avec le mordant, elle ne s'est pas développée, enfin elle ne s'est pas fixée sur le tissu. Pour obtenir ce résultat, il faut l'intervention de la chaleur. A cet effet, l'étoffe imprimée est exposée plus ou moins longtemps dans une chambre où arrive de la vapeur. Sous l'influence de la chaleur et de l'humidité, la matière colorante se combine avec le mordant, la couleur se développe et la laque se fixe sur le tissu. Il suffit ensuite d'un simple lavage pour que le tissu apparaisse avec ses dessins multicolores.

D'autres fois on applique simplement sur l'étoffe des

mordants épaissis et de nature différente, disposés suivant le dessin proposé. L'étoffe ainsi mordancée est plongée dans un bain de teinture, de garancine par exemple. Là où se trouve imprimé du mordant d'alumine, l'étoffe prend une teinte rouge, variable depuis le rouge le plus foncé jusqu'au rose le plus tendre, suivant la richesse du mordant: là où se trouve imprimé du mordant de fer, l'étoffe devient noire ou violette ; là où se trouve appliqué un mélange de mordant d'alumine et de mordant de fer, l'étoffe devient puce. De cette manière l'étoffe sort du bain de teinture avec des teintes différentes associées en tel dessin que l'on désire.

26. **Réserves. Rongeants.** — D'autres fois on teint les pièces en préservant quelques-unes de leurs parties de l'action du bain. C'est le procédé des *réserves*. Expliquons-le par exemple.

Supposons qu'avec de l'acétate de cuivre épaissi, on imprime un dessin sur une pièce de calicot, et qu'on plonge ensuite la pièce dans une dissolution alcaline d'indigo blanc. Au contact de l'acétate, l'indigo blanc soluble deviendra indigo bleu insoluble, parce que l'oxyde de cuivre lui cédera de l'oxygène; le dessin imprimé se trouvera ainsi en rapport avec une substance qui, n'étant pas dissoute, ne pourra s'imprégner; toutes les autres parties de la pièce s'imbiberont au contraire d'indigo blanc soluble et bleuiront plus tard peu à peu par l'action de l'air. Cette dernière coloration sera fixe et stable, celle du dessin à l'acétate sera superficielle et disparaîtra par un simple lavage. De cette manière, on n'aura teint l'étoffe que dans les parties non *réservées*. L'acétate de cuivre aura donc joué le rôle de *réserve*.

D'autres fois encore, après avoir teint l'étoffe d'une manière uniforme, on détruit la couleur en certains points au moyen de *rongeants*. Supposons une étoffe teinte uniformément en rouge avec la garance. On imprime sur ce tissu tel dessin que l'on désire avec une pâte composée d'acide citrique, tartrique ou oxalique; puis on plonge l'étoffe dans un bain d'hypochlorite de chaux. Toutes les parties imprégnées d'acide se décolorent, les autres restent rouges. En effet, au contact de l'acide imprimé, l'hypochlorite de chaux se décompose et dégage du chlore qui agit rapidement sur la matière colorante et la détruit. Où il n'y a pas d'acide, l'hypochlorite peut encore se décomposer, mais d'une manière trop lente pour que son action devienne sensible en peu de temps. On obtient donc de la sorte un dessin blanc sur un fond rouge. Les acides citrique, oxalique, tartrique, qui ont servi à faire disparaître la couleur, prennent dans ce cas le nom de *rongeants*.

RÉSUMÉ

1. La plus grande partie des matières colorantes, extraites des végétaux, se développent sous l'action de l'oxygène de l'air. Un surcroît d'oxygénation, surtout sous l'influence de la lumière, les altère ou les détruit. Plusieurs d'entre elles sont altérées par les agents réducteurs.

2. Diverses matières colorantes se comportent comme des acides faibles; elles se combinent avec les oxydes métalliques, et forment ce qu'on nomme des *laques*. Pour une même matière colorante, la couleur de la laque varie suivant la nature de l'oxyde métallique. Les *mordants* des teinturiers sont des oxydes métalliques dont on imprègne les tissus pour les rendre aptes à fixer les matières colorantes, en formant avec elles des laques.

3. L'indigo se retire des indigotiers, plantes de la famille des légumineuses. Il ne préexiste pas dans ces végétaux.

4. Sa matière colorante est l'*indigotine*, substance volatilisable, insoluble dans l'eau.

5. L'indigotine forme avec l'acide sulfurique de Nordhausen un composé soluble dans l'eau, l'acide *sulfindigotique*.

6. L'indigotine, soumise à une action oxydante, devient de l'*isatine*.

7. Traité par un agent réducteur, l'indigo devient incolore et soluble. L'indigo incolore reprend sa couleur bleue et son insolubilité par l'exposition à l'air. La teinture en indigo est basée sur cette double métamorphose.

8. *L'orseille* est une matière colorante violette retirée des lichens. Elle ne préexiste pas dans ces végétaux, mais dérive de principes incolores, sous l'influence de l'ammoniaque.

9. Le *tournesol* des chimistes est également retiré des lichens. Le tournesol en drapeaux est fourni par la *maurelle*, plante de la famille des euphorbiacées.

10. La *garance* est la racine d'une plante de même nom, de la famille

des rubiacées. Un lavage convertit la poudre de garance en *fleur de garance;* un traitement à chaud par l'eau et l'acide sulfurique, traitement suivi de lavages jusqu'à neutralité, la convertit en *garancine.* Ces manipulations n'ont d'autre effet que d'éliminer autant que possible les matières étrangères au principe colorant.

11. On nomme *alizarine* la matière colorante de la garance. C'est une substance volatilisable sans altération, comme l'indigotine.

12. Le *campêche* est le bois parfait d'un arbre exotique de la famille des légumineuses. Il doit ses propriétés tinctoriales à un principe nommé *hématine.*

13. La *brésiline* est le principe tinctorial du bois de Brésil, fourni par divers arbres de la famille des Césalpiniées.

14. Le *carthame* est la fleur d'une plante de même nom. Il donne un rose de la plus grande fraîcheur, mais sans solidité. L'*orcanette* est la racine d'une borraginée.

15. La *cochenille* est un insecte hémiptère, qui vit au Mexique sur les nopals. La cochenille fournit le *carmin* et les *laques carminées.* Elle donne les rouges les plus beaux sur soie et sur laine.

16. Le *rocou* est la pulpe des fruits du rocouyer. Il donne des teintes aurores et orangées.

17. La *gaude* fournit du jaune. Son principe colorant est la *lutéoline.*

18. Le *quercitron*, ou écorce interne d'un chêne de l'Amérique du Nord, fournit une matière colorante jaune, la *quercitrine.* Le *bois jaune* est fourni par une espèce de mûrier.

19. La *noix de galle*, le *cachou*, et en général les substances renfermant du tannin, servent à la teinture en brun ou en noir, concurremment avec les sels de fer et de cuivre.

20. Les tissus, avant d'être soumis à la teinture, doivent être blanchis.

21. On blanchit les tissus de coton, de lin et de chanvre avec l'hypochlorite de chaux, aidé par le concours des lessives et de l'exposition sur le pré.

22. La soie est blanchie au moyen de dissolutions de savon successivement appliquées avec des degrés différents de concentration; les fumigations d'acide sulfureux complètent le blanchiment.

23. La laine est désuintée par les alcalis, blanchie par le gaz sulfureux, et adoucie par des bains de savon.

24. Le *mordançage* a pour but d'imprégner un tissu d'oxyde métallique, afin de le rendre apte à fixer la matière colorante. Les principaux mordants sont les sels d'alumine, de fer, de cuivre, d'étain.

25. On applique plusieurs couleurs sur une même étoffe soit en imprimant des mélanges de mordant et de matière colorante, et en exposant après le tissu à l'action de la vapeur; soit en imprimant sur l'étoffe divers mordants, et en plongeant ensuite la pièce dans un bain de teinture.

26. Les *réserves* sont des substances qu'on imprime pour préserver

certaines parties du tissu de l'action du bain. Les *rongeants* servent à détruire la couleur en des places déterminées.

CHAPITRE XX

MATIÈRES ANIMALES.

1. Composition du sang. — On distingue, en physiologie, le *sang veineux* et le *sang artériel*. Le premier est d'un rouge noir et renferme en dissolution du gaz carbonique ; le second est d'un rouge vif et renferme en dissolution de l'oxygène. Agité avec de l'oxygène, le sang veineux devient artériel en dégageant de l'acide carbonique et en absorbant de l'oxygène. Un pareil échange s'effectue dans les poumons par endosmose à travers les parois des cellules pulmonaires. Le sang oxygéné par la respiration est distribué dans toutes les parties du corps où il provoque la combustion vitale au moyen de son oxygène dissous, et redevient sang veineux en s'imprégnant d'acide carbonique, l'un des produits de cette combustion.

Veineux ou artériel, une fois qu'il est abandonné à lui-même hors des vaisseaux de l'animal, le sang se sépare spontanément en deux parties : l'une solide, gélatineuse, d'une couleur rouge foncé et nommée *caillot* ou *cruor ;* l'autre liquide, jaunâtre, appelée *sérum*. La coagulation spontanée du sang est due à un principe immédiat appelé *fibrine*. Si, en effet, au lieu d'abandonner le sang au repos, on l'agite vivement en le battant avec des verges, la fibrine, à mesure qu'elle se coagule s'attache aux verges en filaments élastiques, en grumeaux gélatineux que l'on met à part. Ainsi privé de sa fibrine, le sang ne se coagule plus spontanément. Néanmoins il conserve toujours sa coloration rouge, au lieu de présenter la teinte jaunâtre du sérum du sang coagulé par le repos. En voici la cause. Le sang doit sa coloration à des corpuscules solides, rouges, de forme lenticulaire, appelés *globules du sang*. Lorque sa coagulation est spontanée, la fibrine entraîne avec elle, enferme dans sa masse les globules sanguins, et le tout forme un caillot rouge; mais si la fibrine se coagule pendant que le sang est vivement agité, les globules ne sont plus emprisonnés par le caillot à mesure qu'il se forme et restent dans la partie liquide, qu'ils colorent en rouge. L'expérience suivante achève la démonstration. On filtre sur du papier du sang de grenouille, dont les globules ont un diamètre trop grand pour pouvoir passer à travers les pores du papier. Ces globules restent donc sur le filtre en une masse rouge; quant au liquide qui passe, il est incolore, mais toujours apte à se coaguler spontanément. Le cruor formé dans ces conditions est dépourvu de couleur rouge; il est uniquement composé de fibrine, sans globules sanguins. Ainsi le cruor, tel qu'il se forme dans du sang non filtré, abandonné au repos, contient une matière incolore, la fibrine, liquide tant que le sang est sous l'influence de la vie et se coagulant bientôt hors de cette influence, et une matière solide rouge, c'est-à-dire les globules sanguins. Enfin si l'on porte à une température de 60° environ la partie liquide du sang coagulé, sa chaleur en amène la solidification comme elle le fait pour le blanc de l'œuf ou l'*albumine*. En ne tenant compte que des principes fondamentaux du sang, il y a donc à considérer dans ce liquide l'*albumine*, la *fibrine* et les *globules*.

2. **Albumine.** — L'albumine du sang est identique avec celle du blanc d'œuf. Nous les confondrons dans l'histoire abrégée que nous allons en tracer. L'albumine est une substance quaternaire, renfermant de l'oxygène, de l'hydrogène, du carbone et de l'azote dans sa composition chimique. Le blanc de l'œuf, le sérum du sang, et divers autres liquides de l'organisation, comme l'humeur

vitrée de l'œil, la renferment à l'état de dissolution dans l'eau. Elle forme environ les 7 centièmes du poids du sang. L'albumine se présente sous deux états distincts : l'*albumine soluble* et l'*albumine insoluble* ou *coagulée*. La coagulation a lieu à une température qui peut osciller entre 60° et 70°. Ce changement d'état n'entraîne avec lui aucun changement de composition ni de propriétés chimiques. Elle devient alors d'un blanc mat, comme le blanc d'œuf cuit en est un exemple familier. La coagulation peut se faire à froid au moyen de certains corps, tels que l'alcool, le phénol et les divers acides, à l'exception de l'acide acétique et de l'acide phosphorique. C'est à cause de sa propriété de se coaguler par l'alcool que l'albumine, soit des œufs, soit du sérum, est utilisée pour clarifier les vins. Au contact de la liqueur alcoolique, l'albumine se prend en une trame solide qui englobe dans ses mailles et entraîne les matières solides qui rendaient le vin trouble.

Elle forme encore des composés insolubles avec plusieurs sels métalliques, et en particulier avec le sublimé corrosif. C'est pourquoi l'on recommande, dans les empoisonnements par ce sel mercuriel, l'emploi du blanc d'œuf. C'est encore à cause de cette dernière propriété, que l'on fait usage du sublimé corrosif pour conserver les pièces anatomiques.

La baryte, la chaux se combinent avec l'albumine telle qu'elle se trouve dans les œufs et donnent un produit très-solide, très-agglutinatif qui, après dessiccation, résiste à l'eau bouillante. Le mastic d'albumine et de chaux est employé dans les laboratoires pour luter les appareils ; on l'emploie aussi pour raccommoder la porcelaine cassée.

L'industrie des tissus imprimés fait usage de l'albumine pour fixer sur les étoffes des couleurs insolubles, des poudres colorées. La matière mélangée avec une dissolution d'albumine est imprimée sur les tissus, qu'on expose après à l'action de la vapeur. L'albumine se coagule et fixe la matière colorante d'une manière assez solide pour résister à l'action du savon bouillant.

L'albumine contient toujours une faible proportion de soufre, aussi dégage-t-elle du gaz sulfhydrique en se putréfiant.

3. **Fibrine.** — La fibrine a la même composition chimique que l'albumine, dont elle diffère tant par ses propriétés physiques, en particulier par la propriété qu'elle a de se coaguler spontanément dès qu'elle n'est plus sous l'influence de la vie. C'est elle qui amène la coagulation du sang, c'est elle qui adhère aux verges avec lesquelles on bat ce liquide au sortir de la veine. Il suffit de laver la masse filamenteuse obtenue par ce moyen, avec de l'eau, de l'alcool et de l'éther, pour enlever les globules qui la colorent en rouge, les matières grasses qui l'accompagnent et obtenir la fibrine pure.

La fibrine est blanche, sans odeur ni saveur. Une fois coagulée, elle est complétement insoluble dans l'eau. Sa texture est très-remarquable. Elle est formée de corpuscules sphériques qui adhèrent entre eux de manière à former des chapelets ayant l'aspect de fils noueux. Par une longue ébullition dans l'eau, elle devient en partie soluble, elle peut même le devenir entièrement si, extraite du sang d'animaux jeunes, elle est soumise à l'action d'une chaleur faible, mais prolongée. Une fois dissoute, elle présente tous les caractères de l'albumine. Quelques acides désorganisent la fibrine et la transforment en une gelée incolore soluble dans l'eau chaude. Un demi-millième d'acide chlorhydrique suffit pour produire cet effet. Le suc acide de l'estomac ou le suc *gastrique* produit encore plus rapidement cette métamorphose.

La chair musculaire, débarrassée du sang qui l'imprègne et de ses matières grasses, c'est-à-dire réduite à ses seules *fibres*, n'est autre que de la fibrine. Aussi peut-on appeler avec juste raison *chair coulante*, le sang tel qu'il est dans l'animal, puisqu'il renferme en dissolution la substance même des fibres musculaires ou de la chair,

Enfin le *gluten* des céréales paraît être identique avec la fibrine quant à sa nature chimique; c'est de la *fibrine végétale*.

4. Globules du sang. — Chez l'homme, les globules du sang ont la forme de disques légèrement biconcaves, formés d'une enveloppe membraneuse incolore renfermant un liquide visqueux rouge, qui paraît jaune par transparence. Telle est aussi la forme des globules de la plupart des mammifères. Les oiseaux ont des globules ovales, allongés, renflés dans leur centre, amincis sur les bords; ceux des batraciens sont ovales et fort convexes. Le diamètre des globules de l'homme A est en moyenne de $\frac{1}{120}$ de millimètre, chez les oiseaux A', il est plus grand; et pour la grenouille, il mesure $\frac{1}{45}$ de millimètre (fig. 51). Ils sont composés d'une enveloppe membraneuse de nature albuminoïde, d'une matière colorante ou *hématosine*, de substances grasses, et de principes salins.

Fig. 51.

Les substances grasses se composent en particulier d'oléine, de margarine, d'oléates, de margarates; les principes salins sont des chlorures, des phosphates, des sulfates de potasse, de soude, de chaux, de magnésie. L'*hématosine* ou matière colorante du sang est une substance solide, inodore, insipide, insoluble dans l'eau, soluble dans l'alcool et dans l'éther, qu'elle colore en rouge-sang. Obtenue par l'évaporation de sa dissolution alcoolique, elle est en lamelles à éclat métallique, d'une couleur améthyste sur les bords. Cent parties d'hématosine donnent, par la calcination, dix parties de peroxyde de fer.

Le sang veineux de l'homme donne, sur 100 parties en poids, 13 parties de cruor et 87 parties de sérum, qui se subdivisent ainsi :

Cruor	Fibrine		0,30	13,00
	Globules	Hématosine	0,20	
		Matières albuminoïdes, etc.	12,50	
Sérum	Albumine		7,00	87,00
	Matières grasses		0,06	
	Sels minéraux divers		0,94	
	Eau		79,00	
				100,00

5. **Composition du lait.**— Abandonné à lui-même dans un endroit frais, au contact de l'air, le lait laisse bientôt surnager une couche jaunâtre, onctueuse, formée de corps gras. On lui donne le nom de *crème*. La partie liquide constitue le *lait écrémé*. Celui-ci, additionné de quelques gouttes d'un acide quelconque, *tourne*, comme on dit vulgairement, c'est-à-dire produit des grumeaux coagulés, des caillots d'une matière blanche appelée *caséine*. Le liquide restant s'appelle *petit-lait*. Il renferme en dissolution divers sels minéraux et un principe sucré appelé *lactose* ou *sucre de lait*. Il contient en outre des traces d'albumine. La proportion de ces divers principes est variable d'une espèce à l'autre. Le lait de brebis contient en moyenne, sur 100 parties en poids, 7,50 de matières grasses, 4 de caséine, ,30 de lactose, 1,70 d'albumine, 0,90 de sels métalliques, 1,60 d'eau.

6. **Caséine.** — Le précipité que les acides déterminent dans le lait écrémé est de la *caséine*. Débarrassée des traces de corps gras qui peuvent l'accompagner encore et desséchée, la caséine est une substance blanche, pulvérulente, inodore, sans saveur, à peine soluble dans l'eau. Elle se dissout facilement dans les alcalis caustiques ou carbonatés; elle est précipitée de ses dissolutions par tous les acides, à l'exception de l'acide carbonique et de l'acide phosphorique. D'après cela, il est évident que la caséine, matière presque complétement insoluble dans l'eau, n'est en grande partie dissoute dans le lait qu'à la faveur des carbonates alcalins dont on constate la présence dans le petit-lait. Si un acide intervient, les carbonates alcalins sont trans-

formés en d'autres sels, et la caséine privée de son dissolvant se coagule. C'est ce qui arrive quand le lait s'aigrit et tourne spontanément. Il se forme de l'acide lactique aux dépens du lactose, et la coagulation a lieu comme par l'addition artificielle d'un acide. On empêche le lait de se cailler de lui-même au moyen d'une faible proportion de carbonate de soude.

La caséine a la même composition chimique que l'albumine et la fibrine ; ces trois corps azotés sont isomères. On retrouve la caséine chimiquement identique à celle du lait, dans l'organisation végétale. C'est ainsi que le gluten des céréales, soumis à l'action de l'alcool bouillant, lui abandonne un principe qui se dépose en flocons blancs par le refroidissement et possède tous les caractères de la caséine animale. Ce qui reste après ce traitement est de la fibrine végétale.

Les deux substances primordiales de l'organisation des animaux sont l'albumine et la fibrine, qui entrent dans la composition de la chair musculaire et du sang. Ces deux substances sont isomères avec la caséine que le travail vital transforme en albumine ou en fibrine par une simple retouche dans l'arrangement moléculaire, sans faire intervenir d'autres éléments, sans modifier les proportions primitives. On comprend ainsi comment l'animal à la mamelle trouve dans le lait la substance de sa chair, comment l'oiseau dans son œuf organise ses muscles avec sa provision d'albumine. L'un des trois corps étant donnés, les autres en dérivent par le travail chimique de la vie sans qu'il y ait création de toutes pièces. La chair musculaire dont se nourrit l'animal carnivore devient caséine pour le lait, albumine pour l'œuf ; à leur tour la caséine et l'albumine deviennent chair musculaire pour le nourrisson à la mamelle et pour l'oiseau dans sa coquille. Mais les animaux de proie vivent aux dépens des espèces herbivores, qui elles-mêmes trouvent toutes formées dans la plante les substances primordiales de leur organisation. Ce sont donc en dernière analyse les végétaux qui associent chimiquement l'oxygène, l'hydrogène, le carbone et l'azote pour produire l'albumine, la fibrine et la caséine. Directement s'il est herbivore, indirectement s'il est carnivore, l'animal trouve dans la plante les principes chimiques de sa chair musculaire, de ses os, de ses nerfs, de son sang; il ne les crée pas de toutes pièces, il les emprunte au règne végétal, qui seul a la faculté chimique de faire de l'albumine, de la fibrine et de la caséine avec de l'eau, du gaz carbonique et de l'ammoniaque. Réciproquement, par l'exercice de la vie, l'animal transforme ses principes organisés en vapeur d'eau, gaz carbonique, ammoniaque, avec lesquels la plante reconstruit l'édifice primitif. La plante crée, l'animal détruit; la première est chimiquement un appareil de synthèse, le second un appareil d'analyse.

7. **Lactose.** — La caséine sert à la fabrication du fromage; la crème, à la fabrication du beurre; le petit-lait donne le lactose. Le sucre de lait ou lactose a la même composition que le sucre incristallisable. On le prépare en évaporant le petit-lait. C'est surtout en Suisse qu'on en produit en utilisant le liquide qui reste après la séparation de la crème et de la caséine, dans la fabrication du fromage de gruyère. On le trouve dans le commerce sous forme de grappes grenues. C'est une substance blanche, assez dure, soluble dans l'eau, d'une saveur faiblement sucrée. Le lait lui doit sa saveur douce. Le lactose est soluble dans 6 parties d'eau froide et dans 2 parties d'eau bouillante; il ne se dissout ni dans l'alcool ni dans l'éther. L'acide azotique le convertit en acide oxalique et en acide mucique. Selon la nature du ferment et les conditions dans lesquelles il est placé, le lactose éprouve la fermentation lactique, ou butyrique ou alcoolique. Nous avons déjà vu comment on provoque la première fermentation pour obtenir l'acide lactique.

8. **Gélatine.** — Les cartilages, la matière animale des os, les tendons, les ligaments, la peau, au moyen d'une ébullition prolongée dans l'eau, donnent une dissolution visqueuse, qui se prend en gelée par le refroidissement. La

substance ainsi obtenue porte le nom de *gélatine*. Elle n'existe pas toute formée dans les animaux, mais résulte d'une altération provoquée par l'action soutenue de l'eau bouillante. Pure, c'est une substance incolore, translucide, sans saveur ni odeur, dure et cassante. Elle est soluble dans l'eau à laquelle elle communique une grande viscosité, mais elle est insoluble dans l'alcool. Le gélatine forme avec le tannin une combinaison insoluble qui, peu à peu, prend l'aspect d'une masse tenace, élastique, comparable à du cuir. Ses dissolutions dans l'eau, même très-étendues, sont troublées par le tannin par suite de cette combinaison. La gélatine plus ou moins pure constitue la *colle forte* dont les applications sont si nombreuses en menuiserie et en ébénisterie, pour les apprêts des tissus, la peinture en détrempe, les papiers peints, les cartons, etc.

9. **Fabrication de la colle forte.**— Les matières employées sont les pellicules minces que le mégissier enlève sur les peaux, les rognures de cuir, les gros tendons des jambes, les rognures des parcheminеries, les résidus des tanneries. Ces matières sont introduites dans une chaudière B (fig. 52) placée directement au-dessus d'un foyer, et dont le fond bombé intérieurement est muni d'un robinet. Elles sont soutenues par un double fond percé de trous, de manière qu'elles ne se trouvent jamais en contact avec la paroi atteinte par la flamme. L'eau est fournie par un récipient G que chauffe la chaleur perdue du fourneau. On prolonge la cuite en brassant la masse avec une spatule jusqu'à ce que toutes les matières soient fondues. Quand le liquide de la chaudière B est assez concentré pour se prendre en gelée consistante par le refroidissement, on arrête le feu, et l'on ouvre le robinet *r*. Le liquide passe alors dans la chaudière A, déjà chauffée à plus de 100°, où il doit séjourner pendant quelques heures pour laisser déposer les impuretés qu'il tient en suspension et se clarifier. Enfin le liquide clarifié est versé dans des moules en sapin où il se prend en une masse solide. On détache les pains gélatineux des parois des moules au moyen d'une grande lame de cou-

teau trempée dans l'eau, et on les renverse sur une table mouillée. On divise alors les pains en minces feuilles au moyen d'un fil de cuivre tendu. On dispose ensuite ces feuilles sur des châssis superposés pour les faire sécher.

Fig. 52.

Les os peuvent aussi servir à la fabrication de la colle. Ils sont formés de matière animale, nommée *cartilage*, incrustée de sels calcaires, carbonate et phosphate. Comme ces sels sont solubles dans l'acide chlorhydrique, on peut, au moyen de cet acide, les séparer de la matière animale; et celle-ci, une fois isolée, se transforme en colle par une longue ébullition dans l'eau.

La *colle de poisson* se prépare sur les bords de la mer Caspienne et des fleuves qui s'y jettent. A cet effet, on trempe dans l'eau la vessie natatoire des esturgeons pêchés dans ces régions, on en sépare soigneusement la peau extérieure et on la débarrasse du sang qui peut l'imprégner. Ensuite on la renferme dans une toile pour la pétrir, la ramollir et en faire des cylindres que l'on contourne en forme de lyre. Ces cylindres sont desséchés à une basse température et enfin blanchis par le gaz sulfureux. La colle de poisson est peu altérable à l'air, coriace, d'un goût fade, presque insipide. Macérée dans l'eau froide, elle se gonfle, se ramollit et se sépare en feuillets membraneux. Elle se dissout dans l'eau bouillante, et se prend par le refroidissement en une gelée blanche demi-transparente. On l'emploie pour le collage des vins et de la bière, pour les apprêts des étoffes de soie.

10. **Urée** ($C^2H^4Az^2O^2$). — L'exercice de la vie entraîne la destruction incessante des organes comme dans toute machine qui travaille, et leur rénovation comme dans toute machine qu'on répare pour un usage prolongé. Les résidus de l'organisme hors de service se nomment *excrétions*, les matériaux nouveaux qui les remplacent sont fournis par la *nutrition*. L'acide carbonique, et la vapeur d'eau de l'exhalation pulmonaire sont des excrétions provenant des matières carbonées et hydrogénées de l'organisation brûlées par l'oxygène de l'air pendant le travail respiratoire; l'urée, principe essentiel de l'urine, est le produit de la combustion des matières azotées. L'urée existe toute formée dans le sang, car elle prend naissance partout où le sang met en rapport l'oxygène avec les matériaux azotés de l'organisme; mais elle est surtout abondante dans l'urine, liquide que les reins séparent du sang chargé de matériaux hors de service.

Pour extraire l'urée, on évapore l'urine fraîche jusqu'au dixième de son volume, et l'on y ajoute peu à peu de l'acide azotique. On obtient ainsi une bouillie cristalline, qui, lavée avec de l'eau froide, puis exprimée entre des feuilles de papier buvard, constitue l'*azotate d'urée*. Pour que ce sel soit pur, on décolore sa dissolution aqueuse avec du noir animal préalablement privé de son carbonate de chaux, par un traitement avec l'acide chlorhydrique ; ensuite la liqueur incolore est soumise à plusieurs cristallisations. Pour isoler l'urée, on traite la dissolution de son azotate par du carbonate de baryte; il se forme de l'azotate de cette base, l'acide carbonique se dégage et l'urée devient libre. On évapore le liquide jusqu'à siccité, et l'on reprend le résidu par l'alcool qui dissout l'urée seule.

11. Préparation artificielle de l'urée. — Pour obtenir artificiellement l'urée, on réduit, en poudre fine, vingt-huit parties de prussiate jaune de potasse bien sec, et on les mélange avec quatorze parties de bioxyde de manganèse également bien pulvérisé. On chauffe au rouge le mélange sur une plaque en tôle pour qu'il prenne feu ; alors on remue continuellement dans le but d'éviter l'agglomération. Quand la réaction est terminée, on lessive la masse avec de l'eau froide, et l'on ajoute à la dissolution $20\frac{1}{2}$ parties de sulfate d'ammoniaque sec. S'il se dépose du sulfate de potasse, on le sépare par filtration, et l'on fait évaporer le liquide pour obtenir de nouveaux cristaux de ce même sel qu'on enlève à mesure. Enfin, quand le liquide est évaporé à siccité, on reprend le résidu par l'alcool bouillant, qui dissout uniquement l'urée, et la laisse déposer en cristaux par le refroidissement.

Le traitement du prussiate jaune de potasse par le bioxyde de manganèse donne naissance à du cyanate de potasse, sel soluble dans l'eau. La dissolution aqueuse de cyanate additionnée de sulfate d'ammoniaque produit par double décomposition du cyanate d'ammoniaque, et du sulfate de potasse. Or, le cyanate d'ammoniaque AzH^4O, C^2AzO est isomère avec l'urée $C^2H^4Az^2O^2$, et se transforme spontanément en ce dernier corps au contact de l'eau par un simple groupement moléculaire qui ne modifie pas les primitives proportions des éléments. Cette préparation artificielle de l'urée, employée de préférence au procédé répugnant de l'urine, est en date une des premières synthèses organiques de la science, et l'une des plus remarquables, car elle obtient par des réactions de laboratoire très-simples un produit essentiel du travail chimique de la vie.

12. Propriétés de l'urée. — L'urée est une substance solide, cristallisant en longs prismes aplatis, incolores, transparents, doués d'une saveur fraîche et amère qui rappelle celle du nitre. Elle est soluble dans l'eau et dans l'alcool. Chauffée avec de la potasse, ou traitée par de l'acide sulfurique concentré, ou bien chauffée à 140° avec de l'eau dans un tube scellé à la lampe, elle se convertit en acide carbonique et en ammoniaque, par la fixation de deux équivalents d'eau.

$$\underbrace{C^2H^4Az^2O^2}_{\text{Urée}} + \underbrace{2HO}_{\text{Eau}} = \underbrace{2CO^2}_{\text{Acide carbonique}} + \underbrace{2AzH^3}_{\text{Ammoniaque.}}$$

Pareille réaction a lieu quand l'urine se putréfie. Cette propriété nous rend compte des exhalaisons ammoniacales de l'urine en décomposition, et de l'emploi de ce liquide comme source d'ammoniaque. L'urée peut être considérée comme un alcaloïde oxygéné, elle se combine en effet avec la plupart des acides, et donne des composés dont l'azotate d'urée est l'exemple le plus important.

13. Acide urique ($C^{10}H^4Az^4O^6$). Les excrétions azotées de l'organisation animale ne sont pas toujours représentées par de l'urée; d'autres principes congénères la remplacent. Ainsi l'on trouve l'acide *hippurique* dans l'urine des mammifères herbivores, l'acide *urique* dans l'urine des mammifères carnassiers, et surtout des oiseaux et des reptiles. La partie blanche, d'aspect crétacé, qui accompagne les excréments des oiseaux par exemple, constitue l'urine de ces animaux, et se compose en majeure partie d'urate d'ammoniaque. On trouve le même sel dans les chrysalides des vers à soie et des divers papillons en général, dans les nymphes d'une foule d'insectes, dans les excrétions que ces animaux rejettent après le remaniement organique de la métamorphose.

On peut retirer l'acide urique, soit des excréments des reptiles, soit du guano, engrais agricole formé surtout de déjections d'oiseaux, soit des chrysalides des vers à soie, soit tout simplement de la partie blanche des excréments de nos oiseaux domestiques. L'urine humaine en contient une certaine quantité, variable suivant la nature de l'alimentation. L'urine d'un homme inactif, dont la nourriture est très-azotée, est plus riche en acide urique que celle d'un homme qui se livre à des exercices violents, et qui se nourrit principalement de matières végétales. On le trouve encore dans les calculs urinaires, et dans les concrétions articulaires des goutteux. Le défaut d'exercice, l'alimentation trop animale en favorisent la formation.

L'acide urique est une poudre cristalline blanche, peu soluble dans l'eau, insoluble dans l'alcool, sans odeur ni saveur. Il se dissout avec effervescence dans l'acide azotique. La dissolution, évaporée à une douce chaleur dans une capsule, laisse un résidu d'un rouge orangé, qui en présence de l'eau et de l'ammoniaque produit un liquide d'un beau rouge carmin. Cette réaction peut servir à reconnaître de très-petites quantités d'acide urique, tant elle est sensible. La substance, formée dans ces conditions, prend le nom de *murexide*. Elle a été employée en teinture sur soie.

14. Fermentation putride. — Tant que la matière organisée, soustraite aux lois et aux forces de la vie, reste à l'abri de l'air et de l'humidité, elle ne subit pas d'altération; mais en présence de l'oxygène atmosphérique et de l'eau, favorisée par la température, elle se décompose et se putréfie. C'est alors qu'elle exhale un odeur fétide; en même temps, elle change de couleur et de consistance, et parcourt une série d'altérations jusqu'à ce qu'elle soit convertie en une espèce de terreau. Soit répugnance, soit toute autre difficulté, on n'a guère jusqu'ici suivi pas à pas le progrès de la putréfaction pour en étudier les produits successifs. On sait cependant que la putréfaction est un fait complexe qui rappelle la fermentation, en ce sens que les principes constitutifs de l'animal, dès qu'ils ne sont plus protégés par la force de la vie, sont livrés à l'action d'êtres inférieurs, végétaux ou animaux microscopiques, qualifiés de ferments. L'oxygène seul, sans le concours des êtres vivants, joue un rôle comburant incontestable vis-à-vis de la matière morte; mais son action est très-lente, et varie d'énergie suivant la nature des matières organisées, à peu près comme il arrive dans l'oxydation des métaux, dont les uns sont à peine oxydables, comme le plomb et le zinc, tandis que d'autres, comme le potassium et le sodium le sont considérablement, et d'autres, comme l'or et le platine, ne le sont pas du tout. Cette action lente de l'oxygène est exaltée par les ferments. Nous avons vu que ces êtres microscopiques ont la propriété de transporter l'oxygène de l'air sur la matière organisée et d'en amener la combustion, à peu près comme les globules du sang ont la faculté de servir de véhicule à l'oxygène de la respiration, et de le fixer sur les matériaux vieillis de l'organisme qui deviennent vapeur d'eau, gaz carbonique, urée. Pour la seconde fois, nous répéterons les hautes considérations de M. Pasteur. « Si les êtres microscopiques disparaissaient de notre globe, la surface de la terre serait encombrée de matière organique inerte et de cadavres de tout genre. Ce sont eux principalement qui donnent à l'oxygène ses propriétés comburantes. Sans eux, la vie deviendrait impossible, parce que l'œuvre de la mort serait incomplète. Après la mort, la vie reparaît sous une autre forme et avec des propriétés nouvelles. Les germes, partout répandus, des êtres microscopiques commencent leur évolution, et, à leur aide, l'oxygène se fixe en masses énormes sur les substances organiques que ces êtres ont envahies, et en opère peu à peu la combustion complète. »

A côté de ces ouvriers de l'infiniment petit, qui défrichent la mort pour en rendre les éléments à la vie, en minéralisant la matière organique, c'est-à-dire en la convertissant en eau, gaz carbonique et ammoniaque, dont la végétation fera emploi pour de nouvelles œuvres vivantes ; à côté de ces ferments qui s'attaquent à l'atome chimique, il faut citer les populations d'insectes qui ont mission de purger la terre de ses immondices et de faire rentrer dans le courant de la vie les épaves nauséabondes de la mort. Un cadavre en putréfaction est souvent envahi par des légions d'insectes, de larves grouillantes qui se repaissent de sanie, de sorte que la matière morte se métamorphose, s'anime sur place, et cela dans un laps de temps assez court. Aux Indes, un cadavre d'éléphant passe en quelques jours à l'état de squelette, et sa substance revit presque sans interruption dans les espèces animales qui en font pâture.

La matière qui a cessé de vivre tantôt reprend vie sous de nouvelles formes en servant à l'alimentation d'animaux inférieurs ; tantôt elle se minéralise par l'action de l'oxygène de l'air, qui transforme le carbone en acide carbonique, l'hydrogène en eau, et permet ainsi à l'azote de passer à l'état d'ammoniaque. Cette minéralisation, cette analyse finale, est exaltée par les êtres les plus bas placés dans l'échelle de l'organisation, par les ferments qui remplissent peut-être le rôle le plus important dans la résolution de la matière organisée et dans son retour au règne minéral.

Pendant tout le cours de la putréfaction, les produits qui se dégagent exhalent une odeur fétide, due probablement à la présence du soufre et du phosphore dans ces gaz; il se forme en outre de l'hydrogène sulfuré. Lorsque la putréfaction s'accomplit en présence de substances de nature basique, on remarque au nombre des produits une certaine quantité d'acide azotique. Il est probable que la formation de cet acide est due à l'oxydation de l'ammoniaque; du moins l'on sait que ce gaz subit cette même transformation lorsque, mêlé à de l'oxygène, il se trouve sous la double influence de la porosité et de la chaleur.

15. Conservation des matières animales. — Les procédés de conservation des matières organisées sont de deux sortes : 1° ceux par lesquels on soustrait les matières putrescibles à l'action de l'air, de l'humidité, de la chaleur ; 2° ceux par lesquels on imprègne les matières que l'on veut conserver de certaines substances appelées *antiseptiques*.

La *dessiccation* est un des moyens les plus efficaces de conservation, mais dont l'emploi ne peut être que restreint. Il serait difficile, par exemple, de dessécher un quartier de bœuf dans un délai assez court, pour qu'il ne s'opérât point, pendant la durée du travail, une altération plus ou moins profonde ; d'autre part, les substances animales, en se desséchant, se racornissent et ne peuvent plus reprendre entièrement leur saveur et leur état primitifs. Le chair découpée en tranches minces, et séchée au soleil, comme on le pratique dans l'Amérique du Sud, devient très-dure et fournit un aliment aussi peu savoureux que difficile à digérer.

Voici un procédé préférable, mais plus coûteux. On fait tremper, pendant cinq à dix minutes, des tranches de viande du poids de 50 à 100 grammes, dans une chaudière remplie d'eau bouillante; puis on les porte sur un treillis dans une étuve à air chaud, dont la température doit être d'une cinquantaine de degrés. On plonge ainsi successivement tous les morceaux de viande dans la même eau, qui se trouve finalement transformée en consommé auquel on ajoute du sel et quelques épices, et que l'on évapore jusqu'à ce qu'il se prenne en gelée par le refroidissement. Après deux jours passés à l'étuve, la viande est suffisamment desséchée. On la trempe alors dans la gelée précédente, puis on la porte de nouveau à l'étuve, où elle se dessèche entièrement. Ainsi recouverte d'un enduit de gélatine, et abritée du contact de l'air, la viande se conserve si elle est tenue dans un lieu sec et reprend par la cuisson ses propriétés nutritives.

La dessiccation est surtout employée pour conserver les fruits, qui tantôt sont desséchés en entier, comme les prunes, les figues, les dattes, les raisins ; tantôt après avoir été coupés en quartiers, comme les pommes. La dessiccation a lieu, suivant le climat, soit au soleil, soit dans des fours de boulangerie, soit dans des étuves spéciales.

Les légumes alimentaires sont également conservés par ce procédé. On les soumet d'abord à l'action de la vapeur d'eau à cinq atmosphères, puis on les dessèche rapidement dans des étuves à courant d'air chaud. Enfin on les comprime avec la presse hydraulique pour les réduire au moindre volume et en faciliter le transport.

Le *froid*, qui s'oppose au développement des ferments, cause principale de la putréfaction, est un excellent moyen de conservation quand on peut l'appliquer. Dans les glaces éternelles de la Sibérie, on retrouve parfaitement conservés les cadavres d'une espèce d'éléphant, le mammouth, qui vivait à des époques préhistoriques et dont l'espèce n'existe plus aujourd'hui. Aussi, pendant l'été, on conserve facilement dans les glaciers la viande de boucherie et le poisson.

16. **Procédé Appert.** — Si une matière organisée est mise à l'abri rigoureux de l'air, si de plus, par la chaleur, elle est débarrassée des germes de ferments qu'elle peut contenir, il est visible que sa conservation doit être de longue durée. Ce sont ces conditions que réalise le procédé Appert. Les mets tout préparés sont introduits dans une boîte en fer-blanc de grandeur convenable; le couvercle de la boîte est alors soudé, mais il présente encore une petite ouverture ménagée pour donner issue aux gaz qui vont se dégager pendant le reste de l'opération. Les boîtes ainsi préparées sont plongées dans l'eau bouillante. Quand les vapeurs sortent avec force par la petite ouverture du couvercle, on retire un peu la boîte et l'on bouche son orifice avec une goutte de soudure.

Les viandes préparées par le procédé Appert sont encore bonnes après quinze à vingt années de préparation. Cependant les marins qui ont eu l'occasion d'en faire un long usage s'accordent à déclarer que l'emploi continu de ce genre d'aliments devient désagréable. Une certaine saveur officinale propre à ce genre de mets finit à la longue par exciter une véritable répugnance.

Les objets d'un petit volume, comme les haricots, les pois verts, sont conservés dans des bouteilles en verre que l'on ferme avec de bons bouchons et qu'on place ensuite dans un bain d'eau salée ou de vapeur chauffée un peu au-dessus de 100°.

17. Conservation par les antiseptiques. — La conservation par le sel ou la *salaison* est un des procédés les plus employés. Il consiste à frotter la viande avec du sel, à l'en saupoudrer, puis à la disposer par lits et à la charger de poids. Au bout de quelques jours, les pièces sont remaniés, additionnées de sel et enfin arrosées avec la *saumure* qui s'en écoule par la pression. C'est ainsi qu'on prépare les viandes salées, la morue.

Après le sel, l'antiseptique le plus employe pour la conservation des substances alimentaires est la fumée du bois, qui agit par la *créosote* et l'*acide pyroligneux* qu'elle contient. La viande est d'abord frottée avec du sel, souvent aussi avec un peu de salpêtre, puis elle est enfermée dans une hutte destinée à cet usage. La règle à suivre en fumant les viandes est de ne produire que peu de fumée à la fois, et par suite d'augmenter la durée de l'opération. Lorsqu'on produit trop de fumée, il est impossible d'obtenir un bon résultat; l'extérieur est trop fumé avant que l'in-l'intérieur le soit sensiblement. A la fin de l'opération, on produit pendant un temps très-court beaucoup de fumée, afin surtout de préserver la surface constamment exposée à l'air.

Lorsqu'il s'agit de conserver des pièces anatomiques, on fait usage d'antiseptiques puissants dont l'emploi ne saurait évidemment convenir à la conservation des substances alimentaires, puisque la plupart d'entre eux sont vénéneux. De ce nombre sont : l'*acide phénique*, le *sublimé corrosif*, l'*acide arsénieux*. L'éther, le chloroforme, l'alcool, les huiles de houille, et en général toutes les substances qui par leur action toxique s'opposent au développement des ferments putrides, sont d'excellents antiseptiques.

18. **Tannage des peaux.** — La peau desséchée sans préparation s'altérerait promptement si l'on ne l'imprégnait d'un antiseptique, de *tannin*, éminemment apte à former avec elle des combinaisons imputrescibles. Ainsi préparée, elle s'appelle *peau tannée*, à cause du *tan* ou écorce de chêne riche en tannin, qui joue le principal rôle dans cette opération.

Les peaux destinées au *tannage* peuvent être *sèches et non salées* comme celles qui nous arrivent de Buénos-Ayres, *sèches* et *salées*, comme celles de Bahia, ou *fraîches*, comme celles qui sont vendues par les bouchers. Les peaux de bœuf et de buffle sont employées pour la fabrication des *cuirs forts;* celles de vache, de veau et de cheval, pour les *cuirs mous;* celles de mouton et de chèvre, pour les *cuirs* minces et très-flexibles.

Pour amener les peaux exotiques ou sèches au même état que les peaux fraîches ou vertes, on les immerge pendant plusieurs jours dans l'eau, on les piétine, on les étire, et quelquefois, même, on est obligé de les soumettre à l'action du foulon, et de les laisser tremper dans l'eau de chaux.

Les peaux vertes doivent, elles aussi, être macérées pendant deux à trois jours pour qu'elles perdent leurs principes solubles, et notamment le sang dont elles sont imprégnées. Enfin, elles sont soumises à quatre opérations consécutives qui sont le *pelanage*, l'*épilage*, le *gonflement*, le *tannage*.

Le *pelanage* consiste à faire passer successivement les peaux dans quatre à cinq cuves contenant un lait de chaux. On commence par les cuves épuisées par une opération précédente, on continue par celles qui sont de moins en moins épuisées, et l'on finit par une cuve dont le lait de chaux est récent. Cette opération, qui dure de trois semaines à un mois, a pour but de disposer les poils et les lambeaux de chair à se détacher aisément de la peau.

Par l'*épilage* ou *débourrage*, on se propose d'enlever les poils des peaux pelanées. A cet effet, on place ces dernières sur un chevalet, et on les racle avec un couteau émoussé, dit *couteau rond*. Dès que tous les poils sont enlevés, on fait macérer de nouveau les peaux, puis on les place encore sur le chevalet. On leur enlève alors, au moyen d'un couteau tranchant à lame circulaire, les lambeaux de chair et les bords; ensuite, avec une pierre en grès dur bien uni, on fait disparaître les aspérités qui recouvrent la peau du côté des poils. Enfin, avec un couteau circulaire, on nettoie les deux côtés de la peau jusqu'à ce que celle-ci soit bien blanche, et que l'eau en sorte pure. On a amélioré ce procédé en substituant la soude caustique à la chaux. De cette manière, l'épilage devient prompt et facile.

On soumet les peaux au *gonflement* en les immergeant dans de l'eau où se trouve du son, et où s'est développée la fermentation acétique. Le plus souvent, on emploie la *jusée*, c'est-à-dire une infusion de *tannée* ou tan épuisé, qui, après s'être aigrie au contact de l'air, contient une certaine quantité d'acide lactique. Pendant cette opération, qui dure une quinzaine de jours, les peaux subissent un commencement de tannage, et se préparent à recevoir le tannage définitif.

Le *tannage* a lieu dans des fosses en maçonnerie imperméable. On y place d'abord une forte couche de vieux tan, que l'on recouvre d'une couche de tan frais moins épaisse. On dispose ensuite les peaux les unes sur les autres, en les séparant par des couches de tan, et l'on charge le tout de planches. On fait alors arriver dans la cuve de l'eau déjà chargée de tan, et en quantité suffisante pour baigner toute la masse. Les fosses restent ainsi remplies pendant cinq à huit mois ; dans cet intervalle de temps, on ne remanie les peaux qu'une seule fois pour renouveler le tan interposé. Au sortir des fosses, les cuirs forts ont une consistance spongieuse. Pour les rendre compactes, on les soumet, lorsqu'ils sont secs, au *martelage*, opération qui consiste à frapper, au moyen d'un marteau, le cuir étendu sur des blocs de pierre.

19. **Maroquins.** — Le maroquin se prépare avec des peaux de chèvre et souvent de mouton. On fait revenir les peaux sèches en les tenant plongées, pendant deux à quatre jours, dans de l'eau provenant d'une opération précédente; on les écharne, on les épile à la chaux, et on les dégorge en les faisant digérer pendant vingt-quatre heures dans un bain de son aigri.

Les peaux destinées à être teintes en rouge sont cousues deux à deux, la chair en dedans, de manière à former un sac; puis elles sont passées successivement dans un bain de chlorure d'étain qui les mordance, et dans un bain de cochenille. Après les avoir rincées, on introduit dans le sac une matière tannante, du *sumac*, et l'on plonge le tout pendant une journée dans une faible dissolution de la même matière tannante. Le tannage est alors terminé.

La couleur noire est donnée aux maroquins par une dissolution de fer dans de la bière aigrie, c'est-à-dire par de l'acétate de fer qui, avec le tannin,forme une combinaison noire; le bleu est obtenu avec une dissolution d'indigo blanc; les violets résultent de la cochenille appliquée sur des peaux d'abord teintes en bleu; le jaune et toutes ses nuances s'obtiennent avec une décoction d'épine-vinette. On termine le maroquin en le lustrant avec des cylindres laminaux, et en lui donnant un grain en losange au moyen d'un cylindre de bois dur taillé en vis très-fine, et passé sur le noir dans deux sens qui se croisent.

20. **Cuir de Russie.** — On prépare le *cuir de Russie* avec des peaux épilées qu'on fait macérer pendant quarante-huit heures dans un bain contenant de la farine de seigle et du levain. Après les avoir lavées à grande eau, on les plonge dans une décoction d'écorce de saule où on les travaille pendant deux semaines,à quelques jours d'intervalle. Enfin, on les imprègne du côté de la chair avec l'huile empyreumatique provenant de la distillation de l'écorce de bouleau. Le cuir ainsi obtenu est coloré en rouge, ne se

moisit jamais, et n'est pas attaqué par les insectes à cause de son odeur forte.

21. Conservation des peaux sans tannage. — On peut rendre imputrescibles les peaux sans avoir recours au tannin; c'est ce qui constitue l'art du *mégissier* et du *chamoiseur*.

Pour la *mégisserie*, on épile les peaux de mouton et de chevreau, en enduisant le côté de la chair avec une bouillie de chaux et d'orpiment, ou sulfure d'arsenic. Après vingt-quatre heures, le poil tombe. On fait alors passer les peaux au chevalet, puis on les gonfle en les tenant immergées dans un bain de son.

Pour les rendre imputrescibles, on les plonge dans une dissolution chaude d'alun et de sel marin. Les deux sels se décomposent mutuellement, et il en résulte du sulfate de soude et du chlorure d'aluminium, qui se combine avec la peau, et la rend inaltérable. On blanchit les peaux aluminées en les laissant tremper dans un bain composé de farine, de jaune d'œuf et de la liqueur saline d'iode qui a servi à l'opération précédente.

Le *chamoiseur* emploie les mêmes peaux que le mégissier, et les premières opérations auxquelles il les soumet sont à peu près les mêmes; mais, dès qu'il les retire du bain de son, il les imprègne d'huile de poisson au moyen de foulages répétés dans une espèce de moulin à foulon. Il passe ensuite la peau dans une étuve légèrement chauffée; il lui donne la façon sur le chevalet, la dégraisse en la trempant pendant une heure dans une faible lessive de potasse, et enfin il la sèche et l'étire.

On appelle *cuirs hongroyés* ou de Hongrie, les cuirs souples employés par les bourreliers et les carrossiers. Pour les préparer, on plonge les peaux épilées dans une dissolution chaude d'alun et de sel marin; ensuite, on les piétine dans de l'eau chaude. On recommence une seconde fois les mêmes opérations; enfin, on laisse tremper les peaux, pendant huit jours dans de l'eau alunée. On les sèche et finalement on les graisse à la manière des *cuirs en suif*.

Ces derniers s'obtiennent en flambant légèrement et à un feu clair les cuirs tannés, et en appliquant sur leurs deux faces du suif fondu. On laisse le cuir s'imbiber pendant nuit à dix heures, on le foule, on le lustre et, enfin, on le noircit avec de l'acétate de fer.

RÉSUMÉ.

1. Les substances principales du sang sont la *fibrine*, l'*albumine* et les *globules*.

2. L'albumine du sang est identique avec celle du blanc d'œuf. C'est un corps azoté, soluble dans l'eau, qui se coagule par l'effet de la chaleur et cesse d'être soluble dans l'eau.

3. La fibrine est isomère avec l'albumine. Elle est en dissolution dans le sang, mais elle se coagule spontanément dès qu'elle n'est plus sous l'influence de la vie. C'est elle qui provoque la coagulation spontanée du sang. Le *cruor* provenant de cette coagulation est formé de fibrine et de globules; la partie liquide ou *sérum* contient l'albumine.

4. Les globules varient de forme et de diamètre suivant l'espèce animale. Ils sont en forme de disque chez l'homme, ovalaires et plus grands chez les reptiles et les batraciens. Leur matière colorante, appelée *hématosine*, contient de l'oxyde de fer.

5. Le lait se compose de matières grasses ou *crème*, de *caséine* et d'un liquide appelé *petit-lait*, qui renferme du *lactose* ou *sucre de lait* en dissolution.

6. La *caséine* est la substance avec laquelle se fait le fromage. Elle est isomère avec la fibrine et l'albumine. La caséine, la fibrine et l'albumine se retrouvent dans l'organisation végétale, identiques chimiquement aux mêmes principes de l'organisation animale. La plante la forme de toutes pièces avec des substances minérales, et les transmet à l'animal, qui les réduit en substances minérales. La plante crée, l'animal détruit; la première est un appareil de synthèse, le second est un appareil d'analyse.

7. Le sucre de lait ou *lactose* a la même composition que le sucre incristallisable. C'est lui qui donne la saveur douce au lait.

8. Par une ébullition prolongée, diverses substances animales se transforment en *gélatine*, substance de la colle forte.

9. On fabrique la *colle forte* avec des rognures de peau, des tendons, des résidus de tannerie, de parcheminerie. On en fabrique aussi avec les os. La *colle de poisson* est fournie par la vessie natatoire de l'esturgeon.

10. Les matériaux azotés de l'organisation se transforment en *urée* par l'exercice de la vie. L'urée se trouve dans le liquide que les *reins* éliminent du sang, c'est-à-dire dans l'urine.

11. L'urée est isomère avec le cyanate d'ammoniaque. On peut la préparer artificiellement, au lieu de l'extraire de l'urine.

12. Par la décomposition putride de l'urine, l'urée s'assimile 2 équivalents d'eau, et se dédouble en acide carbonique et en ammoniaque.

13. L'*acide urique* remplace l'urée chez les animaux carnivores, les oiseaux, les reptiles, les insectes. Par l'action de l'acide azotique et de l'ammoniaque, l'acide urique devient une matière colorante rouge, appelée *murexide*.

14. La fermentation putride exige le concours de l'air, de l'humidité et d'une certaine température. Alors se développent des êtres vivants microscopiques ou *ferments*, qui fixent l'oxygène de l'air sur la substance organisée, et en amènent la décomposition.

15. Si l'air, ou l'humidité, ou une température convenable font défaut, la fermentation putride ne peut avoir lieu. On conserve donc les matières organisées par la *dessiccation*, par le *froid*.

16. On les conserve encore par le *procédé Appert*, qui consiste à les tenir hors du contact de l'air, dans des boîtes de fer-blanc exactement closes, après avoir détruit par la chaleur les germes de ferments qui pourraient s'y trouver.

17. Les *antiseptiques* sont des substances qui, par leur action plus ou moins toxique, s'opposent au développement des ferments. Les antiseptiques employés pour la conservation des matières alimentaires sont principalement le *sel* et la *créosote* contenue dans la fumée du bois. Les principaux antiseptiques pour la conservation des pièces anatomiques sont le sublimé corrosif, l'*acide phénique*, les *huiles de houille*, l'*alcool*, l'*éther*.

18. La conservation des peaux animales, et leur transformation en cuir, sont basées sur la combinaison de leur substance avec l'acide tannique de l'écorce de chêne ou du *tan*.

19. Les *maroquins* sont des peaux de chèvre ou de mouton tannées avec du sumac.

20. Les peaux qui portent le nom de *cuir de Russie* sont tannées avec de l'écorce de saule, et imprégnées d'huile empyreumatique provenant de la distillation de l'écorce de bouleau.

21. Les *mégissiers* conservent les peaux de mouton et de chevreau en les imprégnant de sels à base d'alumine; les *chamoiseurs*, en les pénétrant d'huile de poisson. Les *cuirs hongroyés* sont des peaux souples alunées; les *cuirs en suif* sont des peaux pénétrées de suif.

FIN.

TABLE DES MATIÈRES

FIN DE LA TABLE DES MATIÈRES.

3381-77 — CORBEIL. Typ. et stér. de CRÉTÉ.